U0228525

数字信号处理

题解及电子课件

第3版

胡广书 编著

清华大学出版社

北京

内 容 简 介

本书主要包含两部分内容：一是《数字信号处理——理论、算法与实现》（第四版）（清华大学出版社，ISBN 9787302648444，2023 年 12 月出版）和《数字信号处理》（清华大学出版社，ISBN 9787302668626，2024 年 9 月出版）这两本书中各章习题的参考答案；二是作者使用上述教材进行"数字信号处理"课程教学时所制作的电子课件。

本书附配资源包含三部分内容：一是作者在使用《数字信号处理——理论、算法与实现》为研究生讲授"数字信号处理"课程时所制作的电子课件；二是习题参考答案所涉及的 MATLAB 程序；三是部分习题涉及的数据和文献。这些资源可以从清华大学出版社云平台"文泉云盘"下载，获取方法见附录。

本书可供研究生、本科生学习数字信号处理时参考，也可供教师进行数字信号处理教学时参考。

图书在版编目（CIP）数据

数字信号处理题解及电子课件 / 胡广书编著.
3 版. -- 北京：清华大学出版社，2024. 7. -- ISBN
978-7-302-66878-7

Ⅰ. TN911.72

中国国家版本馆 CIP 数据核字第 20244JJ666 号

责任编辑：曾　珊
封面设计：傅瑞学
责任校对：申晓焕
责任印制：刘　菲

出版发行：清华大学出版社
　　　　网　　　址：https://www.tup.com.cn，https://www.wqxuetang.com
　　　　地　　　址：北京清华大学学研大厦 A 座　　　邮　　编：100084
　　　　社 总 机：010-83470000　　　　　　　　邮　　购：010-62786544
　　　　投稿与读者服务：010-62776969，c-service@tup.tsinghua.edu.cn
　　　　质量反馈：010-62772015，zhiliang@tup.tsinghua.edu.cn
　　　　课件下载：https://www.tup.com.cn，010-83470236
印 装 者：小森印刷霸州有限公司
经　　销：全国新华书店
开　　本：185mm×230mm　　印　张：13.5　　　字　　数：282 千字
版　　次：2008 年 5 月第 1 版　　2024 年 9 月第 3 版　　印　　次：2024 年 9 月第 1 次印刷
印　　数：1～1500
定　　价：39.00 元

产品编号：105674-01

前　言

　　本书包含两部分内容：一是拙著《数字信号处理——理论、算法与实现》(第四版)(清华大学出版社,ISBN 9787302648444,于 2023 年 12 月出版的研究生教材)书中各章习题的参考答案；二是笔者使用该书进行"数字信号处理"课程教学时所制作的电子课件。由于拙著《数字信号处理》(清华大学出版社,ISBN 9787302668626,于 2024 年 9 月出版的本科生教材)的主体内容来自《数字信号处理——理论、算法与实现》上篇的第 1～8 章及第11 章,因此,本书涉及的习题答案和电子课件同样适用于《数字信号处理》。

　　自从上述两部作品出版以来,笔者不断收到读者的反馈,希望能提供相应的习题参考答案,也有不少使用这两本书的老师希望我能提供电子课件,以供他们教学时参考。对于习题参考答案,笔者一直有较多顾虑。我在编写这两本书的习题时,考虑较多的是让读者通过使用 MATLAB 提高对信号进行分析和处理的能力,因此设置了较多的"上机"题,而证明题和计算题偏少,深度和广度也有限。因此,在上述作品的基础上,本书部分章节增加了少量习题。

　　为方便读者阅读,本书习题答案的序号和章节安排均与上述两部教材的相应内容一致。

　　另外,本书中凡提到"教材"二字,都是指《数字信号处理——理论、算法与实现》(第四版)。

　　本书附配资源包含三部分内容：一是作者在使用《数字信号处理——理论、算法与实现》为研究生讲授"数字信号处理"课程时所制作的电子课件；二是习题参考答案所涉及的 MATLAB 程序；三是部分习题涉及的数据和文献。这些资源可以从清华大学出版社云平台"文泉云盘"下载,获取方法见附录。其中,课件基本上都是重新制作的,全书 16 章约 1650 页 PPT；而面向本科生的《数字信号处理》课件,全书 9 章约 1000 页PPT。

　　许燕、汪梦蝶两位同志为本书的习题解答、绘图和编程做了大量的工作,在此向她们表示衷心的感谢。

张辉、耿新玲、朱莉、黄悦、梁文轩、张戈亮、丁海艳、柳银等同志也为本书做了大量工作,在此向他们表示衷心的感谢。

限于笔者水平,书中必有不妥和错误之处。殷切希望能得到相关老师和读者的批评指正。

作　者

2024 年 3 月于清华大学

E-mail：hgs-dea@tsinghua.edu.cn

目　录

第1章

离散时间信号习题参考解答

1.1 给定信号

$$x(n)=\begin{cases}2n+10 & -4\leqslant n\leqslant -1\\6 & 0\leqslant n\leqslant 4\\0 & \text{其他}\end{cases}$$

(1) 画出 $x(n)$ 的图形,并标上各点的值。

(2) 试用 $\delta(n)$ 及其相应的延迟表示 $x(n)$。

(3) 令 $y_1(n)=2x(n-1)$,试画出 $y_1(n)$ 的图形。

(4) 令 $y_2(n)=3x(n+2)$,试画出 $y_2(n)$ 的图形。

(5) 将 $x(n)$ 延迟 4 个抽样点再以 y 轴翻转,得 $y_3(n)$,试画出 $y_3(n)$ 的图形。

(6) 先将 $x(n)$ 翻转,再延迟 4 个抽样点得到 $y_4(n)$,试画出 $y_4(n)$ 的图形。

解:(1) $x(n)$ 的图形如图题 1.1.1 所示。

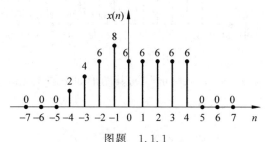

图题 1.1.1

(2) $x(n)=6\delta(n)+6\delta(n-1)+6\delta(n-2)+6\delta(n-3)+6\delta(n-4)+$
$8\delta(n+1)+6\delta(n+2)+4\delta(n+3)+2\delta(n+4)$

(3) $y_1(n)=2x(n-1)$ 是原序列 $x(n)$ 延迟 1 个抽样周期,再乘以系数 2 得到的,其图形如图题 1.1.2 所示。

(4) $y_2(n)=3x(n+2)$ 是原序列 $x(n)$ 提前 2 个抽样周期,并乘以系数 3 得到的,图形如图题 1.1.3 所示。

(5) 将 $x(n)$ 延迟 4 个抽样点得 $x'(n)=x(n-4)$,再将 $x'(n)$ 以 y 轴翻转得 $y_3(n)=x'(-n)=x(-n-4)$,$y_3(n)$ 的图形如图题 1.1.4 所示。

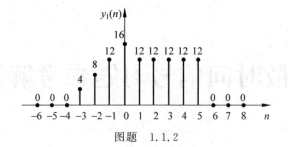

图题 1.1.2

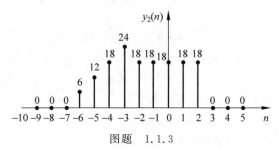

图题 1.1.3

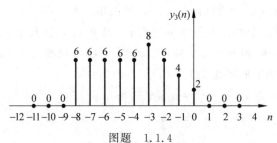

图题 1.1.4

（6）$y_4(n)$可表示为$y_4(n)=x(-n+4)$,其图形如图题1.1.5所示。

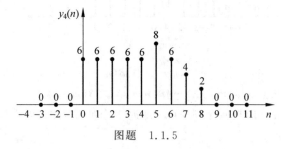

图题 1.1.5

1.2 对 1.1 题给出的 $x(n)$：

（1）画出 $x(-n)$ 的图形。

（2）计算 $x_e(n)=\dfrac{1}{2}[x(n)+x(-n)]$,并画出 $x_e(n)$ 的图形。

(3) 计算 $x_o(n) = \dfrac{1}{2}[x(n) - x(-n)]$，并画出 $x_o(n)$ 的图形。

(4) 试用 $x_e(n)$，$x_o(n)$ 表示 $x(n)$，并总结将一个序列分解为一个偶对称序列与一个奇对称序列的方法。

解：(1) $x(-n)$ 的图形如图题 1.2.1 所示。

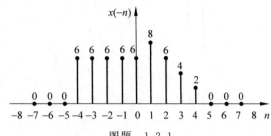

图题　1.2.1

(2) $x_e(n) = \dfrac{1}{2}[x(n) + x(-n)] = \begin{cases} n+8 & -4 \leqslant n \leqslant -1 \\ -n+8 & 1 \leqslant n \leqslant 4 \\ 6 & n=0 \\ 0 & n \text{ 为其他值} \end{cases}$

其图形如图题 1.2.2 所示。

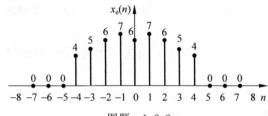

图题　1.2.2

(3) $x_o(n) = \dfrac{1}{2}[x(n) - x(-n)] = \begin{cases} n+2 & -4 \leqslant n \leqslant -1 \\ n-2 & 1 \leqslant n \leqslant 4 \\ 0 & n \text{ 为其他值} \end{cases}$

其图形如图题 1.2.3 所示。

(4) 对于任何离散时间序列 $x(n)$，可以将其分解为一个偶对称序列 $x_e(n)$ 和一个奇对称序列 $x_o(n)$ 之和，这是离散时间信号分解的一种重要方式，即

$$x(n) = x_e(n) + x_o(n)$$

式中　$\begin{cases} x_e(n) = \dfrac{1}{2}[x(n) + x(-n)] \\ x_o(n) = \dfrac{1}{2}[x(n) - x(-n)] \end{cases}$

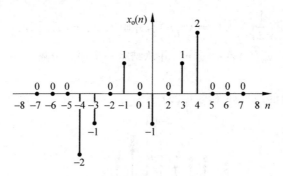

图题 1.2.3

很容易证明,$x_e(n)$ 和 $x_o(n)$ 分别满足 $x_e(n) = x_e(-n)$,$x_o(n) = -x_o(-n)$ 的对称关系。

1.3 试确定下述信号是不是周期的,如是,给出其周期。

(1) $x(t) = A\sin(5t - \pi/3)$;

(2) $x(n) = A\sin(5n - \pi/3)$;

(3) $x(n) = B\exp[\mathrm{j}(n/7 - \pi)]$。

解:(1) $x(t)$ 是模拟信号,前已述及,模拟正弦信号总是周期的。由 $x(t) = A\sin(2\pi t/T - \pi/3)$,知式中 $2\pi/T = 5$,因此,周期 $T = 2\pi/5$。

(2) $x(n)$ 是离散信号,由 $\omega = 2\pi/N = 5$,知 $N = 2\pi/5$ 是非整数。因此 $x(n)$ 是非周期的。

比较(1)和(2)可知,尽管 $x(n)$ 和 $x(t)$ 有着类似的形式,但模拟正弦信号离散化后就不一定再是周期的。

(3) $x(n) = B\cos(n/7 - \pi) + \mathrm{j}B\sin(n/7 - \pi)$,由于 $\omega = 2\pi/N = 1/7$,$N = 14\pi$ 是非整数,因此 $x(n)$ 是非周期的。

1.4 已知 $x_1(n) = \cos(0.01\pi n)$,$x_2(n) = \cos(30\pi n/105)$,$x_3(n) = \sin(3n)$,$x_4(n) = \cos(3\pi n)$,试确定哪一个信号是周期的,其基本周期是多少。

解:离散正弦信号可一般地表示为 $\sin(\omega n)$,令 $\omega = 2\pi/N$,根据所给条件可求出 N。若 N 是整数,则信号是周期的,周期就是 N;若 N 不是整数,则该信号不是周期的。

对 $x_1(n) = \cos(0.01\pi n)$,因为 $\dfrac{2\pi}{0.01\pi} = 200$,所以它是周期的,基本周期是 200;

对 $x_2(n) = \cos(30\pi n/105)$,由于 $\dfrac{30\pi}{105} = \dfrac{2\pi}{N}$,$N = 7$,所以它也是周期的,周期是 7;

对 $x_3(n) = \sin(3n)$,由于 $\dfrac{2\pi}{N} = 3$,N 不是整数,所以该信号不是周期的;

对 $x_4(n) = \cos(3\pi n)$,令 $3\pi = 2\pi r/N$,令 $r = 3$,则 $N = 2$,所以,该信号是周期的,周期为 2。

1.5　令 $x_1(n)=\sin(n\pi/4)+\sin(n\pi/6)$，$x_2(n)=\sin(n\pi/4)\sin(n\pi/6)$，分别求它们的周期。请思考：两个周期信号相加或相乘后形成的信号是否还是周期的？如是，周期是多少？

解：对 $x_1(n)$，由于 $\sin(n\pi/4)$ 的周期是 8，$\sin(n\pi/6)$ 的周期是 12，所以它们都可以看作是周期为 24 的周期信号，因此，二者相加后仍为周期的，周期为 24。

总之，两个离散周期信号的和仍然是周期的，其周期是两个序列周期的最小公倍数。

对 $x_2(n)$，由于 $x_2(n)=\sin(n\pi/4)\sin(n\pi/6)=\dfrac{1}{2}\left[\cos\left(\dfrac{n\pi}{12}\right)-\cos\left(\dfrac{5n\pi}{12}\right)\right]$，其中，$\cos\left(\dfrac{n\pi}{12}\right)$ 的周期为 24，而 $\cos\left(\dfrac{5n\pi}{12}\right)$ 的周期也是 24，所以 $x_2(n)$ 是周期的，周期为 24。

1.6　已知序列 $x(n)=1,n=(-\infty\sim\infty)$，试用单位阶跃序列 $u(n)$ 表示 $x(n)$。

解：

$$x(n)=u(n)+u(-n-1)$$

1.7　试证明一个实序列 $x(n)$ 的偶部 $x_e(n)$ 是偶对称序列，而奇部 $x_o(n)$ 是奇对称序列。

解：由于
$$x_e(n)=\frac{1}{2}[x(n)+x(-n)]$$

而
$$x_e(-n)=\frac{1}{2}[x(-n)+x(n)]=x_e(n)$$

所以实序列 $x(n)$ 的偶部 $x_e(n)$ 是偶对称序列。

同理，由于
$$x_o(n)=\frac{1}{2}[x(n)-x(-n)]$$

而
$$x_o(-n)=\frac{1}{2}[x(-n)-x(n)]=-x_o(n)$$

所以实序列 $x(n)$ 的奇部 $x_o(n)$ 是奇对称序列。

1.8　令 $x_1(n)=u(n)$，$x_2(n)=a^n u(n)$，分别求它们的偶部和奇部。

解：对 $x_1(n)=u(n)$，可求出

$$x_{e1}(n)=\frac{1}{2}[x_1(n)+x_1(-n)]=\frac{1}{2}[u(n)+u(-n)]=\begin{cases}\dfrac{1}{2}&n\neq 0\\[2mm]1&n=0\end{cases}$$

$$x_{o1}(n)=\frac{1}{2}[x_1(n)-x_1(-n)]=\frac{1}{2}[u(n)-u(-n)]=\begin{cases}\dfrac{1}{2}&n>0\\[1mm]0&n=0\\[1mm]-\dfrac{1}{2}&n<0\end{cases}$$

对 $x_2(n) = a^n u(n)$,可求出

$$x_{e2}(n) = \frac{1}{2}[a^n u(n) + a^{-n} u(-n)] = \begin{cases} \frac{1}{2}a^n & n > 0 \\ 1 & n = 0 \\ \frac{1}{2}a^{-n} & n < 0 \end{cases}$$

$$x_{o2}(n) = \frac{1}{2}[a^n u(n) - a^{-n} u(-n)] = \begin{cases} \frac{1}{2}a^n & n > 0 \\ 0 & n = 0 \\ -\frac{1}{2}a^{-n} & n < 0 \end{cases}$$

1.9 已知 $x(n)$ 是能量信号,令 $x_e(n)$ 和 $x_o(n)$ 分别是其偶部和奇部,试证明

$$\sum_{n=-\infty}^{\infty} x^2(n) = \sum_{n=-\infty}^{\infty} x_e^2(n) + \sum_{n=-\infty}^{\infty} x_o^2(n)$$

证明:因为

$$\sum_{n=-\infty}^{\infty} x_e^2(n) + \sum_{n=-\infty}^{\infty} x_o^2(n) = \sum_{n=-\infty}^{\infty} \left\{ \frac{1}{2}[x(n) + x(-n)] \right\}^2 + \sum_{n=-\infty}^{\infty} \left\{ \frac{1}{2}[x(n) - x(-n)] \right\}^2$$

$$= \frac{1}{4}\sum_{n=-\infty}^{\infty}[x^2(n) + x^2(-n) + 2x(n)x(-n) + x^2(n)$$

$$+ x^2(-n) - 2x(n)x(-n)]$$

$$= \frac{1}{2}\sum_{n=-\infty}^{\infty}[x^2(n) + x^2(-n)] = \frac{1}{2}\sum_{n=-\infty}^{\infty} 2x^2(n)$$

所以

$$\sum_{n=-\infty}^{\infty} x_e^2(n) + \sum_{n=-\infty}^{\infty} x_o^2(n) = \sum_{n=-\infty}^{\infty} x^2(n)$$

1.10 已知序列 $x_1(n) = u(n)$,$x_2(n) = nu(n)$,$x_3(n) = Ae^{j\omega_0 n}$,分别求它们的平均功率。

解:对非周期信号,其平均功率定义为 $P = \lim\limits_{N \to \infty} \dfrac{1}{2N+1} \sum\limits_{n=-N}^{N} |x(n)|^2$,因此,对 $x_1(n) = u(n)$,有

$$P = \lim_{N \to \infty} \frac{1}{2N+1} \sum_{n=-N}^{N} |u(n)|^2 = \lim_{N \to \infty} \frac{1}{2N+1} \sum_{n=0}^{N} 1^2 = \lim_{N \to \infty} \frac{N+1}{2N+1} = \frac{1}{2}$$

对 $x_2(n) = nu(n)$,有

$$P = \lim_{N \to \infty} \frac{1}{2N+1} \sum_{n=-N}^{N} |\, n u(n) \,|^2 = \lim_{N \to \infty} \frac{1}{2N+1} \sum_{n=0}^{N} n^2$$

$$= \frac{1}{6} \lim_{N \to \infty} \frac{N(2N^2 - 2N + 1)}{2N+1} \to \infty$$

由于该信号的平均功率趋于无穷,所以它不是功率信号。

对 $x_3(n) = A e^{j\omega_0 n}$,有

$$P = \lim_{N \to \infty} \frac{1}{2N+1} \sum_{n=-N}^{N} |\, A e^{j\omega_0 n} \,|^2 = A^2 \lim_{N \to \infty} \frac{1}{2N+1} \sum_{n=-N}^{N} (e^{j\omega_0 n})^2 = A^2$$

1.11 已知序列 $x_1(n) = a^n u(n)$,$x_2(n) = u(n) - u(n-N)$ 分别求它们的自相关函数,并证明它们都是偶对称的实序列。

解:对 $x_1(n) = a^n u(n)$,其自相关函数

$$r_{x_1}(m) = \sum_{n=-\infty}^{\infty} x_1(n) x_1(n+m) = \sum_{n=-\infty}^{\infty} a^n u(n) a^{n+m} u(n+m)$$

$$= \sum_{n=0}^{\infty} a^{2n+m} = \frac{a^m}{1-a^2} \quad |\, a \,| < 1$$

很容易证明,当 $m < 0$ 时,有 $r_{x_1}(m) = \dfrac{a^{|m|}}{1-a^2}$,$|\, a \,| < 1$,所以,$r_x(-m) = r_x(m)$。

对 $x_2(n) = u(n) - u(n-N)$,可以求出

$$r_{x_2}(m) = \sum_{n=-\infty}^{\infty} x_2(n) x_2(n+m)$$

$$= \sum_{n=-\infty}^{\infty} [u(n) - u(n-N)][u(n+m) - u(n-N+m)]$$

$$= \begin{cases} N-1-|\, m \,| & 0 \leqslant |\, m \,| \leqslant N-1 \\ 0 & m \text{ 为其他值} \end{cases}$$

所以

$$r_{x_2}(-m) = N-1-|\, m \,| = r_{x_2}(m)$$

1.12 设 $x(nT_s) = e^{-nT_s}$ 为一指数函数,$n = 0, 1, 2, \cdots, \infty$,而 T_s 为抽样间隔,求 $x(n)$ 的自相关函数 $r_x(mT_s)$。

解:

$$r_x(mT_s) = \sum_{n=0}^{\infty} e^{-nT_s} e^{-(n+m)T_s} = e^{-mT_s} \sum_{n=0}^{\infty} e^{-2nT_s}$$

即

$$r_x(mT_s) = \frac{e^{-mT_s}}{1 - e^{-2T_s}}$$

式中 $m \geqslant 0$，并有 $r_x(-mT_s) = r_x(mT_s)$。

1.13 证明自相关函数的性质 1 和性质 2。

性质 1 指出：若 $x(n)$ 是实信号，则 $r_x(m)$ 为实偶函数，即 $r_x(m) = r_x(-m)$。

证明：由实信号自相关函数的定义 $r_x(m) = \sum\limits_{n=-\infty}^{\infty} x(n)x(n+m)$，得

$$r_x(-m) = \sum_{n=-\infty}^{\infty} x(n)x(n-m)$$

令 $k = n-m$，则 $n = k+m$，因为 n 的取值范围是 $-\infty \sim \infty$，对固定的延迟 m，k 的取值范围也是 $-\infty \sim \infty$。因此，原式变为

$$r_x(-m) = \sum_{k=-\infty}^{\infty} x(k+m)x(k)$$

再将 k 换成 n，有

$$r_x(-m) = \sum_{n=-\infty}^{\infty} x(n+m)x(n) = \sum_{n=-\infty}^{\infty} x(n)x(n+m) = r_x(m)$$

所以 $r_x(m)$ 为实偶函数，即 $r_x(m) = r_x(-m)$。

性质 2 指出：若 $x(n)$ 是复信号，则 $r_x(m)$ 满足 $r_x(m) = r_x^*(-m)$。

证明：由复信号自相关函数的定义 $r_x(m) = \sum\limits_{n=-\infty}^{\infty} x^*(n)x(n+m)$，有

$$r_x^*(-m) = \sum_{n=-\infty}^{\infty} (x^*(n)x(n-m))^* = \sum_{n=-\infty}^{\infty} x(n)x^*(n-m)$$

令 $k = n-m$，则 $n = k+m$，同样，k 的取值范围也是 $-\infty \sim \infty$。因此，原式变为

$$r_x^*(-m) = \sum_{k=-\infty}^{\infty} x(k+m)x^*(k)$$

即

$$r_x^*(-m) = \sum_{n=-\infty}^{\infty} x(n+m)x^*(n) = \sum_{n=-\infty}^{\infty} x^*(n)x(n+m) = r_x(m)$$

所以 $r_x(m)$ 满足

$$r_x(m) = r_x^*(-m)$$

1.14 令 $x(n) = A_1 \sin(2\pi f_1 n T_s) + A_2 \sin(2\pi f_2 n T_s)$，其中 A_1, A_2, f_1, f_2 为常数，求 $x(n)$ 的自相关函数 $r_x(m)$。

解：$x(n)$ 可表示为 $x(n) = u(n) + v(n)$ 的形式，其中 $u(n) = A_1 \sin(2\pi f_1 n T_s)$，

$v(n) = A_2\sin(2\pi f_2 nT_s)$。$u(n),v(n)$ 的周期分别为 $N_1 = \dfrac{1}{f_1 T_s}, N_2 = \dfrac{1}{f_2 T_s}$；$x(n)$ 的周期 N 则是 N_1, N_2 的最小公倍数。由周期信号自相关函数的定义,有

$$r_x(m) = \frac{1}{N}\sum_{n=0}^{N-1} x(n)x(n+m) = \frac{1}{N}\sum_{n=0}^{N-1}\big[u(n)+v(n)\big]\big[u(n+m)+v(n+m)\big]$$

$$= \frac{1}{N}\sum_{n=0}^{N-1}\big[u(n)u(n+m)+v(n)v(n+m)+u(n)v(n+m)+v(n)u(n+m)\big]$$

$$= r_u(m) + r_v(m) + r_{uv}(m) + r_{vu}(m)$$

其中

$$r_u(m) = \frac{1}{N}\sum_{n=0}^{N-1}\big[A_1\sin(2\pi f_1 nT_s)\times A_1\sin[2\pi f_1(n+m)T_s]\big]$$

$$= \frac{A_1^2}{N}\cos(2\pi f_1 mT_s)\sum_{n=0}^{N-1}\sin^2 2\pi f_1 nT_s +$$

$$\frac{A_1^2}{N}\sin(2\pi f_1 mT_s)\sum_{n=0}^{N-1}\sin(2\pi f_1 nT_s)\cos(2\pi f_1 nT_s) \qquad\text{(A)}$$

$$= \frac{A_1^2}{N}\cos(2\pi f_1 mT_s)\sum_{n=0}^{N-1}\frac{1}{2}(1-\cos 4\pi f_1 nT_s) \qquad\text{(B)}$$

由于三角序列的正交性,所以(A)式的第二项等于零。由于正(余)弦序列在一个(或多个)周期内和等于零,所以(B)式中第二项的和为零,于是

$$r_u(m) = \frac{A_1^2}{2}\cos(2\pi f_1 mT_s)$$

同理,可求出

$$r_v(m) = \frac{A_2^2}{2}\cos(2\pi f_2 mT_s)$$

现在,分别来求 $r_{uv}(m)$ 和 $r_{vu}(m)$。

$$r_{uv}(m) = \frac{1}{N}\sum_{n=0}^{N-1} A_1\sin(2\pi f_1 nT_s)A_2\sin[2\pi f_2(n+m)T_s]$$

$$= \frac{A_1 A_2}{N}\cos(2\pi f_2 mT_s)\sum_{n=0}^{N-1}\big[\sin(2\pi f_1 nT_s)\sin(2\pi f_2 nT_s)\big] +$$

$$\frac{A_1 A_2}{N}\sin(2\pi f_2 mT_s)\sum_{n=0}^{N-1}\big[\sin(2\pi f_1 nT_s)\cos(2\pi f_2 nT_s)\big]$$

当 $f_1 \neq f_2$ 时,由于三角序列的正交性,有 $r_{uv}(m) = 0$;

当 $f_1 = f_2$ 时,$r_{uv}(m) = \dfrac{A_1 A_2}{2}\cos(2\pi f_1 mT_s)$。

同理,当 $f_1 \neq f_2$ 时,$r_{vu}(m) = 0$;

当 $f_1 = f_2$ 时,$r_{uv}(m) = \dfrac{A_1 A_2}{2}\cos(2\pi f_1 m T_s)$。

所以,当 $f_1 \neq f_2$ 时,

$$r_x(m) = r_u(m) + r_v(m) + r_{uv}(m) + r_{vu}(m) = \frac{A_1^2}{2}\cos(2\pi f_1 m T_s) + \frac{A_2^2}{2}\cos(2\pi f_2 m T_s)$$

当 $f_1 = f_2$ 时,

$$r_x(m) = r_u(m) + r_v(m) + r_{uv}(m) + r_{vu}(m)$$

$$= \frac{1}{2}\left[A_1^2\cos(2\pi f_1 m T_s) + 2A_1 A_2\cos(2\pi f_1 m T_s) + A_2^2\cos(2\pi f_1 m T_s)\right]$$

$$= \frac{1}{2}(A_1 + A_2)^2\cos(2\pi f_1 m T_s)$$

1.16 证明:(1) 对于任意实值或者复数的常量 a,以及任意的整数 M 和 N,都有

$$\sum_{n=M}^{N} a^n = \begin{cases} \dfrac{a^M - a^{N+1}}{1-a} & a \neq 1 \\ N - M + 1 & a = 1 \end{cases}$$

(2) 当 $|a| < 1$ 时,有 $\sum_{n=0}^{\infty} a^n = \dfrac{1}{1-a}$。

证明:(1) 当 $a = 1$ 时,$\sum_{n=M}^{N} a^n = N - M + 1$;

当 $a \neq 1$ 时,由于 $\sum_{n=M}^{N} a^n = a^M + a^{M+1} + \cdots + a^N$,所以

$$(1-a)\sum_{n=M}^{N} a^n = a^M + a^{M+1} + \cdots + a^N - a^{M+1} - a^{M+2} - \cdots - a^{N+1}$$

$$= a^M - a^{N+1}$$

于是

$$\sum_{n=M}^{N} a^n = \frac{a^M - a^{N+1}}{1-a}$$

结果得证。

(2) 对于 $|a| < 1$ 时,取 $M = 0, N = \infty$,由上述结果,有 $\sum_{n=0}^{\infty} a^n = \dfrac{1}{1-a}$,$|a| < 1$,因此结论得证。

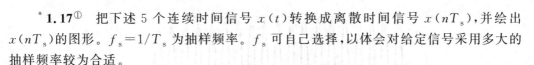

*1.17① 把下述 5 个连续时间信号 $x(t)$ 转换成离散时间信号 $x(nT_s)$，并绘出 $x(nT_s)$ 的图形。$f_s = 1/T_s$ 为抽样频率。f_s 可自己选择，以体会对给定信号采用多大的抽样频率较为合适。

（1）工频信号：$x_1(t) = A\sin(2\pi f_0 t)$，其中 $A = 220$，$f_0 = 50\,\mathrm{Hz}$。

（2）衰减正弦信号：$x_2(t) = A\mathrm{e}^{-at}\sin(2\pi f_0 t)$，其中 $A = 2$，$a = 0.5$，$f_0 = 50\,\mathrm{Hz}$。

（3）谐波信号：$x_3(t) = \sum\limits_{i=1}^{3} A_i \sin(2\pi f_0 i t)$，其中 $A_1 = 1$，$A_2 = 0.5$，$A_3 = 0.2$，$f_0 = 5\,\mathrm{Hz}$。

（4）Hamming（汉明）窗：$x_4(t) = 0.54 - 0.46\cos(2\pi f_0 t)$，$f_0$ 由读者自行给定。

（5）sinc 函数：$x_5(t) = \sin(\Omega t)/\Omega t$，其中 $\Omega = 2\pi f$，$f = 10\,\mathrm{Hz}$。

解：（1）由于 $x_1(t) = A\sin(2\pi f_0 t)$ 是工频信号，即 $A = 220$，$f_0 = 50\,\mathrm{Hz}$，若令 $f_s = 20\,\mathrm{Hz}$，则 $x_1(nT_s) = A\sin(2\pi f_0 n/f_s) = A\sin(5\pi n)$，不论 n 取任何的整数，都有 $x_1(nT_s) \equiv 0$，这显然达不到抽样的目的。由教材第 3 章的讨论可知，抽样频率至少应等于信号最高频率的 2 倍。为此，我们取 $f_s = 200\,\mathrm{Hz}$，这时，$x_1(nT_s) = A\sin(0.5\pi n)$，在其一个周期内可以抽到 4 个点，分别是 $0, 1, -1, 0$。其图形如图题 1.17.1 所示。

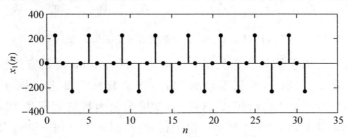

图题 1.17.1　正弦信号的抽样，每个周期抽 4 个点

由教材 3.8 节的讨论可知，对正弦信号，在一个周期内抽 4 个点，得到的离散信号完全包含了原连续正弦信号的所有信息，即由该离散信号可以完全恢复原信号。但是，如图题 1.17.1 所示，抽样得到的离散值都是 0 和 ± 1，从图形上体现不出正弦信号的特点。对本题，如果将 f_s 提高到 $800\,\mathrm{Hz}$，那么 $x_1(nT_s) = A\sin(0.125\pi n)$，每个周期可以抽到 16 个点，这时得到的图形就会具有明显的正弦信号的特点。

（2）对衰减正弦信号 $x_2(t)$，令 $f_s = 800\,\mathrm{Hz}$，则 $x_2(nT_s) = A\mathrm{e}^{-an/800}\sin(\pi n/8)$，其图形如图题 1.17.2 所示。请读者自己编写相应的 MATLAB 程序。

（3）对谐波信号 $x_3(t)$，令 $f_s = 120\,\mathrm{Hz}$，则 $x_3(nT_s) = \sum\limits_{i=1}^{3} A_i \sin(\pi i n/12)$，其图形如

---

① 注：题号前加 * 者为上机练习题

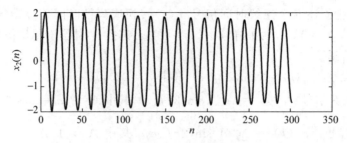

图题 1.17.2　衰减正弦信号

图题 1.17.3 所示,显然,它由 3 个正弦信号叠加而成。由于这 3 个正弦序列的周期分别是 24、12 和 8,所以,它们的和仍然是周期的,周期为 24。

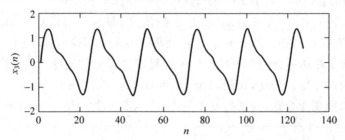

图题 1.17.3　3 个正弦信号的叠加

（4）窗函数广泛用于信号和相关函数的截短。Hamming 窗是应用较多的窗函数。对 $x_4(t)$,假定取 $f_0=5\mathrm{Hz}$,根据窗函数的特点(见教材 7.2 节),取 $f_s=120\mathrm{Hz}$,则 $x_4(nT_s)=0.54-0.46\cos(\pi n/120)$。这样,第 2 项余弦函数的周期是 40,取一个周期,则该窗函数的图形如图题 1.17.4 所示。由于在 $n=0$ 和 $n=40$ 时 $x_4(n)$ 都不为零,所以汉明窗又称为"升余弦窗"。

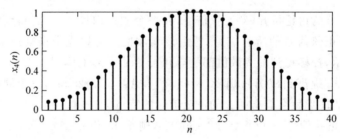

图题 1.17.4　Hamming 窗

（5）对 sinc 函数 $x_5(t)=\sin(\Omega t)/\Omega t$,因为 $\Omega=2\pi f,f=10\mathrm{Hz}$,所以它的第一个过零点的位置是:$2\pi10t=\pi$,即 $t=1/20$。为了看清 sinc 函数的变化趋势,我们在零到第一个过零点之间取 10 个点,即 $T_s=1/200$。这时,$x_5(t)=\sin(n\pi/10)/(n\pi/10)$,其图形如图题 1.17.5 所示。

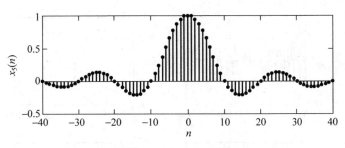

图题 1.17.5　sinc 函数

***1.18**　调用 MATLAB 中有关相关函数的 m 文件,求习题 1.12 中 $x(n)$ 的自相关函数 $r_x(m)$,输出其图形。

解:本题没有限定自相关函数的长度。取 $x(n)$ 的长度为 50,则 $r_x(m)$ 的长度为 $-49\sim49$,其图形如图题 1.18.1 所示。相应的 MATLAB 程序请读者自己编写。

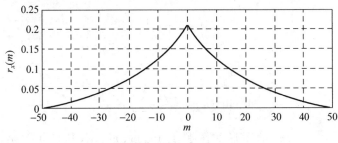

图题 1.18.1　$r_x(m)$

***1.19**　令 $x(n)=A\sin(\omega n)+u(n)$,其中 $\omega=\pi/16$,$u(n)$ 是白噪声。

(1) 用 MATLAB 中的有关文件,产生均值为 0,功率 $P=0.1$ 的均匀分布的白噪声 $u(n)$,画出其图形,并求 $u(n)$ 的自相关函数 $r_u(m)$,画出 $r_u(m)$ 的波形。

(2) 欲使 $x(n)$ 的信噪比为 10dB,试决定 A 的数值,并画出 $x(n)$ 的图形及其自相关函数 $r_x(m)$ 的图形。

解:(1) MATLAB 的 rand 函数可用来产生均值为 0.5,方差(即功率)为 $1/12$,在 $[0,1]$ 接近均匀分布的白噪声序列。将该序列减去均值即可得到均值为零的白噪声序列。用

$$a=\sqrt{P/\sigma_u^2}=\sqrt{12P}$$

求出 a,再用 a 乘以序列每一点的值,即可得到符合功率要求的白噪声序列。$u(n)$ 的图形如图题 1.19.1(a)所示,其自相关函数 $r_u(m)$ 如图题 1.19.1(b)所示。由这两个图可以看出,$u(n)$ 的均值为零,其幅值在 $-0.5\sim0.5$ 之间,其自相关函数近似于 δ 函数,其功率(即 $r_u(0)$)为 0.1,达到了问题的要求。

(2) 记 P_s 为正弦信号的功率,P_u 为白噪声的功率,要求 $x(n)$ 的信噪比为 10dB,则 $10\lg(P_s/P_u)=10$。由于已知白噪声的功率为 0.1,所以 $P_s=1$。离散正弦序列 $A\sin(\omega n)$ 的

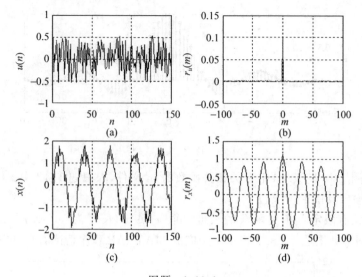

图题　1.19.1

(a) $u(n)$; (b) $r_u(m)$; (c) $x(n)$; (d) $r_x(m)$

功率

$$P_s = \frac{1}{N}\sum_{n=0}^{N-1}A^2\sin^2(\omega n) = \frac{A^2}{N}\sum_{n=0}^{N-1}\frac{1-\cos2\omega n}{2} = \frac{A^2}{2}$$

由此可求出 $A=\sqrt{2}$。$x(n)$ 的图形如图题 1.19.1(c) 所示,其自相关函数 $r_x(m)$ 如图题 1.19.1(d) 所示。本题相应的 MATLAB 程序是 ex_01_19_1.m。

　*1.20　教材表题 1.20 给出的是从 1770 年至 1869 年这 100 年每隔 12 个月所记录到的太阳黑子出现次数的平均值。

(1) 输出该数据的图形。

(2) 对该数据作自相关,输出其自相关函数的图形,观察太阳黑子活动的周期(取 $M=32$)。

(3) 将该数据除去均值,再重复(2)的内容,比较除去均值前后对作自相关的影响。

信号 $x(n)$,$n=0,1,\cdots,N-1$ 的均值是 $\mu_x = \dfrac{1}{N}\sum_{n=0}^{N-1}x(n)$。

　解: 记太阳黑子活动的数据为 $x(n)$(见教材表题 1.20),其图形如图题 1.20.1 所示。自相关函数如图题 1.20.2 所示,去除均值以后求出的自相关函数如图题 1.20.3 所示。

由图题 1.20.1 的时域图形,大致可以看出太阳黑子的活动有一种"准周期"的特性。希望通过自相关函数把这种特性看得更清楚一些。但图题 1.20.2 给出的结果并不明显。这是因为 $x(n)$ 的均值不为零,相当于在信号中存在着一个直流分量,从而影响了自相关函数的本来特征。去除均值后,图题 1.20.3 的自相关函数就具有了几个明显的准周期的

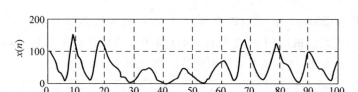

图题 1.20.1　$x(n)$

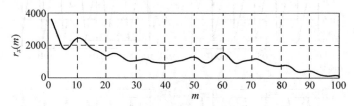

图题 1.20.2　$r_x(m)$

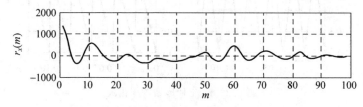

图题 1.20.3　去除均值后的 $r_x(m)$

特性,峰值也较为突出,因此可以确定太阳黑子活动的周期基本上是 11 年左右。该例提示我们,在用求自相关函数的方法来寻找一个随机序列潜在的周期性的时候,应该首先去除该序列中的均值,即直流分量。

1.21　很久以来,数学家们对圆周率 π 的计算一直抱有极大的兴趣。1671 年,苏格兰数学家 James Gregory 提出用如下的数列的和来近似 π

$$\pi \approx 4 \times \left[1 - \frac{1}{3} + \frac{1}{5} - \frac{1}{7} + \frac{1}{9} - \frac{1}{11} + \cdots \right]$$

(1) 写出上式的闭合表达式;

(2) 利用 MATLAB 编程计算 π 的近似值,数列的长度由自己给定,建议取 100 以上。

解:记上式的右边为 PI,则

$$PI = 4 \times \left[1 - \frac{1}{3} + \frac{1}{5} - \frac{1}{7} + \frac{1}{9} - \frac{1}{11} + \cdots \right] = 4 \times \sum_{n=0}^{N} \frac{(-1)^n}{2n+1}$$

MATLAB 程序 ex_01_21_1 可用来计算 PI 的值。当 N=100 时,求出 PI=3.1515;当 N=200 时,求出 PI=3.1466;当 N=500 时,求出 PI=3.1436;当 N=1000 时,求出 PI=3.1426。

***1.22** 锯齿(Sawtooth)波可以看作式(1.2.8)的斜坡函数截短后的周期扩展。锯齿波在工程上有着广泛的应用,如电视机、示波器等设备中的扫描信号。调用 MATLAB 中的 sawtooth.m 文件,产生如下 4 种锯齿波。如图题 1.22.1 所示。

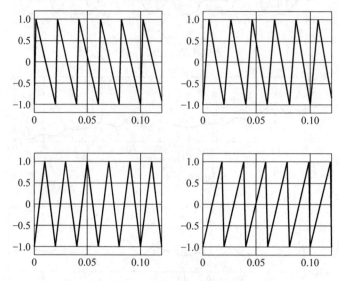

图题 1.22.1　4 种形式的锯齿波

解:求解此题的关键是调整 sawtooth.m 的参数,具体程序见 ex_01_22_1,此处不再讨论。

1.23　听到并看到一个随机信号。产生一个零均值、方差为 1 的高斯白噪声,长度及幅度由读者自己决定,但要改变白噪声的频率。然后用 plot(t,y)可画出 y 的波形,用 sound(y,fs)听到其声音,再用 hist(y)画出直方图。读者可改变频率,以体会频率对声音的影响。

解:改变白噪声的频率的方法见下面两行 MATLAB 程序:

```
fs = 2000;       % 给定抽样频率,单位为 Hz;Ts = 1/fs; %  同时也给定了抽样间隔;
t = 0:Ts:3;      % 给定信号的长度(3s),同时也给定了信号的样本数和样本间隔;
N = length(t);y = randn(N,1);       % 得到数据的长度并产生信号 y;
```

然后用 plot(t,y)可画出 y 的波形,用 sound(y,fs)听到其声音,再用 hist(y)画出直方图。读者可改变频率,以体会频率对声音的影响。

运行程序 ex_01_23_1.m 可看到并听到所产生的信号 y。

第2章

离散时间系统及 Z 变换习题参考解答

2.1 求下列序列的 Z 变换,并确定其收敛域。

(1) $x(n) = \{x(-2), x(-1), x(0), x(1), x(2)\} = \left\{ -\dfrac{1}{4}, \dfrac{1}{2}, 1, \dfrac{1}{2}, \dfrac{1}{4} \right\}$

(2) $x(n) = a^n [\cos(\omega_0 n) + \sin(\omega_0 n)] u(n)$

(3) $x(n) = \begin{cases} \left(\dfrac{1}{4}\right)^n & n \geqslant 0 \\ \left(\dfrac{1}{2}\right)^n & n < 0 \end{cases}$

解:(1) $X(z) = \displaystyle\sum_{n=-2}^{2} x(n) z^{-n} = -\dfrac{1}{4} z^2 - \dfrac{1}{2} z + 1 + \dfrac{1}{2} z^{-1} + \dfrac{1}{4} z^{-2}$

$$\text{ROC:} \quad 0 < |z| < \infty$$

(2) $X(z) = \displaystyle\sum_{n=0}^{\infty} a^n [\cos(\omega_0 n) + \sin(\omega_0 n)] z^{-n}$

$\qquad = \displaystyle\sum_{n=0}^{\infty} \dfrac{1}{2} a^n [\mathrm{e}^{\mathrm{j}\omega_0 n} + \mathrm{e}^{-\mathrm{j}\omega_0 n} - \mathrm{j}(\mathrm{e}^{\mathrm{j}\omega_0 n} - \mathrm{e}^{-\mathrm{j}\omega_0 n})] z^{-n}$

$\qquad = \dfrac{1}{2}(1-\mathrm{j}) \displaystyle\sum_{n=0}^{\infty} a^n \mathrm{e}^{\mathrm{j}\omega_0 n} z^{-n} + \dfrac{1}{2}(1+\mathrm{j}) \displaystyle\sum_{n=0}^{\infty} a^n \mathrm{e}^{-\mathrm{j}\omega_0 n} z^{-n}$

$\qquad = \dfrac{1}{2}(1-\mathrm{j}) \dfrac{1}{1 - a\mathrm{e}^{\mathrm{j}\omega_0} z^{-1}} + \dfrac{1}{2}(1+\mathrm{j}) \dfrac{1}{1 - a\mathrm{e}^{-\mathrm{j}\omega_0} z^{-1}}$

如果保证 $|a\mathrm{e}^{\mathrm{j}\omega_0} z^{-1}| < 1$,$|a\mathrm{e}^{-\mathrm{j}\omega_0} z^{-1}| < 1$,即 $|z| > |a|$,那么

$$X(z) = \dfrac{1 - az^{-1}\cos\omega_0 + az^{-1}\sin\omega_0}{1 - 2az^{-1}\cos\omega_0 + a^2 z^{-2}}$$

对应的 ROC 即是 $|z| > |a|$。

(3) $X(z) = \displaystyle\sum_{n=0}^{\infty} \left(\dfrac{1}{4}\right)^n z^{-n} + \displaystyle\sum_{n=-\infty}^{-1} \left(\dfrac{1}{2}\right)^n z^{-n} = \dfrac{1}{1 - \dfrac{1}{4z}} + \dfrac{2z}{1 - 2z} = \dfrac{-2z}{8z^2 - 6z + 1}$

$$\text{ROC:} \quad \dfrac{1}{4} < |z| < \dfrac{1}{2}$$

2.2 已知

(1) $x(n)=(n+1)u(n)$

(2) $x(n)=n^2u(n)$

(3) $x(n)=nr^n\cos(\omega_0 n)u(n)$

试利用 Z 变换的性质求 $X(z)$。

解:(1)
$$Z[x(n)]=Z[nu(n)]+Z[u(n)],$$
$$Z[u(n)]=U(z)=\frac{1}{1-z^{-1}}, \quad |z|>1$$

由 Z 变换的性质,有

$$Z[nu(n)]=-z\frac{\mathrm{d}}{\mathrm{d}z}U(z)=-z\frac{\mathrm{d}}{\mathrm{d}z}\left(\frac{1}{1-z^{-1}}\right)=\frac{z^{-1}}{(1-z^{-1})^2} \quad |z|>1$$

所以

$$Z[x(n)]=X(z)=\frac{1}{1-z^{-1}}+\frac{z^{-1}}{(1-z^{-1})^2}=\frac{1}{(1-z^{-1})^2} \quad |z|>1$$

(2) 令 $x_1(n)=nu(n)$,则 $x(n)=nx_1(n)$,在(1)中,刚刚求出 $X_1(z)=\frac{z^{-1}}{(1-z^{-1})^2}$,

再次利用(1)中提到的 Z 变换性质,有

$$Z[nx_1(n)]=-z\frac{\mathrm{d}}{\mathrm{d}z}X_1(z)=-z\frac{\mathrm{d}}{\mathrm{d}z}\left(\frac{z^{-1}}{(1-z^{-1})^2}\right)=\frac{z^{-1}+z^{-2}}{(1-z^{-1})^3} \quad |z|>1$$

即

$$Z[n^2u(n)]=X(z)=\frac{z^{-1}+z^{-2}}{(1-z^{-1})^3} \quad |z|>1$$

(3) 该题的 $x(n)$ 可表示为

$$x(n)=nr^n\cos(\omega_0 n)u(n)=\frac{1}{2}[(re^{j\omega_0})^n+(re^{-j\omega_0})^n]nu(n)$$

在上一题中已求出

$$Z[nu(n)]=\frac{z^{-1}}{(1-z^{-1})^2}$$

利用 Z 变换的指数加权性质,有

$$Z[x(n)]=\frac{1}{2}\left[\frac{(z/re^{j\omega_0})^{-1}}{(1-(z/re^{j\omega_0})^{-1})^2}+\frac{(z/re^{-j\omega_0})^{-1}}{(1-(z/re^{-j\omega_0})^{-1})^2}\right]$$

$$=\frac{rz^{-1}\cos\omega_0-r^2z^{-2}+r^3z^{-3}\cos\omega_0}{(1-2rz^{-1}\cos\omega_0+r^2z^{-2})^2} \quad |z|>|r|$$

2.3 对如下三个系统[Opp89],试判别它们是否稳定、线性、因果、移不变。

(1) $y(n)=x(n-n_0)$;

(2) $y(n) = e^{x(n)}$;

(3) $y(n) = \sum\limits_{k=n-n_0}^{n+n_0} x(k)$

解：(1) 如果 $|x(n)| \leqslant M$，则 $|y(n)| = |x(n-n_0)| \leqslant M$，所以系统是稳定的；

因为　　　　　$\alpha x_1(n) + \beta x_2(n) = \alpha x_1(n-n_0) + \beta x_2(n-n_0)$

$$= \alpha y_1(n) + \beta y_2(n)$$

所以系统是线性的。

显然，如果 $n_0 \geqslant 0$，则系统是因果的，否则是非因果的。

因为 $x(n-n_0-n_d) = y(n-n_d)$，所以系统是移不变的。

(2) 如果 $|x(n)| \leqslant M$，则 $|y(n)| = |e^{x(n)}| \leqslant e^M$，所以系统是稳定的；

因为 $T[\alpha x_1(n) + \beta x_2(n)] = e^{\alpha x_1(n) + \beta x_2(n)} = e^{\alpha x_1(n)} e^{\beta x_2(n)} \neq \alpha y_1(n) + \beta y_2(n)$，所以系统是非线性的。

系统没有利用 $x(n)$ 将来的值，所以系统是因果的。

因为 $T[x(n-n_0)] = e^{x(n-n_0)} = y(n-n_0)$，所以系统是移不变的。

(3) 令 $|x(n)| \leqslant M$，则 $|y(n)| \leqslant \left| \sum\limits_{k=n-n_0}^{n+n_0} M \right| = 2(n_0+1)M$，所以系统是稳定的。

因为

$$T[\alpha x_1(n) + \beta x_2(n)] = \alpha \sum\limits_{k=n-n_0}^{n+n_0} x_1(k) + \beta \sum\limits_{k=n-n_0}^{n+n_0} x_2(k) = \alpha y_1(n) + \beta y_2(n)$$

所以系统是线性的。

因为系统和 $x(n)$ 将来的值有关，所以系统是非因果的。

$$T[x(n-n_0)] = \sum\limits_{k=n-n_0}^{n+n_0} x(k-n_0) = \sum\limits_{k=n-n_0}^{n} x(k) = y(n-n_0)$$

所以系统是移不变的。

2.6 系统

$$y(n) = \frac{1}{M} \sum\limits_{k=0}^{M-1} x(n-k)$$

是一个 M 点移动平均器。已知 $x(n)$ 是有界的，且界为 B_x，试证明 $y(n)$ 也是有界的，并确定其界为何值。

解：由题意知 $|x(n)| \leqslant B_x$，并有

$$|y(n)| = \frac{1}{M} \sum\limits_{k=0}^{M-1} |x(n-k)| \leqslant \frac{1}{M} \sum\limits_{k=0}^{M-1} |B_x| = \frac{1}{M}(M-1+1)B_x = B_x$$

所以 $y(n)$ 也是有界的,其界为 B_x。

2.7 已知一 FIR 系统的单位抽样响应 $h(n)=a^n$,$n=0,1,\cdots,10$,其余为零。令系统的输入 $x(n)=1$,$n=0,1,\cdots,5$,其余为零。求系统的输出 $y(n)$。

解：系统的输出 $y(n)=x(n)*h(n)=\sum\limits_{k=-\infty}^{\infty}x(k)h(n-k)$,且 $y(n)$ 的长度 $N=16$。

显然,$n<0$ 时,$y(n)\equiv0$;

当 $n=1,\cdots,5$ 时,$y(n)=\sum\limits_{k=0}^{n}a^k=\dfrac{1-a^{n+1}}{1-a}$;

当 $n=6,\cdots,10$ 时,$y(n)=\sum\limits_{k=n-5}^{n}a^k=\sum\limits_{k=0}^{5}a^{k+(n-5)}=a^{n-5}\dfrac{1-a^6}{1-a}$;

当 $n=11,\cdots,15$ 时,$y(n)=\sum\limits_{k=n-5}^{10}a^k=\sum\limits_{k=0}^{15-n}a^{k+(n-5)}=a^{n-5}\dfrac{1-a^{16-n}}{1-a}$;

当 $n>15$ 时,$y(n)\equiv0$。

其具体值是:

$y(0)=x(0)h(0)=1$

$y(1)=x(0)h(1)+x(1)h(0)=1+a$

$y(2)=x(0)h(2)+x(1)h(1)+x(2)h(0)=1+a+a^2$

$y(3)=x(0)h(3)+x(1)h(2)+x(2)h(1)+x(3)h(0)=1+a+a^2+a^3$

$y(4)=1+a+a^2+a^3+a^4$

$y(5)=1+a+a^2+a^3+a^4+a^5$

$y(6)=a+a^2+a^3+a^4+a^5+a^6$

$y(7)=a^2+a^3+a^4+a^5+a^6+a^7$

$y(8)=a^3+a^4+a^5+a^6+a^7+a^8$

$y(9)=a^4+a^5+a^6+a^7+a^8+a^9$

$y(10)=a^5+a^6+a^7+a^8+a^9+a^{10}$

$y(11)=a^6+a^7+a^8+a^9+a^{10}$

$y(12)=a^7+a^8+a^9+a^{10}$

$y(13)=a^8+a^9+a^{10}$

$y(14)=x(9)h(5)+x(10)h(4)=a^9+a^{10}$

$y(15)=x(10)h(5)=a^{10}$

2.8 已知

$$y(n) = \sum_{m=-\infty}^{n} x(m)$$

试用 $X(z)$ 表示 $Y(z)$（请用两种不同方法来完成）。

解：方法 1：由 $y(n) = \sum\limits_{m=-\infty}^{n} x(m)$，可知 $y(n-1) = \sum\limits_{m=-\infty}^{n-1} x(m)$，将这两个式子相减，得

$$x(n) = y(n) - y(n-1)$$

对该式两边求 Z 变换，有

$$X(z) = Y(z) - z^{-1} Y(z)$$

即

$$Y(z) = \frac{1}{1-z^{-1}} X(z)$$

方法 2：由题意可知

$$y(n) = x(n) * u(n)$$

对该式求 Z 变换得

$$Y(z) = \frac{1}{1-z^{-1}} X(z)$$

2.9 已知 $x(n) = (0.5)^{n-6} u(n-6)$，求 $X(z)$。

解：因为 $u(n-6) = 1(n \geqslant 6)$ 且 $u(n-6) = 0(n < 6)$，所以

$$X(z) = \sum_{n=6}^{\infty} (0.5)^{n-6} z^{-n} = \sum_{m=0}^{\infty} (0.5)^m z^{-m-6} = z^{-6} \frac{1}{1-0.5z^{-1}} = \frac{z^{-5}}{z-0.5}$$

式中进行了变量代换，即令 $n-6=m$。其实，本题也可由 Z 变换的移位性质直接得出。

2.10 已知 $(1) x_1(n) = 5\sin(0.3\pi n) u(n)$；$(2) x_2(n) = 5 \times 0.6^n \sin(0.3\pi n) u(n)$；

$(3) x_3(n) = 10 \times e^{-0.1n} \cos(0.3\pi n) u(n)$；

求其各自的 Z 变换。

解：由表 2.7.1，有

$$X_1(z) = \frac{5z\sin(0.3\pi)}{z^2 - 2z\cos(0.3\pi) + 1} = \frac{4.045z}{z^2 - 1.1756z + 1}$$

$$X_2(z) = \frac{5 \times 0.6z\sin(0.3\pi)}{z^2 - 2 \times 0.6z\cos(0.3\pi) + 0.6^2} = \frac{2.427z}{z^2 - 0.7054z + 0.36}$$

$$X_3(z) = \frac{10z(z - e^{-0.1}\cos(0.3\pi))}{z^2 - 2 \times e^{-0.1}\cos(0.3\pi)z + e^{-0.2}} = \frac{10z(z - 0.5318)}{z^2 - 1.0637z + 0.8187}$$

2.11 已知 $x(n) = 1, n = 0, 1, \cdots, N-1$，其他为零，试用两种方法求 $X(z)$。

解：由 Z 变换的定义，有

$$X(z) = \sum_{n=0}^{N-1} 1 \cdot z^{-n} = \begin{cases} N, & \text{若 } z = 1 \\ \dfrac{1 - z^{-N}}{1 - z^{-1}}, & \text{若 } z \neq 1 \end{cases}$$

因为 $x(n)$ 有限长,所以其 ROC 是除了 $z = 0$ 的整个 Z 平面。

由于 $x(n) = u(n) - u(n-N)$,由 Z 变换的移位性质有 $X(z) = (1 - z^{-N})U(z)$,我们在 2.6 节已求出 $U(z) = 1/(1 - z^{-1})$,因此,将两个结果相结合可得到上述结果。

2.12 给定序列 $x(n)$ 的 Z 变换,试求 $x(n)$。

(1) $X(z) = z^2 (1+z)(1-z^{-1})(1+z^2)(1-z^{-2})$;

(2) $X(z) = \dfrac{0.3z}{z^2 - 0.7z + 0.1}$,$x(n)$ 为因果信号;

(3) $X(z) = \dfrac{1}{(1-2z^{-1})(1-z^{-1})^2}$,$x(n)$ 为因果信号;

(4) $X(z) = \dfrac{1}{z^3 - 1.25z^2 + 0.5z - 0.0625}$,$|z| > \dfrac{1}{2}$。

解:(1) 由于 $X(z) = z^2(1+z)(1-z^{-1})(1+z^2)(1-z^{-2}) = z^5 - z^3 - z + z^{-1}$,所以

$$x(-5) = 1, \quad x(-3) = -1, \quad x(-1) = -1, \quad x(1) = 1,$$

即

$$x(n) = \delta(n+5) - \delta(n+3) - \delta(n+1) + \delta(n-1)$$

(2) 由于所给 $X(z)$ 是一有理分式,所以可用部分方式的方法求解,即

$$\frac{X(z)}{z} = \frac{0.3}{(z-0.2)(z-0.5)} = \frac{1}{z-0.5} - \frac{1}{z-0.2}$$

$$X(z) = \frac{z}{z-0.5} - \frac{z}{z-0.2}$$

由于要求出的 $x(n)$ 是因果信号,所以

$$x(n) = \left[(0.5)^n - (0.2)^n \right] u(n)$$

(3) 本题的 $X(z) = \dfrac{1}{(1-2z^{-1})(1-z^{-1})^2} = \dfrac{z^3}{(z-2)(z-1)^2}$ 有两个极点,即 $z=1$ 和 $z=2$,现在用留数法来求解,即

$$x(n) = \sum \text{res}\left[\frac{z^{n+2}}{(z-2)(z-1)^2} \right] = \frac{z^{n+2}}{(z-1)^2} \bigg|_{z=2} + \frac{\mathrm{d}\left(\dfrac{z^{n+2}}{z-2} \right)}{\mathrm{d}z} \bigg|_{z=1}$$

$$= 2^{n+2} - n - 3$$

所以
$$x(n) = (2^{n+2} - n - 3)u(n)$$

(4) 通过 MATLAB 的 residuez.m 可以将 $X(z) = \dfrac{1}{z^3 - 1.25z^2 + 0.5z - 0.0625}$ 分解成简单有理分式的和，即

$$X(z) = \frac{-64}{1 - 0.5z^{-1}} + \frac{16}{(1 - 0.5z^{-1})^2} + \frac{16}{1 - 0.25z^{-1}} - 16$$

由教材的表 2.3.1，$\dfrac{16}{(1 - 0.5z^{-1})^2}$ 的逆 Z 变换是 $16(n+1)(0.5)^n u(n)$，所以

$$x(n) = -64(0.5)^n u(n) + 16(n+1)(0.5)^n u(n) + 16(0.25)^n u(n) - 16\delta(n)$$

2.13 已知 $X(z) = \log(1 + az^{-1})$，$|z| > |a|$，求 $x(n)$。

解：对 $X(z)$ 求导，有 $\dfrac{\mathrm{d}X(z)}{\mathrm{d}z} = \dfrac{-az^{-2}}{1 + az^{-1}}$，即

$$-z\frac{\mathrm{d}X(z)}{\mathrm{d}z} = az^{-1}\left[\frac{1}{1 - (-a)z^{-1}}\right], \quad |z| > |a| \tag{2.13A}$$

其中，括号内对应的时间序列是 $(-a)^n$，前面乘以 z^{-1}，表示有单位延迟。因此，式(2.13A)右边对应的时间序列是 $a(-a)^{n-1}u(n-1)$。再由 Z 变换的序列加权性质，式(2.13A)左边对应的是 $nx(n)$，因此，有 $nx(n) = a(-a)^{n-1}u(n-1)$，即

$$x(n) = (-1)^{n-1}\frac{a^n}{n}u(n-1), \quad |z| > |a|, \quad n \neq 0$$

2.14 一线性移不变离散时间系统的单位抽样响应为

$$h(n) = (1 + 0.3^n + 0.6^n)u(n)$$

(1) 求该系统的转移函数 $H(z)$；

(2) 写出该系统的差分方程；

(3) 画出该系统直接实现、并联实现和级联实现的信号流图。

解：(1) 系统的转移函数是其单位抽样相应的 Z 变换，因此

$$H(z) = \frac{1}{1 - \dfrac{1}{z}} + \frac{1}{1 - \dfrac{0.3}{z}} + \frac{1}{1 - \dfrac{0.6}{z}} = \frac{3 - 3.8z^{-1} + 1.08z^{-2}}{(1 - z^{-1})(1 - 0.3z^{-1})(1 - 0.6z^{-1})}$$

$$= \frac{3 - 3.8z^{-1} + 1.08z^{-2}}{1 - 1.9z^{-1} + 1.08z^{-2} - 0.18z^{-3}}$$

(2) 由于

$$H(z) = \frac{Y(z)}{X(z)} = \frac{3 - 3.8z^{-1} + 1.08z^{-2}}{1 - 1.9z^{-1} + 1.08z^{-2} - 0.18z^{-3}}$$

所以系统的差分方程是

$$y(n) - 1.9y(n-1) + 1.08y(n-2) - 0.18y(n-3) = 3x(n) - 3.8x(n-1) + 1.08x(n-2)$$

（3）信号流图。

该系统直接实现的信号流图如图题 2.14.1(a)所示,并联实现的信号流图如图题 2.14.1(b)所示。

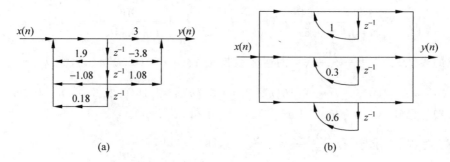

(a) (b)

图题　2.14.1

(a) 系统的直接实现;(b) 系统的并联实现

为了将该系统级联实现,需要将 $H(z)$ 分解为尽可能低阶的子系统相乘的形式,即

$$H(z) = \frac{3 - 3.8z^{-1} + 1.08z^{-2}}{1 - 1.9z^{-1} + 1.08z^{-2} - 0.18z^{-3}}$$

$$= \frac{2.87(1.18 - z^{-1})(2.35 - z^{-1})}{(1 - z^{-1})(1 - 0.3z^{-1})(1 - 0.6z^{-1})}$$

$$= \frac{2.87}{1 - z^{-1}} \times \frac{1.18 - z^{-1}}{1 - 0.3z^{-1}} \times \frac{2.35 - z^{-1}}{1 - 0.6z^{-1}}$$

对应的信号流图如图题 2.14.2 所示。

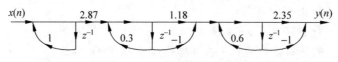

图题 2.14.2　系统的级联实现

2.15　给定一个离散时间系统的信号流图如图题 2.15.1(a)所示,如果保持图形的拓扑结构不变,仅将图中的信号流向(即箭头)反向,输入、输出位置易位,那么所得系统(如图题 2.15.1(b)所示)称为原系统的易位系统。再给定系统(c)、(d),试画出(c)和(d)的易位系统,并证明图题 2.15.1(a)、(c)、(d)所示的 3 个系统和其易位系统有着相同的转移函数。

解:对图题 2.15.1(a),显然,系统的差分方程是

$$x(n) + abx(n) + bx(n-1) = y(n)$$

转移函数为

$$H(z) = 1 + ab + bz^{-1}$$

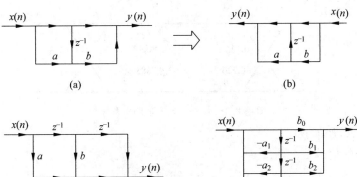

(a)　　　　　　　　　　　　　(b)

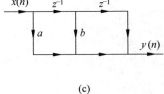

(c)

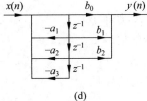

(d)

图题 2.15.1　4 个系统

对图题 2.15.1(b)，仍有 $x(n)+abx(n)+bx(n-1)=y(n)$，且输入都是 $x(n)$，输出都是 $y(n)$，因此二者有着相同的转移函数。

图题 2.15.1(c)的易位系统如图题 2.15.2 所示。二者有着共同的差分方程

$$y(n)=ax(n)+bx(n-1)+cx(n-2)$$

且输入都是 $x(n)$，输出都是 $y(n)$，因此二者有着相同的转移函数

$$H(z)=a+bz^{-1}+cz^{-2}$$

图题 2.15.1(d)的易位系统如图题 2.15.3 所示。图题 2.15.1(d)的差分方程是

$$y(n)+a_1y(n-1)+a_2y(n-2)+a_3y(n-3)$$

$$=b_0x(n)+b_1x(n-1)+b_2x(n-2) \tag{A}$$

对图题 2.15.3，加一个中间变量 $w(n)$，显然，其差分方程是

$$w(n)=b_0x(n)+b_1x(n-1)+b_2x(n-2)-$$

$$a_1w(n-1)-a_2w(n-2)-a_3y(n-3) \tag{B}$$

注意到图题 2.15.3 中的 $w(n)$ 就是输出 $y(n)$，因此方程(A)和(B)有着相同的形式。当然，二者的转移函数也是一样的。

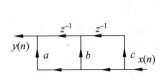

图题 2.15.2　图题 2.15.1(c)的易位系统

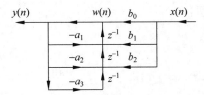

图题 2.15.3　图题 2.15.1(d)的易位系统

2.16　图题 2.16.1 是一个三阶 FIR 系统，试写出该系统的差分方程及转移函数。

解：这是一个三阶 FIR 系统的 Lattice 结构。为了求出系统的差分方程，在系统中标

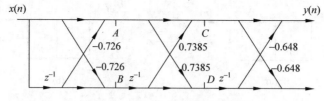

图题 2.16.1　一个三阶 FIR 系统

注了 4 个节点 A,B,C,D。

在节点 A 的信号是

$$x(n)-0.726x(n-1)$$

在节点 B 的信号是

$$-0.726x(n)+x(n-1)$$

在节点 C 的信号是

$$x(n)-0.726x(n-1)+0.7385[-0.726x(n-1)+x(n-2)]$$
$$=x(n)-1.262x(n-1)+0.7385x(n-2)$$

在节点 D 的信号是

$$0.7385[x(n)-0.726x(n-1)]+[-0.726x(n-1)+x(n-2)]$$
$$=0.7385x(n)-1.262x(n-1)+x(n-2)$$

最后的输出

$$y(n)=x(n)-1.262x(n-1)+0.7385x(n-2)-$$
$$0.648[0.7385x(n-1)-1.262x(n-2)+x(n-3)]$$

即

$$y(n)=x(n)-1.74x(n-1)+1.556x(n-2)-0.648x(n-3)$$

系统的转移函数为

$$H(z)=1-1.74z^{-1}+1.556z^{-2}-0.648z^{-3}$$

2.17　对图题 2.17.1 的 4 个系统,试用各子系统的抽样响应来表示总的系统的抽样响应,并给出其转移函数表示式。

解:(a) $\qquad y(n)=x(n)*h_1(n)*h_2(n)$

所以

$$h(n)=h_1(n)*h_2(n),\quad H(z)=H_1(z)H_2(z)$$

(b) $\qquad y(n)=x(n)*(h_1(n)+h_2(n))$

所以

$$h(n)=h_1(n)+h_2(n),\quad H(z)=H_1(z)+H_2(z)$$

(c) $\qquad y(n)=[(x(n)*h_1(n))*(h_2(n)+h_3(n))]*h_4(n)$

所以

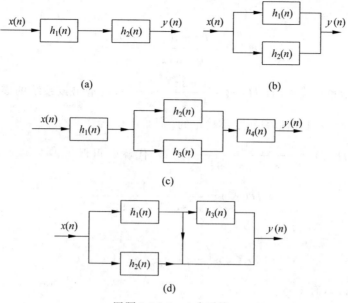

图题 2.17.1　4 个系统

$$h(n) = h_1(n) * (h_2(n) + h_3(n)) * h_4(n)$$

$$H(z) = H_1(z)(H_2(z) + H_3(z))H_4(z)$$

(d)　　　$$y(n) = x(n) * (h_1(n) + h_2(n)) + x(n) * h_1(n) * h_3(n)$$

所以

$$h(n) = h_1(n) + h_2(n) + h_1(n) * h_3(n)$$

$$H(z) = H_1(z) + H_2(z) + H_1(z)H_3(z)$$

2.18　一个 LSI 系统的信号流图如图题 2.18.1 所示。

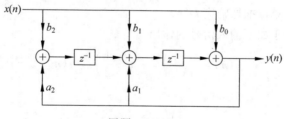

图题　2.18.1

(1) 求系统的转移函数 $H(z)$；

(2) 令 $b_0 = b_2 = 1, b_1 = 2, a_1 = -1, a_2 = 2$，试判断系统是否稳定；

(3) 令 $b_0 = 1, b_1 = b_2 = 0, a_1 = 1, a_2 = -0.99$ 时，求 $x(n) = \cos(\pi n/3)$ 的输出。

解：(1) 由所给信号流图，有

$$y(n) = a_1 y(n-1) + a_2(n-2) + b_0 x(n) + b_1 x(n-1) + b_2 x(n-2)$$

可求出

$$H(z) = \frac{b_0 + b_1 z^{-1} + b_2 z^{-2}}{1 - a_1 z^{-1} - a_2 z^{-2}}$$

(2) 将所给系数代入,有 $H(z) = \dfrac{1 + 2z^{-1} + z^{-2}}{1 + z^{-1} - 2z^{-2}}$,可求出该系统的零点在 $z = -1$,

-1,极点在 $z = -2, 1$,所以系统是不稳定的。

(3) 此时 $H(z) = \dfrac{1}{1 - z^{-1} + 0.99 z^{-2}}$,用 $\mathrm{e}^{\mathrm{j}\omega}$ 代替 z,可得

$$H(\mathrm{e}^{\mathrm{j}\omega}) = \frac{1}{1 - \mathrm{e}^{-\mathrm{j}\omega} + 0.99\mathrm{e}^{-\mathrm{j}2\omega}}$$

对输入

$$x(n) = \cos\left(\frac{\pi}{3}n\right) = \frac{1}{2}\left(\mathrm{e}^{\frac{\mathrm{j}\pi n}{3}} + \mathrm{e}^{\frac{-\mathrm{j}\pi n}{3}}\right),$$

由教材式(4.1.1),有

$$H\left(\mathrm{e}^{\mathrm{j}\frac{\pi}{3}}\right) = \frac{1}{1 - \mathrm{e}^{-\mathrm{j}\frac{\pi}{3}} + 0.99\mathrm{e}^{-\mathrm{j}\frac{2\pi}{3}}} = \frac{\mathrm{e}^{-\mathrm{j}\frac{\pi}{3}}}{\mathrm{e}^{-\mathrm{j}\frac{\pi}{3}} - \mathrm{e}^{-\mathrm{j}\frac{2\pi}{3}} + 0.99\mathrm{e}^{-\mathrm{j}\pi}} = 100\mathrm{e}^{-\mathrm{j}\frac{\pi}{3}}$$

所以

$$y(n) = 100\cos\left(\frac{\pi}{3}n - \frac{\pi}{3}\right)$$

2.19 一个 LSI 系统的差分方程是

$$y(n) = \frac{1}{4}y(n-2) + x(n)$$

(1) 求该系统的单位抽样响应 $h(n)$。

(2) 求该系统对于如下输入信号的输出。

$$x(n) = \left[\left(\frac{1}{2}\right)^n + \left(-\frac{1}{2}\right)^n\right]u(n)$$

解:(1) 因为

$$y(n) = \frac{1}{4}y(n-2) + x(n)$$

可很容易得到其转移函数

$$H(z) = \frac{1}{1 - \frac{1}{4}z^{-2}}$$

系统的单位抽样响应为

$$h(n) = \frac{1}{2} \left[\left(\frac{1}{2} \right)^n + \left(-\frac{1}{2} \right)^n \right] u(n)$$

（2）输入信号 $x(n)$ 的 Z 变换为

$$X(z) = \frac{1}{1 - \frac{1}{2} z^{-1}} + \frac{1}{1 + \frac{1}{2} z^{-1}} = \frac{2}{1 - \frac{1}{4} z^{-2}}$$

由 LSI 系统输入输出关系，有

$$Y(z) = X(z) H(z)$$

$$= \frac{\frac{1}{2}}{1 + \frac{1}{2} z^{-1}} + \frac{\frac{1}{2}}{1 - \frac{1}{2} z^{-1}} + \frac{\frac{1}{2}}{\left(1 - \frac{1}{2} z^{-1} \right)^2} + \frac{\frac{1}{2}}{\left(1 + \frac{1}{2} z^{-1} \right)^2}$$

$$= \frac{\frac{1}{2}}{1 + \frac{1}{2} z^{-1}} + \frac{\frac{1}{2}}{1 - \frac{1}{2} z^{-1}} + \frac{\frac{1}{2} z^{-1} \times z}{\left(1 - \frac{1}{2} z^{-1} \right)^2} - \frac{-\frac{1}{2} z^{-1} \times z}{\left(1 + \frac{1}{2} z^{-1} \right)^2}$$

因此可求得

$$y(n) = \left[\frac{1}{2} \left(\frac{1}{2} \right)^n + \frac{1}{2} \left(-\frac{1}{2} \right)^n \right] u(n) + \left[(n+1) \left(\frac{1}{2} \right)^{n+1} - (n+1) \left(-\frac{1}{2} \right)^{n+1} \right] u(n+1)$$

2.20　已知一离散时间系统的转移函数

$$H(z) = \frac{2 - 3.1 z^{-1}}{1 - 3.1 z^{-1} + 1.5 z^{-2}}$$

根据下列条件决定系统的 ROC 及 $h(n)$：

（1）系统是稳定的；

（2）系统是因果的；

（3）系统是非因果的。

解：系统的转移函数可分解为

$$H(z) = \frac{2 - 3.1 z^{-1}}{1 - 3.1 z^{-1} + 1.5 z^{-2}} = \frac{1}{1 - 0.6 z^{-1}} + \frac{1}{1 - 2.5 z^{-1}}$$

显然，该系统有两个极点，即 $z = 0.6, z = 2.5$。

（1）因为有一个极点在单位圆外，所以，如果系统要稳定，该极点对应的序列必须是非因果的。由系统稳定判据 3 可知，要求系统是稳定的，其收敛域必须包括单位圆。因此，在稳定性的要求下，该系统的 ROC 是 $0.6 < |z| < 2.5$，其

$$h(n) = 0.6^n u(n) - 2.5^n u(-n-1)$$

（2）要求系统是因果的，两个极点对应的都应该是右边序列，这时，系统的 ROC 是 $|z| > 2.5$，其

$$h(n) = 0.6^n u(n) + 2.5^n u(n)$$

当然,这时系统是不稳定的。

(3) 要求系统是非因果的,两个极点对应的都应该是左边序列,这时,系统的 ROC 是 $|z| < 0.5$,其

$$h(n) = -[0.6^n u(n) + 2.5^n] u(-n-1)$$

这时系统也是不稳定的。

由该题我们再一次看到,系统的因果性和稳定性的条件是不同的。即,一个因果(非因果)系统可能是稳定的,也可能是不稳定的;反之,一个稳定(不稳定)的系统可能是因果的,也可能是非因果的。总之,一个稳定系统的 ROC 必须包含单位圆;一个稳定的且是因果的系统其所有的极点都必须位于单位圆内。

2.21 已知 $x_1(n) = \{1, -2, 3\}$,$x_2(n) = \{3, -2, 1\}$,试利用 Z 变换求 $x(n) = x_1(n) * x_2(n)$。

解:$X_1(z) = 1 - 2z^{-1} + 3z^{-2}$,$X_2(z) = 3 - 2z^{-1} + z^{-2}$

根据 Z 变换的性质可知

$$x(n) = \mathbf{Z}^{-1}[X_1(z) X_1(z)] = \mathbf{Z}^{-1}[3 - 8z^{-1} + 14z^{-2} - 8z^{-3} + 3z^{-4}]$$

即

$$x(n) = 3\delta(n) - 8\delta(n-1) + 14\delta(n-2) - 8\delta(n-3) + 4\delta(n-4)$$

或

$$x(n) = \{3, -8, 14, -8, 3\}。$$

2.22 已知一离散时间系统的差分方程是

$$y(n) + 0.3y(n-1) - 0.1y(n-2) = x(n) - 2x(n-1)$$

求系统对 $x(n) = \delta(n)$ 和 $x(n) = u(n)$ 时的输出 $y(n)$。

解:我们使用 Z 变换来求解。对系统的差分方程两边取 Z 变换,有

$$Y(z) + 0.3Y(z)z^{-1} - 0.1Y(z)z^{-2} = X(z) - 2X(z)z^{-1}$$

对 $x(n) = \delta(n)$,有 $X(z) = 1$,这时的输出 $y(n)$ 即是单位抽样响应 $h(n)$。

$$Y(z) = \frac{1 - 2z^{-1}}{1 + 0.3z^{-1} - 0.1z^{-2}} = \frac{z^2 - 2z}{z^2 + 0.3z - 0.1}$$

利用部分分式法,有

$$\frac{Y(z)}{z} = \frac{z - 2}{z^2 + 0.3z - 0.1} = \frac{A}{z - 0.2} + \frac{B}{z + 0.5}$$

可求出 $A = -18/7$,$B = 25/7$,分别取小数,则有,$A = -2.5714$,$B = 3.5714$,于是

$$y(n) = -2.5714 \times 0.2^n u(n) + 3.5714 \times (-0.5)^n u(n) \stackrel{\Delta}{=} y_1(n)$$

对 $x(n) = u(n)$,有 $X(z) = z/(z-1)$,这时的输出 $y(n)$ 的 Z 变换是

$$Y(z) = \frac{z^2 - 2z}{z^2 + 0.3z - 0.1} \frac{z}{z - 1} = \frac{z^3 - 2z^2}{(z - 0.2)(z + 0.5)(z - 1)}$$

$$\frac{Y(z)}{z} = \frac{z^2 - 2z}{(z - 0.2)(z + 0.5)(z - 1)} = \frac{A}{z - 0.2} + \frac{B}{z + 0.5} + \frac{C}{z - 1}$$

可求出 $A = 9/14, B = 25/21, C = -5/6$，分别取小数，则有，$A = 0.6429, B = 1.1904, C = -0.8333$，于是

$$y(n) = 0.6429 \times 0.2^n u(n) + 1.1904 \times (-0.5)^n u(n) - 0.8333u(n)$$

由于此时的输入 $x(n) = u(n) = \sum\limits_{k=0}^{n} \delta(k)$，且所给系统是线性系统，由叠加原理知，

其输出也可由 $y(n) = \sum\limits_{k=0}^{n} y_1(k)$ 求出，即

$$y(n) = \sum_{k=0}^{n} [-2.5714 \times 0.2^k + 3.5714 \times (-0.5)^k]$$

$$= -2.5714 \frac{1 - 0.2^{n+1}}{1 - 0.2} + 3.5714 \frac{1 - (-0.5)^{n+1}}{1 - (-0.5)}$$

$$= -3.2143(1 - 0.2 \times 0.2^n) + 2.3809[1 - (-0.5)(-0.5)^n]$$

$$= 0.6429 \times 0.2^n u(n) + 1.1904 \times (-0.5)^n u(n) - 0.8333u(n)$$

第3章

离散时间信号的频域分析习题参考解答

3.1 求下述序列的傅里叶变换,并分别给出其幅频特性和相频特性。

(1) $x_1(n) = \delta(n - n_0)$

(2) $x_2(n) = 3 - \left(\dfrac{1}{3}\right)^n \qquad |n| \leqslant 3$

(3) $x_3(n) = a^n[u(n) - u(n-N)]$

(4) $x_4(n) = |a|^n u(n+2) \qquad |a| < 1$

解:(1) 对 $x_1(n)$,有

$$X_1(e^{j\omega}) \doteq \sum_{n=-\infty}^{\infty} \delta(n - n_0) e^{-j\omega n} = e^{-j\omega n_0}$$

幅频响应为 $|X(e^{j\omega})| = |e^{-j\omega n_0}| = 1$,相频响应为

$$\varphi(\omega) = -\omega n_0$$

(2) 对 $x_2(n)$,有

$$X_2(e^{j\omega}) = \sum_{n=-3}^{3} \left[3 - \left(\frac{1}{3}\right)^n\right] e^{-j\omega n}$$

其中

$$\sum_{n=-3}^{3} 3e^{-j\omega n} = 3 + 6\cos\omega + 6\cos 2\omega + 6\cos 3\omega$$

$$-\sum_{n=-3}^{3} \left(\frac{1}{3}\right)^n e^{-j\omega n} = -1 - \frac{1}{3}e^{-j\omega} - 3e^{j\omega} - \frac{1}{9}e^{-j2\omega} - 9e^{j2\omega} - \frac{1}{27}e^{-j3\omega} - 27e^{j3\omega}$$

将上述两项相加即得 $X_2(e^{j\omega})$。图题 3.1.1(a)和(b)分别给出了用 MATLAB 求出的 $X_2(e^{j\omega})$ 的幅频响应和相频响应曲线,其中相频响应曲线没有求解卷绕。

(3) 对 $x_3(n) = a^n[u(n) - u(n-N)]$,有

$$X_3(e^{j\omega}) = \sum_{n=0}^{\infty} a^n e^{-j\omega n} - \sum_{n=N}^{\infty} a^n e^{-j\omega n} = \sum_{n=0}^{N-1} a^n e^{-j\omega n} = \frac{1 - a^N e^{-j\omega N}}{1 - a e^{-j\omega}}$$

幅频特性为

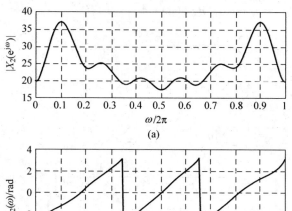

$$\text{图题} \quad 3.1.1$$

（a）幅频响应；（b）相频响应

$$|X_3(e^{j\omega})| = \left|\frac{1-a^N e^{-j\omega N}}{1-a e^{-j\omega}}\right| = \frac{\sqrt{1+a^{2N}-2a^N \cos N\omega}}{\sqrt{1+a^2-2a\cos\omega}}$$

相频特性为

$$\varphi(\omega) = \arctan\left(\frac{a^N \sin(\omega N)}{1-a^N \cos(\omega N)}\right) - \arctan\left(\frac{a\sin(\omega)}{1-a\cos(\omega)}\right)$$

（4）对 $x_4(n) = |a|^n u(n+2), |a|<1$，有

$$X_4(e^{j\omega}) = \sum_{n=-\infty}^{\infty} |a|^n u(n+2)e^{-j\omega n} = \sum_{n=-2}^{\infty} |a|^n e^{-j\omega n} = \frac{|a|^{-2}e^{2j\omega}}{1-|a|e^{-j\omega}}$$

幅频特性为

$$|X(e^{j\omega})| = \left|\frac{|a|^{-2}e^{2j\omega}}{1-|a|e^{-j\omega}}\right| = \frac{|a|^{-2}}{\sqrt{1+|a|^2-2|a|\cos\omega}}$$

相频特性为

$$\varphi(\omega) = 2\omega - \arctan\left(\frac{|a|\sin(\omega)}{1-|a|\cos(\omega)}\right)$$

3.2 求下述两个序列的傅里叶变换。

（1）$x_1(n) = a^n \cos(\omega_1 n)u(n) \quad |a|<1$

（2）$x_2(n) = a^{|n|}\cos(\omega_2 n) \quad 0<a<1$

解：(1) 对 $x_1(n) = a^n \cos(\omega_1 n) u(n)$ $\quad |a| < 1$，有

$$X_1(e^{j\omega}) = \sum_{n=0}^{\infty} a^n \cos(\omega_1 n) e^{-j\omega n} = \sum_{n=0}^{\infty} a^n \frac{e^{j\omega_1 n} + e^{-j\omega_1 n}}{2} e^{-j\omega n}$$

$$= \frac{1}{2} \left[\sum_{n=0}^{\infty} a^n e^{j\omega_1 n} e^{-j\omega n} + \sum_{n=0}^{\infty} a^n e^{-j\omega_1 n} e^{-j\omega n} \right]$$

$$= \frac{1}{2} \left[\sum_{n=0}^{\infty} a^n e^{j(\omega_1 - \omega)n} + \sum_{n=0}^{\infty} a^n e^{-j(\omega_1 + \omega)n} \right]$$

$$= \frac{1}{2} \left[\frac{1}{1 - a e^{j(\omega_1 - \omega)}} + \frac{1}{1 - a e^{-j(\omega_1 + \omega)}} \right]$$

$$= \frac{1 - a e^{-j\omega} \cos\omega}{1 - 2a e^{-j\omega} \cos\omega + a^2 e^{-2j\omega}}$$

(2) 对 $x_2(n) = a^{|n|} \cos(\omega_2 n)$，$0 < a < 1$，可求出

$$X_2(e^{j\omega}) = \sum_{n=-\infty}^{+\infty} x_2(n) e^{-j\omega n} = \sum_{n=-\infty}^{+\infty} a^{|n|} \cos(\omega_2 n) e^{-j\omega n}$$

$$= \sum_{n=0}^{+\infty} a^n \frac{e^{j\omega_2 n} + e^{-j\omega_2 n}}{2} e^{-j\omega n} + \sum_{n=-\infty}^{-1} a^{-n} \frac{e^{j\omega_2 n} + e^{-j\omega_2 n}}{2} e^{-j\omega n}$$

$$= \frac{1}{2} \left(\sum_{n=0}^{+\infty} a^n e^{j\omega_2 n} e^{-j\omega n} + \sum_{n=0}^{+\infty} a^n e^{-j\omega_2 n} e^{-j\omega n} \right) + \frac{1}{2} \left(\sum_{n=1}^{+\infty} a^n e^{-j\omega_2 n} e^{j\omega n} + \sum_{n=1}^{+\infty} a^n e^{j\omega_2 n} e^{j\omega n} \right)$$

$$= \frac{1}{2} \left(\sum_{n=0}^{+\infty} a^n e^{j(\omega_2 - \omega)n} + \sum_{n=0}^{+\infty} a^n e^{-j(\omega_2 + \omega)n} \right) + \frac{1}{2} \left(\sum_{n=1}^{+\infty} a^n e^{-j(\omega_2 - \omega)n} + \sum_{n=0}^{+\infty} a^n e^{j(\omega_2 + \omega)n} \right)$$

$$= \frac{1}{2} \left[\frac{1}{1 - a e^{j(\omega_2 - \omega)}} + \frac{1}{1 - a e^{-j(\omega_2 + \omega)}} \right] + \frac{1}{2} \left[\frac{a e^{-j(\omega_2 - \omega)}}{1 - a e^{-j(\omega_2 - \omega)}} + \frac{a e^{j(\omega_2 + \omega)}}{1 - a e^{j(\omega_2 + \omega)}} \right]$$

$$= \frac{1 - a^2}{2} \left[\frac{1}{1 - 2a \cos(\omega_2 + \omega) + a^2} + \frac{1}{1 - 2a \cos(\omega_2 - \omega) + a^2} \right]$$

3.3 试求序列

$$x(n) = (n+1) a^n u(n) \quad |a| < 1$$

的 DTFT，式中 $u(n)$ 是单位阶跃序列。

解：

$$X(e^{j\omega}) = \sum_{n=-\infty}^{\infty} (n+1) a^n u(n) e^{-j\omega n} = \sum_{n=0}^{\infty} (n+1) a^n e^{-j\omega n}$$

$$= \sum_{n=0}^{\infty} n a^n e^{-j\omega n} + \sum_{n=0}^{\infty} a^n e^{-j\omega n}$$

$$= \frac{a\,\mathrm{e}^{-\mathrm{j}\omega}}{(1-a\,\mathrm{e}^{-\mathrm{j}\omega})^2} + \frac{1}{1-a\,\mathrm{e}^{-\mathrm{j}\omega}} = \frac{1}{(1-a\,\mathrm{e}^{-\mathrm{j}\omega})^2}$$

3.4　已知理想低通和高通数字滤波器的频率响应分别是

$$H_{\mathrm{LP}}(\mathrm{e}^{\mathrm{j}\omega}) = \begin{cases} 1 & 0 \leqslant |\,\omega\,| \leqslant \omega_c \\ 0 & \omega_c < |\,\omega\,| \leqslant \pi \end{cases}$$

$$H_{\mathrm{HP}}(\mathrm{e}^{\mathrm{j}\omega}) = \begin{cases} 0 & 0 \leqslant |\,\omega\,| \leqslant \omega_c \\ 1 & \omega_c < |\,\omega\,| \leqslant \pi \end{cases}$$

求 $H_{\mathrm{LP}}(\mathrm{e}^{\mathrm{j}\omega})$，$H_{\mathrm{HP}}(\mathrm{e}^{\mathrm{j}\omega})$ 所对应的单位抽样响应 $h_{\mathrm{LP}}(n)$，$h_{\mathrm{HP}}(n)$。

解：（1）对

$$H_{\mathrm{LP}}(\mathrm{e}^{\mathrm{j}\omega}) = \begin{cases} 1 & 0 \leqslant |\,\omega\,| \leqslant \omega_c \\ 0 & \omega_c < |\,\omega\,| \leqslant \pi \end{cases}$$

当 $n \neq 0$ 时，有

$$h_{\mathrm{LP}}(n) = \frac{1}{2\pi}\int_{-\pi}^{\pi} H_{\mathrm{LP}}(\mathrm{e}^{\mathrm{j}\omega})\,\mathrm{e}^{\mathrm{j}\omega n}\,\mathrm{d}\omega = \frac{1}{2\pi}\,\frac{1}{\mathrm{j}n}\,\mathrm{e}^{\mathrm{j}\omega n}\Big|_{-\omega_c}^{\omega_c} = \frac{\sin(n\omega_c)}{n\pi}$$

当 $n = 0$ 时，有

$$h_{\mathrm{LP}}(0) = \frac{1}{2\pi}\int_{-\omega_c}^{\omega_c} 1\,\mathrm{d}\omega = \frac{\omega_c}{\pi} = \lim_{n\to 0}\frac{1}{\pi n}(\sin(\omega_c n))$$

所以

$$h_{\mathrm{LP}}(n) = \frac{\sin(\omega_c n)}{\pi n}$$

（2）对

$$H_{\mathrm{HP}}(\mathrm{e}^{\mathrm{j}\omega}) = \begin{cases} 0 & 0 \leqslant |\,\omega\,| \leqslant \omega_c \\ 1 & \omega_c < |\,\omega\,| \leqslant \pi \end{cases}$$

当 $n \neq 0$ 时，有

$$h_{\mathrm{HP}}(n) = \frac{1}{2\pi}\int_{-\pi}^{\pi} H_{\mathrm{HP}}(\mathrm{e}^{\mathrm{j}\omega})\,\mathrm{e}^{\mathrm{j}\omega n}\,\mathrm{d}\omega = \frac{1}{2\pi}\int_{-\pi}^{-\omega_c}\mathrm{e}^{\mathrm{j}\omega n}\,\mathrm{d}\omega + \frac{1}{2\pi}\int_{\omega_c}^{\pi}\mathrm{e}^{\mathrm{j}\omega n}\,\mathrm{d}\omega$$

$$= \frac{1}{\mathrm{j}2\pi n}\mathrm{e}^{\mathrm{j}\omega n}\Big|_{-\pi}^{-\omega_c} + \frac{1}{\mathrm{j}2\pi n}\mathrm{e}^{\mathrm{j}\omega n}\Big|_{\omega_c}^{\pi} = \frac{1}{\pi n}\,\frac{(\mathrm{e}^{\mathrm{j}\pi n} - \mathrm{e}^{-\mathrm{j}\pi n}) - (\mathrm{e}^{\mathrm{j}\omega_c n} - \mathrm{e}^{-\mathrm{j}\omega_c n})}{2\mathrm{j}}$$

$$= \frac{1}{\pi n}(\sin(\pi n) - \sin(\omega_c n)) = -\frac{\sin(\omega_c n)}{\pi n}$$

当 $n = 0$ 时，有

$$h_{HP}(0) = \frac{1}{2\pi}\int_{-\pi}^{-\omega_c} 1\,d\omega + \frac{1}{2\pi}\int_{\omega_c}^{\pi} 1\,d\omega = \frac{\pi - \omega_c}{\pi} = 1 - \frac{\omega_c}{\pi}$$

$$= \lim_{n \to 0}\frac{1}{\pi n}(\sin(\pi n) - \sin(\omega_c n))$$

所以

$$h_{HP}(n) = \delta(n) - \frac{\sin(\omega_c n)}{\pi n}$$

3.5 已知离散序列

$$x(n) = \frac{\sin\omega_c n}{\pi n} \quad n = -\infty \sim +\infty$$

求该序列的能量。

解：直接计算本题 $x(n)$ 的能量有困难。但是，$x(n)$ 的频谱有如下非常简单的形式，即 $X(e^{j\omega}) = 1, |\omega| < \omega_c$，所以

$$E = \sum_{n=-\infty}^{\infty} |x(n)|^2 = \frac{1}{2\pi}\int_{-\pi}^{\pi} |X(e^{j\omega})|^2\,d\omega = \frac{1}{2\pi}\int_{-\omega_c}^{\omega_c} d\omega = \frac{\omega_c}{\pi}$$

3.6 模拟信号 $x(t) = 10\cos(200\pi t)$：

(1) 画出其频谱；

(2) 对 $x(t)$ 以 $f_s = 800\,\text{Hz}$ 抽样，得 $x(n)$，画出 $x(n)$ 在 2000 Hz 以内的频谱。

解：$x(t)$ 是余弦信号，基波频率 $f_0 = 100\,\text{Hz}$，可将其展开为傅里叶级数，即

$$x(t) = 10\cos(200\pi t) = 5\left[e^{j200\pi t} + e^{-j200\pi t}\right]$$

其傅里叶系数 $X(kf_0)$ 是在 $\pm 100\,\text{Hz}$ 处的线谱，即 $k = -1$ 和 $k = 1$，幅度是 5，如图题 3.6.1(a) 所示。

我们也可按教材式 (3.1.18) 将 $X(kf_0)$ 写成 $X(j\Omega)$ 的形式，其频谱如图题 3.6.1(b) 所示。式中 $\Omega_0 = 2\pi f_0$。

将 $x(t)$ 以 $f_s = 800\,\text{Hz}$ 抽样后变成离散周期序列 $x(n)$，其频谱变成周期性的，周期为 800 Hz。在 2000 Hz 以内应包含两个周期，如图题 3.6.1(c) 所示。需要说明的是，图中 $x(n)$ 的频谱没有记为 $X(e^{j\omega})$，仍记为 $X(kf_0)$，目的是和图题 3.6.1(a) 的横坐标一致。另外，由教材式 (3.3.7b) 知，这时频谱的幅度变为 $5/T_s$，T_s 是抽样间隔。

3.7 令 $X(e^{j\omega})$ 是 $x(n)$ 的 DTFT，已知 $X(e^{j\omega}) = \cos^2\omega$，求 $x(n)$。

解：本题可有两种解法：

(1) 因为

$$X(e^{j\omega}) = \cos^2\omega = \left[\frac{e^{j\omega} + e^{-j\omega}}{2}\right]^2 = \frac{1}{2} + \frac{1}{4}e^{j2\omega} + \frac{1}{4}e^{-j2\omega}$$

所以

$$x(n) = \frac{1}{2}\delta(n) + \frac{1}{4}\delta(n+2) + \frac{1}{4}\delta(n-2)$$

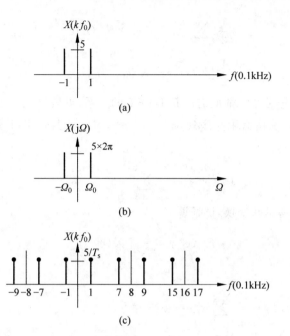

图题　3.6.1

（2）直接通过反变换的定义求解

$$x(n) = \frac{1}{2\pi}\int_{-\pi}^{\pi} X(e^{j\omega}) e^{j\omega n}\, d\omega = \frac{1}{2\pi}\int_{-\pi}^{\pi} (\cos^2\omega) e^{j\omega n}\, d\omega$$

$$= \frac{1}{2\pi}\int_{-\pi}^{\pi} \left(\frac{1+\cos 2\omega}{2}\right) e^{j\omega n}\, d\omega$$

$$= \frac{1}{4\pi}\left[\int_{-\pi}^{\pi} e^{j\omega n}\, d\omega + \int_{-\pi}^{\pi} \frac{e^{j2\omega}+e^{-j2\omega}}{2} e^{j\omega n}\, d\omega\right]$$

$$= \frac{1}{4\pi}\left[\frac{j2\sin\pi n}{jn}\right] + \frac{1}{4\pi}\left[\frac{j\sin\pi(n+2)}{j(n+2)}\right] + \frac{1}{4\pi}\left[\frac{j\sin\pi(n-2)}{j(n-2)}\right]$$

$$= \frac{\sin\pi n}{2\pi n} + \frac{\sin\pi(n+2)}{4\pi(n+2)} + \frac{\sin\pi(n-2)}{4\pi(n-2)}$$

注意到上式中的每一项都是 sinc 函数，因此

$$x(n) = \frac{1}{2}\delta(n) + \frac{1}{4}\delta(n+2) + \frac{1}{4}\delta(n-2)$$

3.8 已知 $x(n)$ 的 DTFT 是 $X(e^{j\omega})$，令 $y(n)=x(2n+1)$，求 $Y(e^{j\omega})$。

解：

$$Y(e^{j\omega}) = \sum_{n=-\infty}^{\infty} x(2n+1) e^{-j\omega n} = \sum_{n=\text{odd}} x(n) e^{-j\omega n}$$

$$= \frac{1}{2} \sum_{n=-\infty}^{\infty} \left[1-(-1)^n\right] x(n) \mathrm{e}^{-\mathrm{j}\frac{1}{2}\omega n}$$

$$= \frac{1}{2} \left[X(\mathrm{e}^{\mathrm{j}\frac{\omega}{2}}) - X(\mathrm{e}^{\mathrm{j}\frac{\omega-2\pi}{2}}) \right]$$

上述结果体现了信号做 2 倍抽取前后其 DTFT 的关系,见教材 9.1.1 节。

3.9　$x(n)$ 是一实的有限长序列,$n=0,1,\cdots,N-1$,其傅里叶变换是 $X(\mathrm{e}^{\mathrm{j}\omega})$,自相关函数是 $r_x(m)$。令

$$P_x(\mathrm{e}^{\mathrm{j}\omega}) = \sum_{m=-(N-1)}^{N-1} r_x(m) \mathrm{e}^{-\mathrm{j}\omega m}$$

是其自相关函数的傅里叶变换,试证明

$$P_x(\mathrm{e}^{\mathrm{j}\omega}) = \frac{1}{N} \mid X(\mathrm{e}^{\mathrm{j}\omega}) \mid^2$$

证明:

$$P_x(\mathrm{e}^{\mathrm{j}\omega}) = \sum_{m=-(N-1)}^{N-1} r_x(m) \mathrm{e}^{-\mathrm{j}\omega m}$$

$$= \sum_{m=-(N-1)}^{N-1} \frac{1}{N} \sum_{n=0}^{N-1-|m|} x(n) x(n+m) \mathrm{e}^{-\mathrm{j}\omega m}$$

$$= \frac{1}{N} \sum_{n=0}^{N-1-|m|} x(n) \mathrm{e}^{\mathrm{j}\omega n} \sum_{m=-(N-1)}^{N-1} x(n+m) \mathrm{e}^{-\mathrm{j}\omega(n+m)}$$

$$= \frac{1}{N} X^*(\mathrm{e}^{\mathrm{j}\omega}) X(\mathrm{e}^{\mathrm{j}\omega}) = \frac{1}{N} \mid X(\mathrm{e}^{\mathrm{j}\omega}) \mid^2$$

3.10　研究偶对称序列傅里叶变换的特点。

(1) 令 $x(n)=1,n=-N,\cdots,0,\cdots,N$,求 $X(\mathrm{e}^{\mathrm{j}\omega})$;

(2) 令 $x_1(n)=1,n=0,1,\cdots,N$,求 $X_1(\mathrm{e}^{\mathrm{j}\omega})$;

(3) 令 $x_2(n)=1,n=-N,-N+1,\cdots,-1$,求 $X_2(\mathrm{e}^{\mathrm{j}\omega})$;

(4) 显然,$x(n)=x_1(n)+x_2(n)$,试分析 $X(\mathrm{e}^{\mathrm{j}\omega})$ 和 $X_1(\mathrm{e}^{\mathrm{j}\omega})$,$X_2(\mathrm{e}^{\mathrm{j}\omega})$ 有何关系。

解:(1) 由 $x(n)=1,n=-N,\cdots,0,\cdots,N$,得

$$X(\mathrm{e}^{\mathrm{j}\omega}) = \sum_{n=-N}^{N} \mathrm{e}^{-\mathrm{j}\omega n} = \sum_{n=0}^{N} \mathrm{e}^{-\mathrm{j}\omega n} + \sum_{n=-N}^{-1} \mathrm{e}^{-\mathrm{j}\omega n}$$

$$= \frac{1-\mathrm{e}^{-\mathrm{j}\omega(N+1)}}{1-\mathrm{e}^{-\mathrm{j}\omega}} + \frac{1-\mathrm{e}^{\mathrm{j}\omega(N+1)}}{1-\mathrm{e}^{\mathrm{j}\omega}} - 1 \tag{A}$$

$$= \frac{1-\cos\omega-\cos\omega(N+1)+\cos\omega N}{1-\cos\omega} - 1$$

$$= \frac{\cos\omega N - \cos\omega(N+1)}{1 - \cos\omega}$$

由于 $x(n)$ 是实的且是偶对称的序列,对称中心在 $n=0$ 处,所以其傅里叶变换始终是频率 ω 的实函数。

（2）对 $x_1(n) = 1, n = 0, 1, \cdots, N$,求得

$$X_1(e^{j\omega}) = \sum_{n=0}^{N} e^{-j\omega n} = \frac{1 - e^{-j\omega(N+1)}}{1 - e^{-j\omega}} \tag{B}$$

$$= \frac{e^{-j\frac{N+1}{2}\omega}}{e^{-j\frac{1}{2}\omega}} \frac{e^{j\frac{N+1}{2}\omega} - e^{-j\frac{N+1}{2}\omega}}{e^{j\frac{1}{2}\omega} - e^{-j\frac{1}{2}\omega}} = e^{-j\omega N/2} \frac{\sin((N+1)\omega/2)}{\sin(\omega/2)}$$

由于 $x_1(n)$ 的对称中心在 $N/2$ 处,所以其傅里叶变换有了相位延迟 $e^{-j\omega N/2}$,因此,它是复函数。

（3）对 $x_2(n) = 1, n = -N, -N+1, \cdots, -1$,求得

$$X_2(e^{j\omega}) = \sum_{n=-N}^{-1} e^{-j\omega n} = \sum_{n=0}^{N} e^{j\omega n} - 1 = \frac{1 - e^{j\omega(N+1)}}{1 - e^{j\omega}} - 1 \tag{C}$$

$$= \frac{e^{j\frac{N+1}{2}\omega}}{e^{j\frac{1}{2}\omega}} \frac{e^{-j\frac{N+1}{2}\omega} - e^{j\frac{N+1}{2}\omega}}{e^{-j\frac{1}{2}\omega} - e^{j\frac{1}{2}\omega}} - 1 = e^{j\omega N/2} \frac{\sin((N+1)\omega/2)}{\sin(\omega/2)} - 1$$

同理,$x_2(n)$ 的傅里叶变换也是复函数。

（4）由该题的(A)式、(B)式及(C)式,很容易发现 $X_1(e^{j\omega}) + X_2(e^{j\omega}) = X(e^{j\omega})$。这一结论是显而易见的,因为 $x(n) = x_1(n) + x_2(n)$,而傅里叶变换又具有线性性质。

3.11　当 $x(n)$ 是一个纯虚信号时,试导出其 DTFT 的"奇、偶、虚、实"的对称性质,并完成教材中的图 3.2.2。

解：由于 $x(n)$ 是纯虚信号,所以 $x(n)$ 可以表示为 $jx_1(n)$。若将 $X(e^{j\omega})$ 表示为

$$X(e^{j\omega}) = X_R(e^{j\omega}) + jX_I(e^{j\omega})$$

则可得到下述结论：

（1）$X(e^{j\omega})$ 的实部 $X_R(e^{j\omega})$ 是 ω 的奇函数,即

$$X_R(e^{j\omega}) = \sum_{n=-\infty}^{\infty} x_I(n)\sin(\omega n) = -X_R(e^{-j\omega})$$

（2）$X(e^{j\omega})$ 的虚部 $X_I(e^{j\omega})$ 是 ω 的偶函数,即

$$X_I(e^{j\omega}) = \sum_{n=-\infty}^{\infty} x_I(n)\cos(\omega n) = X_I(e^{-j\omega})$$

（3）$X(e^{j\omega})$ 的幅频响应是 ω 的偶函数,即

$$|X(e^{j\omega})| = |X(e^{-j\omega})|,\text{式中}\ |X(e^{j\omega})| = [X_R^2(e^{j\omega}) + X_I^2(e^{j\omega})]^{1/2}$$

(4) $X(e^{j\omega})$ 的相频响应是 ω 的奇函数,即

$$\varphi(\omega) = \arctan\frac{X_I(e^{j\omega})}{X_R(e^{j\omega})} = -\varphi(-\omega)$$

(5) 由于 $X_R(e^{j\omega})\sin(\omega n)$ 和 $X_I(e^{j\omega})\cos(\omega n)$ 都为偶函数,所以

$$x(n) = jx_I(n) = \frac{j}{2\pi}\int_{-\pi}^{\pi}[X_R(e^{j\omega})\sin(\omega n) + X_I(e^{j\omega})\cos(\omega n)]d\omega$$

$$= \frac{j}{\pi}\int_0^{\pi}[X_R(e^{j\omega})\sin(\omega n) + X_I(e^{j\omega})\cos(\omega n)]d\omega$$

即积分只要从 $0\sim\pi$ 即可。

(6) 若 $x(n)$ 是偶函数,那么

$$X_R(e^{j\omega}) = \sum_{n=-\infty}^{\infty} x_I(n)\sin(\omega n) = 0$$

$$X_I(e^{j\omega}) = \sum_{n=-\infty}^{\infty} x_I(n)\cos(\omega n) = x(0) + 2\sum_{n=1}^{\infty} x_I(n)\cos(\omega n) \tag{3.11.1}$$

$$x(n) = j\frac{1}{\pi}\int_0^{\pi} X_I(e^{j\omega})\cos(\omega n)d\omega \tag{3.11.2}$$

以上三式说明,若 $x(n)$ 是以 $n=0$ 为对称的虚偶信号,那么其频谱是 ω 的虚函数。因此,其相频响应恒为 $\pi/2$,这样,$x(n)$ 可由式(3.11.2)的简单形式来恢复。

(7) 若 $x(n)$ 是奇函数,那么

$$X_R(e^{j\omega}) = \sum_{n=-\infty}^{\infty} x_I(n)\sin(\omega n) = x(0) + 2\sum_{n=1}^{\infty} x_I(n)\sin(\omega n)$$

$$X_I(e^{j\omega}) = \sum_{n=-\infty}^{\infty} x_I(n)\cos(\omega n) = 0 \tag{3.11.3}$$

$$x(n) = j\frac{1}{\pi}\int_0^{\pi} X_R(e^{j\omega})\sin(\omega n)d\omega \tag{3.11.4}$$

以上三式说明,若 $x(n)$ 是以 $n=0$ 为对称的虚奇信号,那么其频谱是 ω 的实函数。因此,其相频响应恒为 0,这样,$x(n)$ 可由式(3.11.4)的简单形式来恢复。

结合教材第 128、129 页的结果,可将教材中的图 3.2.2 完成为图题 3.11.1。

3.12 (1) 已知序列 $x(n)=1, n=0,1,\cdots,N-1$,求其 DFT $X(k)$;

(2) 已知序列 $x(n)$ 的长度 N 为偶数,且 n 为偶数时 $x(n)=1$,n 为奇数时 $x(n)=0$,求其 DFT $X(k)$。

解:(1) 由 DFT 的定义及所给 $x(n)$,有

$$X(k) = \sum_{n=0}^{N-1} x(n)e^{-j2\pi nk/N} = \frac{1-e^{-j2\pi k}}{1-e^{-j2\pi k/N}}$$

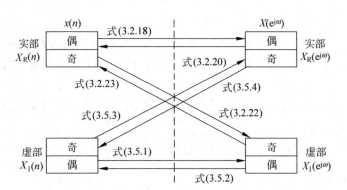

图题 3.11.1　傅里叶变换的奇、偶、虚、实对称性质

注意到该式的分子对所有的整数 k 都为零,因此,只有分母为零时,该式才有可能不为零。显然,$k=0$ 时分母为零。因此,

$$X(k) = \begin{cases} N & k=0 \\ 0 & \text{其他} \end{cases}$$

此题的 $x(n)$ 是直流分量,因此其频谱只在频率等于零处有值,在其他频率处皆为零。

(2) 将所给的 $x(n)$ 进行奇、偶分开,然后求其 DFT,即

$$X(k) = \sum_{n=0}^{N-1} x(n) W_N^{nk} = \sum_{r=0}^{N/2-1} x(2r) W_N^{2rk} + \sum_{r=0}^{N/2-1} x(2r+1) W_N^{(2r+1)k}$$

由于所给 $x(n)$ 的奇序号项全为零,偶序号项全为 1,因此上式变成

$$X(k) = \sum_{n=0}^{N-1} x(n) W_N^{nk} = \sum_{r=0}^{N/2-1} W_N^{2rk}$$

该式右边是一个 $N/2$ 点的 DFT,由(1)的结果可知,$X(0)=N/2$,其余为零。但该式左边是一个 N 点的 DFT,它的后边的 $N/2$ 点是 $\sum\limits_{r=0}^{N/2-1} W_N^{2rk}$ 的重复。因此,

$$X(k) = \begin{cases} N/2 & k=0, N/2 \\ 0 & \text{其他} \end{cases}$$

3.13　一个模拟信号包含的最高频率 $f_{\max}$ 是 10kHz,

(1) 如果要准确重建该信号,允许的抽样频率 f_s 范围是多少;

(2) 假如以抽样频率 $f_s=8$kHz 对信号进行抽样,分析该抽样对最高频率为 $f_1=5$kHz 的信号的影响;

(3) 如果被抽样信号最高频率 $f_2=9$kHz,重复(2)的问题。

解:(1) 因为 $f_{\max}=10$kHz,所以如果要准确重建该信号,允许的抽样频率范围应满足

$$f_s \geqslant 2f_{\max} = 20\text{kHz}$$

(2) 对于 $f_s = 8\text{kHz}$,要准确重建该信号,则被抽样信号的最高频率应小于 $f_s/2 = 4\text{kHz}$,但现在 $f_1 = 5\text{kHz}$,所以将产生混叠,即 5kHz 的频率成分将和 3kHz 的频率成分发生交叠。

(3) 根据题意,抽样后的信号必然会产生混叠,具体地说,信号中 9kHz 的成分将和 1kHz 的成分产生交叠。

3.14 对给定的周期性信号 $x(n) = \{\cdots, 1, 0, 1, 2, \overset{\uparrow}{3}, 2, 1, 0, 1, \cdots\}$

(1) 求信号的 DFT;

(2) 使用所得的结果验证 Parseval 定理。

解:(1) 因为 $x(n) = \{\cdots, 1, 0, 1, 2, \overset{\uparrow}{3}, 2, 1, 0, 1, 2, \cdots\}$,$N = 6$,所以,$x(n)$ 的离散傅里叶级数

$$c_k = \sum_{n=0}^{5} x(n) \text{e}^{-\text{j}2\pi kn/6}$$

$$= 3 + 2\text{e}^{\frac{-\text{j}2\pi k}{6}} + \text{e}^{\frac{-\text{j}2\pi k}{3}} + \text{e}^{\frac{-\text{j}4\pi k}{3}} + 2\text{e}^{\frac{-\text{j}10\pi k}{6}}$$

$$= \frac{1}{6}\left[3 + 4\cos\frac{\pi k}{3} + 2\cos\frac{2\pi k}{3}\right]$$

该傅里叶级数即是 $x(n)$ 的 DFT,即

$$X(0) = c_0 = 9, \quad X(1) = c_1 = 4, \quad X(2) = c_2 = 0$$

$$X(3) = c_3 = 1, \quad X(4) = c_4 = 0, \quad X(5) = c_5 = 4$$

(2) 分别计算 Parseval 定理等式两边的值,

$$P_t = \sum_{n=0}^{5} |x(n)|^2 = 3^2 + 2^2 + 1^2 + 0^2 + 1^2 + 2^2 = 19$$

$$P_f = \frac{1}{6}\sum_{k=0}^{5} |c(k)|^2 = 19$$

所以

$$P_t = P_f = 19$$

3.15 对如下的信号:

$$x(n) = 2 + 2\cos\frac{\pi n}{4} + \cos\frac{\pi n}{2} + \frac{1}{2}\cos\frac{3\pi n}{4}$$

(1) 令 $N = 8$,求该信号的 DFT;

(2) 计算信号的功率。

解:(1) 因为

$$x(n) = 2 + 2\cos\frac{\pi n}{4} + \cos\frac{\pi n}{2} + \frac{1}{2}\cos\frac{3\pi n}{4} \quad 及 \quad N = 8$$

所以

$$x(n) = \left\{ \frac{11}{2}, 2 + \frac{3}{4}\sqrt{2}, 1, 2 - \frac{3}{4}\sqrt{2}, \frac{1}{2}, 2 - \frac{3}{4}\sqrt{2}, 1, 2 + \frac{3}{4}\sqrt{2} \right\}$$

其 DFT 是

$$X(k) = \sum_{n=0}^{7} x(n) e^{-j\pi kn/4}$$

可求出

$$X(0) = 16, \quad X(1) = X(7) = 8, \quad X(2) = X(6) = 4,$$

$$X(3) = X(5) = 2, \quad X(4) = 0$$

（2）由上述结果，很容易得到信号的功率为

$$P = \frac{1}{8}\sum_{k=0}^{7} |X(k)|^2 = 53$$

3.16　已知下面的傅里叶系数，分别求出其对应的周期信号 $x(n)$，周期 $N = 8$。

（1）$c_k = \cos\dfrac{k\pi}{4} + \sin\dfrac{3k\pi}{4}$

（2）$c_k = \begin{cases} \sin\dfrac{k\pi}{3} & 0 \leqslant k \leqslant 6 \\ 0 & k = 7 \end{cases}$

解：（1）因为 $c_k = \cos\dfrac{k\pi}{4} + \sin\dfrac{3k\pi}{4}$，由 DFS（教材的式（3.4.6）），得

$$x(n) = \frac{1}{8}\sum_{k=0}^{7} c_k e^{\frac{j2\pi nk}{8}}, \quad n = -\infty \sim +\infty$$

注意到 c_k 可由 $e^{\frac{j2\pi pk}{8}}$（p 为任意整数）表示，且

$$\sum_{k=0}^{7} e^{\frac{j2\pi pk}{8}} e^{\frac{j2\pi nk}{8}} = \sum_{k=0}^{7} e^{\frac{j2\pi(p+n)k}{8}} = \begin{cases} 8 & n = -p + 8l \\ 0 & n \neq -p + 8l \end{cases}, \quad l \text{ 为整数}$$

又因为

$$c_k = \frac{1}{2}\left[e^{\frac{j2\pi k}{8}} + e^{\frac{-j2\pi k}{8}} \right] + \frac{1}{2j}\left[e^{\frac{j6\pi k}{8}} - e^{\frac{-j6\pi k}{8}} \right]$$

所以，

$$x(n) = \frac{1}{8}\sum_{k=0}^{7} c_k e^{\frac{j2\pi nk}{8}}$$

$$= \frac{1}{8} \times \frac{1}{2}\left[\sum_{k=0}^{7} e^{\frac{j2\pi(n+1)k}{8}} + \sum_{k=0}^{7} e^{\frac{j2\pi(n-1)k}{8}} - j\sum_{k=0}^{7} e^{\frac{j2\pi(n+3)k}{8}} + j\sum_{k=0}^{7} e^{\frac{j2\pi(n-3)k}{8}} \right]$$

$$= \frac{1}{2}\delta(n+1-8l) + \frac{1}{2}\delta(n-1-8l) - \frac{1}{2}j\delta(n+3-8l) + \frac{1}{2}j\delta(n-3-8l)$$

式中，l 为整数，且 $n = -\infty \sim +\infty$。

（2）因为 $c_k = \begin{cases} \sin\dfrac{k\pi}{3} & 0 \leqslant k \leqslant 6 \\ 0 & k = 7 \end{cases}$

所以

$$X(0) = 0, \quad X(1) = \frac{\sqrt{3}}{2}, \quad X(2) = \frac{\sqrt{3}}{2}, \quad X(3) = 0$$

$$X(4) = -\frac{\sqrt{3}}{2}, \quad X(5) = -\frac{\sqrt{3}}{2}, \quad X(6) = X(7) = 0$$

则

$$x(n) = \frac{1}{8}\sum_{k=0}^{7} c_k e^{\frac{j2\pi nk}{8}}$$

$$= \frac{\sqrt{3}}{2}\left[e^{\frac{j\pi n}{8}} + e^{\frac{j2\pi n}{8}} - e^{\frac{j4\pi n}{8}} - e^{\frac{j5\pi n}{8}} \right]$$

$$= \sqrt{3}\left[-\sin\frac{\pi n}{8} - \sin\frac{\pi n}{4} \right] e^{\frac{j3\pi n}{8}}$$

3.17 一个实序列的 8 点 DFT 中的前 5 点是

$$\{0.25, \ 0.125 - j0.3018, \ 0, \ 0.125 - j0.0518, \ 0\}$$

求该 DFT 的其余的点。

解：由于 $x(n)$ 是实序列，因而 DFT 的实部是偶对称的，虚部是奇对称的，所以该 DFT 的其余部分是 $\{0.125 + j0.0518, 0, 0.125 + j0.3018\}$。

3.18 对于如下序列：

$$x_1(n) = \cos\frac{2\pi}{N}n, \quad x_2(n) = \sin\frac{2\pi}{N}n, \quad 0 \leqslant n \leqslant N-1$$

求：

（1）N 点循环卷积 $y(n) = x_1(n) \otimes x_2(n)$；

（2）N 点 $x_1(n)$ 和 $x_2(n)$ 的循环相关 $r_{12}(n)$；

（3）N 点 $x_1(n)$ 的自相关 $r_{11}(n)$；

（4）N 点 $x_2(n)$ 的自相关 $r_{22}(n)$。

解：（1）因为

$$x_1(n) = \frac{1}{2}(e^{j\frac{2\pi}{N}n} + e^{-j\frac{2\pi}{N}n})$$

所以

$$X_1(k) = \frac{N}{2}\big[\delta(k-1) + \delta(k+1)\big]$$

同理

$$X_2(k) = \frac{N}{2j}\big[\delta(k-1) - \delta(k+1)\big]$$

循环相关类似于循环卷积,也是在一个周期内完成。利用卷积和相关的关系(见教材式(1.8.14b))及循环卷积和 DFT 的关系(见教材式(3.5.23)),可以求出

$$Y(k) = X_1(k)X_2(k) = \frac{N^2}{4j}\big[\delta(k-1) - \delta(k+1)\big]$$

所以

$$y(n) = \frac{N}{2}\sin\left(\frac{2\pi}{N}n\right)$$

(2) 由相关和卷积的关系,有

$$R_{12}(k) = X_1(k)X_2^*(k) = \frac{N^2}{4j}\big[\delta(k-1) - \delta(k+1)\big]$$

所以

$$r_{12}(n) = -\frac{N}{2}\sin\left(\frac{2\pi}{N}n\right)$$

(3) 由于

$$R_{11}(k) = X_1(k)X_1^*(k) = \frac{N^2}{4}\big[\delta(k-1) + \delta(k+1)\big]$$

所以

$$r_{11}(n) = \frac{N}{2}\cos\left(\frac{2\pi}{N}n\right)$$

(4) 由于

$$R_{22}(k) = X_2(k)X_2^*(k) = \frac{N^2}{4}\big[\delta(k-1) + \delta(k+1)\big]$$

所以

$$r_{22}(n) = \frac{N}{2}\cos\left(\frac{2\pi}{N}n\right)$$

3.19 对于如下关系

$$y(n) = \sum_{n=0}^{N-1} x_1(n)x_2^*(n)$$

分别求下列情况的 $y(n)$:

(1) $x_1(n) = x_2(n) = \cos\dfrac{2\pi}{N}n$ $0 \leqslant n \leqslant N-1$;

(2) $x_1(n) = \cos\dfrac{2\pi}{N}n$, $\quad x_2(n) = \sin\dfrac{2\pi}{N}n$, $\quad 0 \leqslant n \leqslant N-1$;

(3) $x_1(n) = \delta(n) + \delta(n-8)$, $\quad x_2(n) = u(n) - u(n-N)$, $\quad$ 令 $N = 8$。

解：(1) 由题意，得

$$y(n) = \sum_{n=0}^{N-1} x_1(n) x_2^*(n) = \frac{1}{4}\sum_{n=0}^{N-1}(\mathrm{e}^{\mathrm{j}\frac{2\pi}{N}n} + \mathrm{e}^{-\mathrm{j}\frac{2\pi}{N}n})(\mathrm{e}^{-\mathrm{j}\frac{2\pi}{N}n} + \mathrm{e}^{\mathrm{j}\frac{2\pi}{N}n})$$

$$= \frac{1}{4}\sum_{n=0}^{N-1}(2 + \mathrm{e}^{\mathrm{j}\frac{4\pi}{N}n} + \mathrm{e}^{-\mathrm{j}\frac{4\pi}{N}n}) = \frac{1}{4}\sum_{n=0}^{N-1}\left(2 + 2\cos\frac{4\pi}{N}n\right) = \frac{1}{4}2N$$

即

$$y(n) = \frac{N}{2} \quad 0 \leqslant n \leqslant N-1$$

（2）由题意，得

$$y(n) = \sum_{n=0}^{N-1} x_1(n) x_2^*(n) = -\frac{1}{4\mathrm{j}}\sum_{n=0}^{N-1}(\mathrm{e}^{\mathrm{j}\frac{2\pi}{N}n} + \mathrm{e}^{-\mathrm{j}\frac{2\pi}{N}n})(\mathrm{e}^{-\mathrm{j}\frac{2\pi}{N}n} - \mathrm{e}^{\mathrm{j}\frac{2\pi}{N}n})$$

$$= \frac{1}{4\mathrm{j}}\sum_{n=0}^{N-1}(\mathrm{e}^{\mathrm{j}\frac{4\pi}{N}n} - \mathrm{e}^{-\mathrm{j}\frac{4\pi}{N}n}) = \frac{1}{2}\sum_{n=0}^{N-1}\sin\frac{4\pi}{N}n$$

即

$$y(n) = 0 \quad 0 \leqslant n \leqslant N-1$$

（3）由题意，得

$$y(n) = \sum_{n=0}^{N-1} x_1(n) x_2^*(n) = \sum_{n=0}^{N-1} x_1(0) x_2^*(0) = 1 \quad 0 \leqslant n \leqslant N-1$$

3.20 求下面 Blackman 窗的 N 点 DFT，即 $W(k)$，并画出该窗函数的时域和频域图（取 $N=45$）。

$$w(n) = 0.42 - 0.5\cos\frac{2\pi n}{N-1} + 0.08\cos\frac{4\pi n}{N-1} \quad 0 \leqslant n \leqslant N-1$$

解：因为

$$w(n) = 0.42 - 0.5\cos\frac{2\pi n}{N-1} + 0.08\cos\frac{4\pi n}{N-1}$$

$$= 0.42 - 0.25(\mathrm{e}^{\mathrm{j}\frac{2\pi}{N-1}n} + \mathrm{e}^{-\mathrm{j}\frac{2\pi}{N-1}n}) + 0.04(\mathrm{e}^{\mathrm{j}\frac{4\pi}{N-1}n} + \mathrm{e}^{-\mathrm{j}\frac{4\pi}{N-1}n})$$

所以

$$W(k) = 0.42\sum_{n=0}^{N-1}\mathrm{e}^{-\mathrm{j}\frac{2\pi}{N}nk} - 0.25\left[\sum_{n=0}^{N-1}\mathrm{e}^{\mathrm{j}\frac{2\pi}{N-1}n}\,\mathrm{e}^{-\mathrm{j}\frac{2\pi}{N}nk} + \sum_{n=0}^{N-1}\mathrm{e}^{-\mathrm{j}\frac{2\pi}{N-1}n}\,\mathrm{e}^{-\mathrm{j}\frac{2\pi}{N}nk}\right] +$$

$$0.04\left[\sum_{n=0}^{N-1}\mathrm{e}^{\mathrm{j}\frac{4\pi}{N-1}n}\,\mathrm{e}^{-\mathrm{j}\frac{2\pi}{N}nk} + \sum_{n=0}^{N-1}\mathrm{e}^{-\mathrm{j}\frac{4\pi}{N-1}n}\,\mathrm{e}^{-\mathrm{j}\frac{2\pi}{N}nk}\right]$$

$$= 0.42N\delta(k) - 0.25\left[\frac{1-\mathrm{e}^{\mathrm{j}2\pi\left[\frac{N}{N-1}-k\right]}}{1-\mathrm{e}^{\mathrm{j}2\pi\left[\frac{1}{N-1}-\frac{k}{N}\right]}} + \frac{1-\mathrm{e}^{-\mathrm{j}2\pi\left[\frac{N}{N-1}+k\right]}}{1-\mathrm{e}^{\mathrm{j}2\pi\left[\frac{1}{N-1}+\frac{k}{N}\right]}}\right] +$$

$$0.04\left[\frac{1-\mathrm{e}^{\mathrm{j}2\pi\left[\frac{2N}{N-1}-k\right]}}{1-\mathrm{e}^{\mathrm{j}2\pi\left[\frac{2}{N-1}-\frac{k}{N}\right]}} + \frac{1-\mathrm{e}^{-\mathrm{j}2\pi\left[\frac{2N}{N-1}+k\right]}}{1-\mathrm{e}^{\mathrm{j}2\pi\left[\frac{2}{N-1}+\frac{k}{N}\right]}}\right]$$

$$= 0.42N\delta(k) - 0.25\left[\frac{1-\cos\left(\frac{2\pi N}{N-1}\right)-\cos\left(2\pi\left(\frac{1}{N-1}+\frac{k}{N}\right)+\cos\left(\frac{2\pi k}{N}\right)\right)}{1-\cos\left(2\pi\left(\frac{1}{N-1}+\frac{k}{N}\right)\right)}\right] +$$

$$0.04\left[\frac{1-\cos\left(\frac{4\pi N}{N-1}\right)-\cos\left(2\pi\left(\frac{2}{N-1}+\frac{k}{N}\right)+\cos\left(\frac{2\pi k}{N}\right)\right)}{1-\cos\left(2\pi\left(\frac{2}{N-1}+\frac{k}{N}\right)\right)}\right]$$

Blackman 窗的时域波形和归一化幅频响应见图题 3.20.1(a)和(b)。由图(b)可以看出,该窗函数的边瓣小于 60dB,因此是一个较好的窗函数。

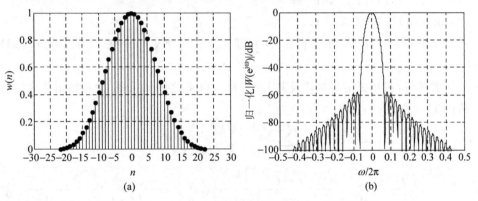

图题 3.20.1　Blackman 窗的时域波形和归一化幅频响应

3.21　记序列 $x(n) = u(n) - u(n-7)$（$u(n)$ 为单位阶跃信号）的 Z 变换为 $X(z)$。令

$$X'(k) = X(z)\big|_{z=\mathrm{e}^{\mathrm{j}2\pi k/5}} \quad k = 0,1,2,3,4$$

(1) 求 $x(n)$ 的 Z 变换 $X(z)$；

(2) 求 $X'(k)$；

(3) 求 $X'(k)$ 的逆 DFT,即 $x'(n)$；

(4) 求 $x'(n)$ 与 $x(n)$ 之间的关系,比较并解释该结果。

解：(1) 因为 $x(n) = u(n) - u(n-7)$,所以 $X(z) = 1 + z^{-1} + \cdots + z^{-6}$。

（2）由上述 $X(z)$ 可求出

$$X'(k) = X(z) \Big|_{z = \mathrm{e}^{\mathrm{j}\frac{2\pi}{5}}}$$

$$= 1 + \mathrm{e}^{-\mathrm{j}\frac{2\pi}{5}k} + \mathrm{e}^{-\mathrm{j}\frac{4\pi}{5}k} + \cdots + \mathrm{e}^{-\mathrm{j}\frac{12\pi}{5}k}$$

$$= 2 + 2\mathrm{e}^{-\mathrm{j}\frac{2\pi}{5}k} + \mathrm{e}^{-\mathrm{j}\frac{4\pi}{5}k} + \mathrm{e}^{-\mathrm{j}\frac{6\pi}{5}k} + \mathrm{e}^{-\mathrm{j}\frac{8\pi}{5}k}$$

（3）由上述 $X'(k)$ 的表达式，可求出

$$x'(n) = \{2, 2, 1, 1, 1\}$$

（4）由题意，

$$x'(n) = \sum_{m=-\infty}^{+\infty} x(n + 5m) \quad n = 0, 1, \cdots, 4$$

显然，由于 $x(n)$ 是 7 点序列，而 $x'(n)$ 是 5 点序列，因此在 $x'(n)$ 的前两点发生了交叠。这一结果说明，若频率抽样率不够，将在时域产生混叠。

3.22 已知序列 $x(n) = \cos(n\pi/6)$，其中 $n = 0, 1, \cdots, N-1$，而 $N = 12$，

（1）求 $x(n)$ 的 DTFT $X(\mathrm{e}^{\mathrm{j}\omega})$；

（2）求 $x(n)$ 的 DFT $X(k)$；

（3）若在 $x(n)$ 后补 N 个零得 $x_1(n)$，即 $x_1(n)$ 为 $2N$ 点序列，再求 $x_1(n)$ 的 DFT $X_1(k)$。

此题求解后，对正弦信号抽样及其 DFT 和 DTFT 之间的关系，能总结出什么结论？

解：（1）$x(n)$ 的 DTFT $X(\mathrm{e}^{\mathrm{j}\omega})$

$$X(\mathrm{e}^{\mathrm{j}\omega}) = \sum_{n=0}^{11} \cos(n\pi/6)\mathrm{e}^{-\mathrm{j}\omega n} = \sum_{n=0}^{11} \frac{\mathrm{e}^{\mathrm{j}n\pi/6} + \mathrm{e}^{-\mathrm{j}n\pi/6}}{2}\mathrm{e}^{-\mathrm{j}\omega n}$$

$$= \frac{1}{2}\left(\frac{1 - \mathrm{e}^{\mathrm{j}12\left(\frac{\pi}{6} - \omega\right)}}{1 - \mathrm{e}^{\mathrm{j}\left(\frac{\pi}{6} - \omega\right)}} + \frac{1 - \mathrm{e}^{-\mathrm{j}12\left(\frac{\pi}{6} + \omega\right)}}{1 - \mathrm{e}^{-\mathrm{j}\left(\frac{\pi}{6} + \omega\right)}}\right) = \frac{1}{2}\left(\frac{1 - \mathrm{e}^{-\mathrm{j}12\omega}}{1 - \mathrm{e}^{\mathrm{j}\left(\frac{\pi}{6} - \omega\right)}} + \frac{1 - \mathrm{e}^{-\mathrm{j}12\omega}}{1 - \mathrm{e}^{-\mathrm{j}\left(\frac{\pi}{6} + \omega\right)}}\right)$$

$$= \mathrm{e}^{-\mathrm{j}6\omega}\cos 6\omega \frac{2 - \sqrt{3}\,\mathrm{e}^{-\mathrm{j}\omega}}{1 - \sqrt{3}\,\mathrm{e}^{-\mathrm{j}\omega} - \mathrm{e}^{-\mathrm{j}2\omega}}$$

（2）$x(n)$ 的 DFT $X(k)$

$$X(k) = \sum_{n=0}^{11} \cos(n\pi/6)\mathrm{e}^{-\mathrm{j}\frac{2\pi}{12}kn} = \frac{1}{2}\left(\sum_{n=0}^{11} \mathrm{e}^{\mathrm{j}n\left(\frac{\pi}{6} - \frac{k\pi}{6}\right)} + \sum_{n=0}^{11} \mathrm{e}^{-\mathrm{j}n\left(\frac{\pi}{6} + \frac{k\pi}{6}\right)}\right)$$

$$= \frac{1}{2}\left(\frac{1 - \mathrm{e}^{-\mathrm{j}2k\pi}}{1 - \mathrm{e}^{\mathrm{j}\left(\frac{\pi}{6} - \frac{k\pi}{6}\right)}} + \frac{1 - \mathrm{e}^{-\mathrm{j}2k\pi}}{1 - \mathrm{e}^{-\mathrm{j}\left(\frac{\pi}{6} + \frac{k\pi}{6}\right)}}\right)$$

显然，只要 k 取整数，则上式括号中两项的分子均为零。但当 $k = 1$ 和 $k = 11$ 时，这两项的分母也分别为零，因此

$$X(1) = \lim_{k \to 1} \frac{1}{2} \left(\frac{1 - e^{-j2k\pi}}{1 - e^{j\left(\frac{\pi}{6} - \frac{k\pi}{6}\right)}} + \frac{1 - e^{-j2k\pi}}{1 - e^{-j\left(\frac{\pi}{6} + \frac{k\pi}{6}\right)}} \right) = \lim_{k \to 1} \frac{1}{2} \frac{1 - e^{-j2k\pi}}{1 - e^{j\left(\frac{\pi}{6} - \frac{k\pi}{6}\right)}}$$

$$= \lim_{k \to 1} \frac{1}{2} \frac{j2k\pi e^{-j2k\pi}}{-j\left(\frac{\pi}{6} - \frac{k\pi}{6}\right) e^{j\left(\frac{\pi}{6} - \frac{k\pi}{6}\right)}} = \lim_{k \to 1} \frac{1}{2} \frac{-2k\pi}{-\frac{k\pi}{6}} = 6$$

$$X(11) = \lim_{k \to 11} \frac{1}{2} \left(\frac{1 - e^{-j2k\pi}}{1 - e^{j\left(\frac{\pi}{6} - \frac{k\pi}{6}\right)}} + \frac{1 - e^{-j2k\pi}}{1 - e^{-j\left(\frac{\pi}{6} + \frac{k\pi}{6}\right)}} \right) = \lim_{k \to 11} \frac{1}{2} \frac{1 - e^{-j2k\pi}}{1 - e^{-j\left(\frac{\pi}{6} + \frac{k\pi}{6}\right)}}$$

$$= \lim_{k \to 11} \frac{1}{2} \frac{j2k\pi e^{-j2k\pi}}{j\left(\frac{\pi}{6} + \frac{k\pi}{6}\right) e^{-j\left(\frac{\pi}{6} + \frac{k\pi}{6}\right)}} = \lim_{k \to 11} \frac{1}{2} \frac{2k\pi}{\frac{k\pi}{6}} = 6$$

当 $k \neq 1, 11$ 时，$X(k) = 0$。

（3）在 $x(n)$ 后补 N 个零后得 $x_1(n)$，这时 $x_1(n)$ 为 $2N$ 点序列。$x_1(n)$ 的 DFT $X_1(k)$ 为

$$X_1(k) = \sum_{n=0}^{23} x(n) e^{-j\frac{2\pi}{24} kn} = \sum_{n=0}^{11} \cos(n\pi/6) e^{-j\frac{k\pi}{12} n}$$

$$= \frac{1}{2} \left(\sum_{n=0}^{11} e^{jn\left(\frac{\pi}{6} - \frac{k\pi}{12}\right)} + \sum_{n=0}^{11} e^{-jn\left(\frac{\pi}{6} + \frac{k\pi}{12}\right)} \right)$$

$$= \frac{1}{2} \left(\frac{1 - e^{-jk\pi}}{1 - e^{j\left(\frac{\pi}{6} - \frac{k\pi}{12}\right)}} + \frac{1 - e^{-jk\pi}}{1 - e^{-j\left(\frac{\pi}{6} + \frac{k\pi}{12}\right)}} \right)$$

分析上式可知，

① 当 k 为奇数时，有

$$X_1(k) = \frac{1}{1 - e^{j\left(\frac{\pi}{6} - \frac{k\pi}{12}\right)}} + \frac{1}{1 - e^{-j\left(\frac{\pi}{6} + \frac{k\pi}{12}\right)}} = \frac{2 - \sqrt{3} e^{-jk\pi/12}}{1 - \sqrt{3} e^{-jk\pi/12} + e^{-jk\pi/6}}$$

② 当 k 为偶数时，$X_1(k)$ 表达式中两项的分子全为零，但当 $k=2$ 和 $k=22$ 时，这两项的分母也分别为零，因此

$$X_1(2) = \lim_{k \to 2} \frac{1}{2} \left(\frac{1 - e^{-j2k\pi}}{1 - e^{j\left(\frac{\pi}{6} - \frac{k\pi}{12}\right)}} + \frac{1 - e^{-j2k\pi}}{1 - e^{-j\left(\frac{\pi}{6} + \frac{k\pi}{12}\right)}} \right) = \lim_{k \to 2} \frac{1}{2} \frac{1 - e^{-j2k\pi}}{1 - e^{j\left(\frac{\pi}{6} - \frac{k\pi}{12}\right)}}$$

$$= \lim_{k \to 2} \frac{1}{2} \frac{-2k\pi}{-\frac{k\pi}{12}} = 6$$

$$X_1(22) = \lim_{k \to 22} \frac{1}{2} \left(\frac{1 - e^{-j2k\pi}}{1 - e^{j\left(\frac{\pi}{6} - \frac{k\pi}{12}\right)}} + \frac{1 - e^{-j2k\pi}}{1 - e^{-j\left(\frac{\pi}{6} + \frac{k\pi}{12}\right)}} \right) = \lim_{k \to 22} \frac{1}{2} \frac{1 - e^{-j2k\pi}}{1 - e^{-j\left(\frac{\pi}{6} + \frac{k\pi}{12}\right)}}$$

$$= \lim_{k \to 22} \frac{1}{2} \frac{2k\pi}{\dfrac{k\pi}{12}} = 6$$

于是,当 k 为偶数,且 $k \neq 2,22$ 时,$X_1(k)=0$。

图题 3.22.1(a)、(b)和(c)分别给出了 $x(n)$ 的 DTFT $X(e^{j\omega})$,DFT $X(k)$ 和 $x_1(n)$ 的 DFT $X_1(k)$ 的图形。

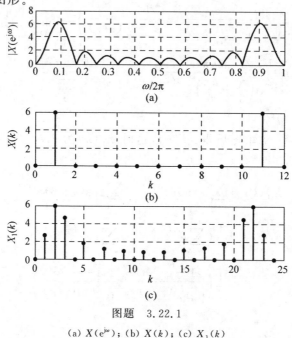

图题 3.22.1

(a) $X(e^{j\omega})$; (b) $X(k)$; (c) $X_1(k)$

分析上面三个图可以看出:

(1) DTFT 是频率的连续函数,而 DFT 是离散频率的函数;

(2) 实正弦信号的频谱本来是位于正负频率处的线谱,但由于截短的原因,其 DTFT 不再是线谱,它是矩形窗的频谱和两个线谱卷积的结果,如图题 3.22.1 (a)所示;

(3) 对正弦信号做 DFT 时,如果信号的长度包含了整周期,尽管数据也被截短,但其 DFT 仍是线谱,如图题 3.22.1(b)所示。这时图题 3.22.1(b)是图题 3.22.1(a)的抽样,除了 $X(e^{j\omega})$ 的两个谱峰位置外,其他都抽到了 $X(e^{j\omega})$ 的过零点处;

(4) 在数据 $x(n)$ 后补零,其 DFT 是对 $X(k)$ 进行插值,如图题 3.22.1(c)所示。如果被补零的信号是正弦,那么其频谱不再是线谱。

因此,对于正余弦信号,抽样频率应为信号频率的整数倍,且后面一般不应补零。

3.23 信号 $x(n)$ 的长度为 $N=1000$,抽样频率 $f_s=20\text{kHz}$,其 DFT 是 $X(k)$,$k=0,\cdots,999$。

(1) 求 $k = 150$ 和 $k = 700$ 时分别对应的实际频率是多少?

(2) 求圆周频率 ω 是多少?

解：(1) $k = 150$ 时

$$f = \frac{k}{N} f_s = \frac{150}{1000} \times 20 \times 10^3 = 3000\,\mathrm{Hz}$$

$k = 700$ 时

$$f = \frac{k}{N} f_s = \frac{700}{1000} \times 20 \times 10^3 = 14\,000\,\mathrm{Hz}$$

(2) $k = 150$ 时对应的圆周频率

$$\omega = \Omega T_s = 2\pi f \frac{1}{f_s} = 2\pi \frac{3000}{20\,000} = 0.3\pi$$

$k = 700$ 时对应的圆周频率

$$\omega = \Omega T_s = 2\pi f \frac{1}{f_s} = 2\pi \frac{14\,000}{20\,000} = 1.4\pi$$

3.24 已知 $x(n)$ 的 DTFT 为

$$X(\mathrm{e}^{\mathrm{j}\omega}) = \sum_{k=-\infty}^{\infty} \delta(\omega - \omega_0 + 2\pi k)$$

求 $x(n)$。

解：因为 $X(\mathrm{e}^{\mathrm{j}\omega})$ 是周期的,周期为 2π,所以

$$x(n) = \frac{1}{2\pi}\int_{-\pi}^{\pi} X(\mathrm{e}^{\mathrm{j}\omega}) \mathrm{e}^{\mathrm{j}\omega n}\,\mathrm{d}\omega = \frac{1}{2\pi}\int_{-\pi}^{\pi} \sum_{k=-\infty}^{\infty} \delta(\omega - \omega_0 + 2\pi k) \mathrm{e}^{\mathrm{j}\omega n}\,\mathrm{d}\omega$$

$$= \frac{1}{2\pi}\int_{-\pi}^{\pi} \delta(\omega - \omega_0) \mathrm{e}^{\mathrm{j}\omega n}\,\mathrm{d}\omega = \frac{1}{2\pi}\mathrm{e}^{\mathrm{j}\omega_0 n}$$

3.25 令 $x(n)$ 是一纯正弦信号,幅度等于 A,频率等于 ω_0。将 $x(n)$ 截短,长度为 N,其中包含了若干个整周期。对 $x(n)$ 做 DFT,得 $X(k)$。试由 $X(k)$ 求 $x(n)$ 的幅度 A。

解：由 Paserval 定理,有

$$\sum_{n=0}^{N-1} x^2(n) = \frac{1}{N}\sum_{n=0}^{N-1} |X(k)|^2$$

由于该信号是纯正弦信号,且信号的长度 N 包含了整个周期,所以 $X(k)$ 是位于 $\pm\omega_0$ 处的线谱,将该谱线记为 $X(k_{\omega_0})$。于是

$$\sum_{n=0}^{N-1} x^2(n) = \frac{1}{N}\sum_{n=0}^{N-1} |X(k)|^2 = \frac{2}{N}|X(k_{\omega_0})|^2$$

注意到幅度为 A 的正弦信号的功率

$$P = \frac{A^2}{2} = \frac{1}{N}\sum_{n=0}^{N-1} x^2(n)$$

所以

$$\frac{A^2}{2} = \frac{1}{N}\sum_{n=0}^{N-1} x^2(n) = \frac{2}{N^2}\mid X(k_{\omega_0})\mid^2$$

即

$$A^2 = \frac{4}{N^2}\mid X(k_{\omega_0})\mid^2, \quad A = \frac{2}{N}\mid X(k_{\omega_0})\mid$$

3.26 已知 $x(n)$ 为 N 点序列,$n=0,1,\cdots,N-1$,其 DTFT 为 $X(\mathrm{e}^{\mathrm{j}\omega})$。现对 $X(\mathrm{e}^{\mathrm{j}\omega})$ 在单位圆上等间隔抽样,得 $Y(k)=X(\mathrm{e}^{\mathrm{j}\frac{2\pi}{M}k})$,$k=0,1,\cdots,M-1$,且 $M<N$。设 $Y(k)$ 对应的序列为 $y(n)$,试用 $x(n)$ 表示 $y(n)$。

解:依题意,有

$$X(\mathrm{e}^{\mathrm{j}\omega}) = \sum_{n=0}^{N-1} x(n)\mathrm{e}^{-\mathrm{j}\omega n}, \quad Y(k) = X(\mathrm{e}^{\mathrm{j}\frac{2\pi}{M}k})$$

因此

$$y(n) = \frac{1}{M}\sum_{k=0}^{M-1} Y(k)\mathrm{e}^{\mathrm{j}\frac{2\pi}{M}kn} = \frac{1}{M}\sum_{k=0}^{M-1} X(\mathrm{e}^{\mathrm{j}\frac{2\pi}{M}k})\mathrm{e}^{\mathrm{j}\frac{2\pi}{M}kn}$$

$$= \frac{1}{M}\sum_{k=0}^{M-1}\sum_{m=0}^{N-1} x(m)\mathrm{e}^{-\mathrm{j}\frac{2\pi}{M}km}\mathrm{e}^{\mathrm{j}\frac{2\pi}{M}kn} = \sum_{m=0}^{N-1} x(m)\frac{1}{M}\sum_{k=0}^{M-1}\mathrm{e}^{\mathrm{j}\frac{2\pi}{M}k(n-m)}$$

由于

$$\frac{1}{M}\sum_{k=0}^{M-1}\mathrm{e}^{\mathrm{j}\frac{2\pi}{M}k(n-m)} = \begin{cases} 1 & \langle n-m\rangle_M = r \\ 0 & \langle n-m\rangle_M \neq r \end{cases}$$

式中 $\langle n-m\rangle_M$ 表示求 $n-m$ 对 M 的余数,r 为整数。所以,

$$y(n) = \sum_{s=0}^{i} x(n+sM), \quad n=0,1,\cdots,M-1$$

式中 i 是小于或等于 $[(N-1)-n]/M$ 的整数。

例如,假定 $N=8$,$M=6$,那么,当 $n=0$ 和 $n=1$ 时,$i=1$,这时

$$y(0) = \sum_{s=0}^{1} x(0+6s) = x(0) + x(6)$$

$$y(1) = \sum_{s=0}^{1} x(1+6s) = x(1) + x(7)$$

而当 $n=2\sim5$ 时,求出 $i=0$,所以 $s=0$。因此,有

$$y(n) = x(n), \quad n=2,3,4,5$$

该题是教材例 3.7.4 更一般的形式。

3.27 已知 $x(n)$ 为 N 点序列,$n=0,1,\cdots,N-1$,而 N 为偶数,其 DFT 为 $X(k)$。

(1) 令 $y_1(n) = \begin{cases} x\left(\dfrac{n}{2}\right) & n\text{ 为偶数} \\ 0 & n\text{ 为奇数} \end{cases}$,

所以 $y_1(n)$ 为 $2N$ 点序列。试用 $X(k)$ 表示 $Y_1(k)$。

(2) 令 $y_2(n) = x(N-1-n)$, $y_3 = (-1)^n x(n)$, 且 $y_2(n)$, $y_3(n)$ 都是 N 点序列, N 为偶数。试用 $X(k)$ 表示 $Y_2(k)$, $Y_3(k)$。

解:

$$X(k) = \sum_{n=0}^{N-1} x(n) W_N^{nk}, \quad \text{其中 } W_N = \mathrm{e}^{-\mathrm{j}2\pi/N}$$

(1)
$$Y_1(k) = \sum_{n=0}^{2N-1} y_1(n) W_{2N}^{nk} = \sum_{n=\text{even}}^{2N-1} x\left(\frac{n}{2}\right) W_{2N}^{2nk}$$

令 $m = n/2$, 则

$$Y_1(k) = \sum_{m=0}^{N-1} x(m) W_N^{mk} = X(k), \quad k = 0,1,\cdots,N-1$$

当 $N \leqslant k \leqslant 2N-1$ 时

$$Y_1(k) = \sum_{n=0}^{2N-1} y_1(n) W_{2N}^{nk} = \sum_{n=\text{even}}^{2N-1} x\left(\frac{n}{2}\right) W_{2N}^{2mk}$$

$$= \sum_{m=0}^{N-1} x(m) W_N^{mk} = \sum_{m=0}^{N-1} x(m) W_N^{m(k-N)} = X(k-N)$$

即

$$Y_1(k) = \begin{cases} X(k) & k = 0,1,\cdots,N-1 \\ X(k-N) & k = N,\cdots,2N-1 \end{cases}$$

在该题中, $y_1(n)$ 是由 $x(n)$ 做 2 倍插值所得到的新序列, 其频谱 $Y_1(k)$ 是原频谱 $X(k)$ 做周期延拓的结果。

(2) 对 $y_2(n)$, 有

$$Y_2(k) = \sum_{n=0}^{N-1} y_2(n) W_N^{nk} = \sum_{n=0}^{N-1} x(N-1-n) W_N^{nk}$$

$$= \sum_{m=0}^{N-1} x(m) W_N^{(N-1-m)k} = \sum_{m=0}^{N-1} x(m) W_N^{-(m+1)k}$$

$$= W_N^{-k} \sum_{m=0}^{N-1} x(m) \left[W_N^{mk}\right]^* = W_N^{-k} X^*(k)$$

对 $y_3(n) = (-1)^n x(n)$, 有

$$Y_3(k) = \sum_{n=0}^{N-1} y_3(n) W_N^{nk} = \sum_{n=0}^{N-1} (-1)^n x(n) W_N^{nk} = \sum_{n=0}^{N-1} x(n) \left[-W_N^k\right]^n,$$

当 $0 \leqslant k \leqslant \dfrac{N}{2} - 1$ 时

$$Y_3(k) = \sum_{n=0}^{N-1} x(n) W_N^{\left(k+\frac{N}{2}\right)n} = X\left(k + \frac{N}{2}\right)$$

当 $\dfrac{N}{2} \leqslant k \leqslant N - 1$ 时

$$Y_3(k) = \sum_{n=0}^{N-1} x(n) W_N^{\left(k-\frac{N}{2}\right)n} = X\left(k - \frac{N}{2}\right)$$

3.28 对离散傅里叶变换,试证明 Parseval 定理

$$\sum_{n=0}^{N-1} |x(n)|^2 = \frac{1}{N} \sum_{k=0}^{N-1} |X(k)|^2$$

证明: 由

$$X(k) = \begin{cases} \displaystyle\sum_{n=0}^{N-1} x(n) W_N^{kn} & 0 \leqslant k \leqslant N-1 \\ 0 & 其他 \end{cases}$$

$$x(n) = \begin{cases} \displaystyle\frac{1}{N} \sum_{k=0}^{N-1} X(k) W_N^{-kn} & 0 \leqslant n \leqslant N-1 \\ 0 & 其他 \end{cases}$$

可求出

$$\sum_{n=0}^{N-1} |x(n)|^2 = \sum_{n=0}^{N-1} x(n) x^*(n) = \sum_{n=0}^{N-1} x(n) \left[\frac{1}{N} \sum_{k=0}^{N-1} X(k) W_N^{-kn} \right]^*$$

$$= \frac{1}{N} \sum_{k=0}^{N-1} X^*(k) \sum_{n=0}^{N-1} x(n) W_N^{kn} = \frac{1}{N} \sum_{k=0}^{N-1} X^*(k) X(k)$$

$$= \frac{1}{N} \sum_{k=0}^{N-1} |X(k)|^2$$

所以

$$\sum_{n=0}^{N-1} |x(n)|^2 = \frac{1}{N} \sum_{k=0}^{N-1} |X(k)|^2$$

3.29 设 $x(n)$、$y(n)$ 的 DTFT 分别是 $X(e^{j\omega})$ 和 $Y(e^{j\omega})$,试证明

$$\sum_{n=-\infty}^{\infty} x(n) y^*(n) = \frac{1}{2\pi} \int_{-\pi}^{\pi} X(e^{j\omega}) Y^*(e^{j\omega}) d\omega$$

证明: 因为

$$\sum_{n=-\infty}^{\infty} x(n) y^*(n) = \sum_{n=-\infty}^{\infty} x(n) \left[\frac{1}{2\pi} \int_{-\pi}^{\pi} Y(e^{j\omega}) e^{j\omega} d\omega \right]^*$$

$$= \sum_{n=-\infty}^{\infty} x(n) \frac{1}{2\pi} \int_{-\pi}^{\pi} Y^*(\mathrm{e}^{\mathrm{j}\omega}) \mathrm{e}^{-\mathrm{j}\omega n} \mathrm{d}\omega$$

$$= \left[\sum_{n=-\infty}^{\infty} x(n) \mathrm{e}^{-\mathrm{j}\omega n} \right] \frac{1}{2\pi} \int_{-\pi}^{\pi} Y^*(\mathrm{e}^{\mathrm{j}\omega}) \mathrm{d}\omega$$

$$= \frac{1}{2\pi} \int_{-\pi}^{\pi} \left[\sum_{n=-\infty}^{\infty} x(n) \mathrm{e}^{-\mathrm{j}\omega n} \right] Y^*(\mathrm{e}^{\mathrm{j}\omega}) \mathrm{d}\omega$$

所以

$$\sum_{n=-\infty}^{\infty} x(n) y^*(n) = \frac{1}{2\pi} \int_{-\pi}^{\pi} X(\mathrm{e}^{\mathrm{j}\omega}) Y^*(\mathrm{e}^{\mathrm{j}\omega}) \mathrm{d}\omega$$

3.30　设信号 $x(n) = \{1,2,3,4\}$，通过系统 $h(n) = \{4,3,2,1\}$，$n = 0,1,2,3$。

(1) 求出系统的输出 $y(n) = x(n) * h(n)$；

(2) 试用循环卷积计算 $y(n)$；

(3) 简述通过 DFT 来计算 $y(n)$ 的思路。

解：(1) LSI 系统的输出是输入 $x(n)$ 与该系统的单位抽样响应 $h(n)$ 之间的线性卷积。因此，用线性卷积计算得

$$y(n) = x(n) * h(n) = \{4,11,20,30,20,11,4\}, \quad n = 0,1,\cdots,7$$

(2) 若要用循环卷积来计算 $y(n)$，则首先必须将 $x(n)$ 和 $h(n)$ 补零，使其长度变为二者长度之和减一，即 $L = N + M - 1 = 4 + 4 - 1 = 7$。这样，补零后得

$$x'(n) = \{1,2,3,4,0,0,0\}, \quad h'(n) = \{4,3,2,1,0,0,0\}$$

用循环卷积计算 $x'(n) \circledast h'(n)$ 是在一个周期内进行的，周期即是 $L = 7$。在这一个周期内求出的循环卷积等效于 $x(n)$ 和 $h(n)$ 的线性卷积，因此求出的 $y(n)$ 仍然是 $\{4,11,20,30,20,11,4\}$。

(3) 因为 DFT 的"时域卷积，频域相乘"的关系对应的是循环卷积，而不是线性卷积。所以，要想通过 DFT 来计算 $y(n)$，步骤如下：

① 和本题(2)的做法一样，对输入信号和系统的单位抽样响应在后面补零，使其长度都成为 $L = N + M - 1$，其中 N 和 M 分别为输入信号与单位抽样响应的长度，这样就可以保证循环卷积的结果与线性卷积的一致；

② 对补零后的两个新的序列分别求 DFT，得到长度都为 L 的两个频域序列；

③ 将这两个频域序列相乘，再将相乘所得的序列作 DFT 逆变换，逆变换所得到的时域序列就是 $y(n)$。

***3.31**　进一步研究教材中例 3.1.1 中参数 T 和 τ 对傅里叶系数图形的影响。例如，分别令 $\tau = 0.2T$，$0.1T$ 及 $0.05T$，试用 MATLAB 求出并画出类似教材中图题 3.1.1 的傅里叶系数图，并分析这些参数变化对图形影响的规律。

解：该问题是研究一个矩形周期信号的傅里叶系数的特点。T 是信号的周期，τ 是

矩形窗的宽度。$\tau=0.2T,0.1T$ 及 $0.05T$ 时的傅里叶系数分别如图题 3.31.1(a),(b)和(c)所示。

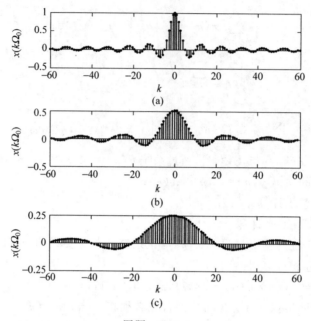

图题 3.31.1

(a) $\tau=0.2T$; (b) $\tau=0.1T$; (c) $\tau=0.05T$

由上面的三幅图可以看出,矩形周期信号的傅里叶系数是离散的 sinc 函数。在周期 T 不变的情况下,τ 越小,说明在一个周期内信号的实际宽度越窄,因此其频谱(即傅里叶系数)的主瓣越宽,且频谱变化越来越缓慢,幅度也越来越小。

*3.32 设有一长序列

$$x(n)=\begin{cases} n/5 & 0\leqslant n\leqslant 50 \\ 20-n/5 & 50 < n\leqslant 99 \\ 0 & \text{其他} \end{cases}$$

令 $x(n)$ 通过一离散系统,其单位抽样响应

$$h(n)=\begin{cases} 1/2^n & 0\leqslant n\leqslant 2 \\ 0 & \text{其他} \end{cases}$$

试编一主程序用叠接相加法实现该系统对 $x(n)$ 的滤波,并画出输出 $y(n)$ 的图形。

解:实现该题的 MATLAB 程序是 ex_03_32_1.m。$x(n)$ 和 $y(n)$ 的图形分别如图题 3.32.1(a)和(b)所示。

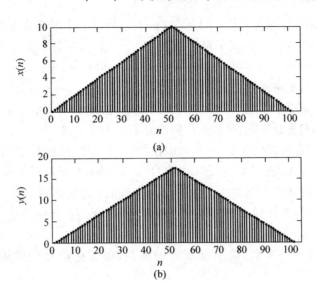

图题　3.32.1

(a) $x(n)$；(b) $y(n)$

* **3.33**　关于正弦信号抽样的实验研究。给定信号 $x(t)=\sin(2\pi f_0 t)$，$f_0=50\mathrm{Hz}$，现对 $x(t)$ 抽样，设抽样点数 $N=16$。我们知道正弦信号 $x(t)$ 的频谱是在 $\pm f_0$ 处的 δ 函数，将 $x(t)$ 抽样变成 $x(n)$ 后，若抽样率及数据长度 N 取得合适，那么 $x(n)$ 的 DFT 也应是在 $\pm 50\mathrm{Hz}$ 处的 δ 函数。由 Parseval 定理，有

$$E_t=\sum_{n=0}^{N-1}x^2(n)=\frac{2}{N}\mid X_{50}\mid^2=E_f$$

X_{50} 表示 $x(n)$ 的 DFT $X(k)$ 在 $50\mathrm{Hz}$ 处的谱线。若上式不成立，说明 $X(k)$ 在频域有泄漏。给定下述抽样频率：(1) $f_s=100\mathrm{Hz}$；(2) $f_s=150\mathrm{Hz}$；(3) $f_s=200\mathrm{Hz}$。试分别求出 $x(n)$ 并计算其 $X(k)$，然后用 Parseval 定理研究其泄漏情况，请观察得到的 $x(n)$ 及 $X(k)$，总结对正弦信号抽样应掌握的原则。

解：(1) 当 $f_s=100\mathrm{Hz}$ 时，由于 $x(n)=\sin(2\pi50n/100)=\sin(n\pi)\equiv0$，所以其 $X(k)\equiv0$，$k=0,\cdots,15$。这样选择抽样频率无意义。

(2) 当 $f_s=150\mathrm{Hz}$ 时，由于 $x(n)=\sin(2\pi n/3)$，一个周期抽得三个点，时域的能量 $E_t=7.5$。该序列的 $|X(k)|(k=0,\cdots,7)$ 是

$|X(k)|=\{0.0000,0.1187,0.2746,0.5451,1.2247,6.1379,3.8632,2.0038\}$

显然它不是在 $\pm f_0$ 处的 δ 函数。由于 $k=5$ 对应的频率是 $46.875\mathrm{Hz}$，所以可把 $|X(5)|$ 看作 $|X_{50}|$。这时，$\frac{2}{N}\mid X_{50}\mid^2=\frac{2}{16}\times6.1379^2=4.709$，不等于 $E_t=7.5$。显然，频谱产生了明显的泄漏。

(3) 当 $f_s = 200\text{Hz}$ 时,由于 $x(n) = \sin(\pi n/2)$,所以一个周期抽得四个点,分别是 0,1,0,-1,时域的能量 $E_t = 8$。该序列的 $|X(k)|(k=0,\cdots,7)$ 是

$|X(k)| = \{0.0000, 0.0000, 0.0000, 0.0000, 8.0000, 0.0000, 0.0000, 0.0000\}$

显然,它是在 $\pm f_0$ 处的 δ 函数,f_0 对应 $k=4$。满足 $E_t = E_f = 8$ 的关系。

上述结果再一次告诉我们,对正弦信号抽样时,抽样频率应尽量取信号频率的整数倍;抽样点数应该包含整周期,且每个周期最好不少于 4 个点。

*3.34 对习题 3.33,当取 $f_s = 200\text{Hz}$,$N = 16$ 时,在抽样点后再补 N 个零得 $x'(n)$,这时 $x'(n)$ 是 32 点序列,求 $x'(n)$ 的 DFT $X'(k)$,分析对正弦信号补零的影响。

解:补零前后的频谱如图题 3.34.1(a)和(b)所示。分析这两个图,可以看出

(1) 对正弦信号,在抽样频率和数据点数合适的情况下,其频谱是一 δ 函数,反映了正弦信号线谱的特点,如图题 3.34.1(a)所示;

(2) 在数据后面补零后,将引起频谱的泄漏,使正弦信号的频谱不再是线谱,如图题 3.34.1(b)所示。

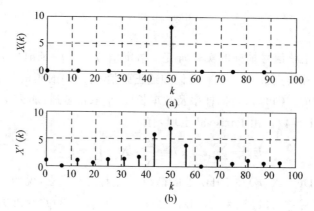

图题 3.34.1

(a) $N=16, X(k)$; (b) $N=32, X'(k)$

3.35 已知 $x(n)$ 的 DTFT 是 $X(e^{j\omega})$,并有 $y(n) = (-1)^n x(n)$,试用 $X(e^{j\omega})$ 表示 $Y(e^{j\omega})$。

解:
$$Y(e^{j\omega}) = \sum_{n=-\infty}^{\infty} y(n)e^{-j\omega n} = \sum_{n=-\infty}^{\infty} (-1)^n x(n)e^{-j\omega n}$$
$$= \sum_{n=-\infty}^{\infty} x(n)e^{j\pi n}e^{-j\omega n} = \sum_{n=-\infty}^{\infty} x(n)e^{-j(\omega-\pi)n}$$
$$= X(e^{j(\omega-\pi)})$$

这一结果的含义是,$Y(e^{j\omega})$ 是 $X(e^{j\omega})$ 在频率轴上移动了 π,即移动了 $f_s/2$。如果 $x(n)$ 是低通信号,那么 $y(n)$ 将变成高通信号。

3.36　本书所附的文献"Tom，Dick，and Mary Discover the DFT(IEEE SIGNAL PROCESSING MAGAZINE，APRIL 1994)"讲述了三位同学欲在计算机上实现连续信号频谱分析时所遇到的问题及解决方法，包括时域抽样、截断、频域抽样、截断及周期延拓等，从而由 FT、FS 引出 DTFT、DFS，最后得到 DFT 的"故事"。请阅读该文献，并写出读书笔记，从而加深对 DFT 导出的理解。(注：此读书报告请读者自己完成。)

第4章

离散时间系统的频域分析习题参考解答

4.1 设有一个 FIR 系统的差分方程为

$$y(n) = x(n) - x(n-N)$$

(1) 写出该系统的幅频响应及相频响应；

(2) 画出该系统的信号流图。

解：(1) 对 $y(n) = x(n) - x(n-N)$ 做 Z 变换，得

$$Y(z) = X(z) - X(z)z^{-N} = X(z)(1 - z^{-N})$$

即

$$H(z) = \frac{Y(z)}{X(z)} = 1 - z^{-N}$$

将 $z = e^{j\omega}$ 代入，可由转移函数得到频率响应，即

$$H(e^{j\omega}) = 1 - e^{-j\omega N} = e^{-j\omega N/2}(e^{j\omega N/2} - e^{-j\omega N/2})$$

$$= 2e^{-j\omega N/2}\cos\left(\frac{\omega N}{2}\right)$$

所以，该系统的幅频响应为 $|2\cos(\omega N/2)|$，相频响应为 $-\omega N/2$。

(2) 该系统的信号流图如图题 4.1.1 所示。

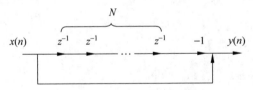

图题 4.1.1　系统的信号流图

4.2 一个离散时间系统有一对共轭极点 $p_1 = 0.8e^{j\pi/4}$，$p_2 = 0.8e^{-j\pi/4}$，且在原点有二阶重零点。

(1) 写出该系统的转移函数 $H(z)$，画出极零图；

(2) 试用极零分析的方法大致画出其幅频响应($0 \sim 2\pi$)；

(3) 若输入信号 $x(n) = u(n)$，且系统初始条件 $y(-2) = y(-1) = 1$，求该系统的输出 $y(n)$。

解：依题意，有

$$H(z) = \frac{z^2}{(z - p_1)(z - p_2)} = \frac{1}{(1 - p_1 z^{-1})(1 - p_2 z^{-1})}$$

$$= \frac{1}{(1 - 0.8 e^{j\pi/4} z^{-1})(1 - 0.8 e^{-j\pi/4} z^{-1})} = \frac{1}{1 - 1.13 z^{-1} + 0.64 z^{-2}}$$

（1）该系统的极零图比较简单，且很容易用 MATLAB 的 zplane.m 文件画出，故此处不再给出。

（2）由 $H(z)$ 的表达式，不难求出，当 $z = 1$，即 $\omega = 0$ 时，$|H(e^{j0})| = 1/0.51 \approx 2$；当 $z = -1$，即 $\omega = \pi$ 时，$|H(e^{j\pi})| = 1/2.77 \approx 0.36$；当 $\omega = \pm \pi/4$ 时，$|H(e^{j\omega})|$ 取得峰值，大小为 $|H(e^{\pm j\pi/4})| = 1/0.256 \approx 4$。由此，可以大致画出其幅频响应的特性。现用 MATLAB 中的 freqz.m 文件来精确地求出其幅频响应和相频响应，它们分别如图题 4.2.1(a) 和图题 4.2.1(b) 所示。相应的 MATLAB 程序是 ex_04_02_1.m。

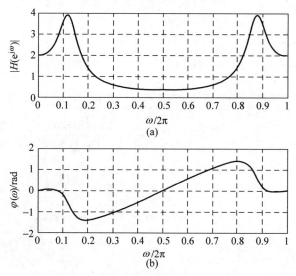

图题 4.2.1

（a）系统的幅频响应；（b）系统的相频响应

（3）此处给出的系统初始条件不为零，因此系统的输出由两部分组成，一是零输入解，二是零状态解。

为求零输入解，可以直接由式(2.10.2)求解，也可对差分方程

$$y(n) - a_1 y(n-1) + a_2 y(n-2) = 0, \quad a_1 = 1.13, a_2 = 0.64$$

做 Z 变换来求解，在求 Z 变换的过程中将 $y(-2) = y(-1) = 1$ 的初始条件代入。由教材式(2.10.2)，有

$$Y_{0i}(z) = \frac{-\sum\limits_{k=1}^{N} a(k)z^{-k} \left[\sum\limits_{m=-k}^{-1} y(m)z^{-m}\right]}{\sum\limits_{k=0}^{N} a(k)z^{-k}} = \frac{-[-1.13z^{-1}z + 0.64z^{-2}(z+z^2)]}{1 - 1.13z^{-1} + 0.64z^{-2}}$$

$$= \frac{0.49 - 0.64z^{-1}}{1 - 1.13z^{-1} + 0.64z^{-2}}$$

系统的零输入解是

$$y_{0i}(n) = (0.245 + j0.3206)0.8^n e^{jn\pi/4} u(n) +$$

$$(0.245 - j0.3206)0.8^n e^{-jn\pi/4} u(n)$$

因为 $x(n) = u(n)$,$X(z) = \dfrac{1}{1 - z^{-1}}$,由 $H(z) = \dfrac{1}{1 - 1.13z^{-1} + 0.64z^{-2}}$ 可求系统的

零状态解,即

$$Y_{0s}(z) = \frac{1}{1 - 1.13z^{-1} + 0.64z^{-2}} \times \frac{1}{1 - z^{-1}}$$

$$= \frac{1}{(1 - 0.8e^{j\pi/4}z^{-1})(1 - 0.8e^{-j\pi/4}z^{-1})} \times \frac{1}{1 - z^{-1}}$$

$$Y_{0s}(z) = \frac{1.9608}{1 - z^{-1}} + \frac{-0.4804 - j0.6286}{1 - 0.8e^{j\pi/4}z^{-1}z^{-1}} + \frac{-0.4804 + j0.6286}{1 - 0.8e^{-j\pi/4}z^{-1}z^{-1}}$$

系统的零状态解是

$$y_{0s}(n) = 1.9608u(n) + (-0.4804 - j0.6286)0.8^n e^{jn\pi/4} u(n) +$$

$$(-0.4804 + j0.6286)0.8^n e^{-jn\pi/4} u(n)$$

所以

$$y(n) = y_{0i}(n) + y_{0s}(n)$$

$$= 1.9608u(n) - (0.2354 + j0.308)0.8^n e^{jn\pi/4} u(n) -$$

$$(0.2354 - j0.308)0.8^n e^{-jn\pi/4} u(n)$$

4.3 给定系统 $H(z) = \dfrac{-0.2z}{z^2 + 0.8}$。

(1) 求出并绘出该系统的幅频响应与相频响应;

(2) 求出并绘出该系统的单位抽样响应 $h(n)$;

(3) 令 $x(n) = u(n)$,求出并绘出系统的单位阶跃响应 $y(n)$。

解:(1) 由于

$$H(e^{j\omega}) = \frac{-0.2e^{j\omega}}{e^{2j\omega} + 0.8} = \frac{-0.2\cos\omega - j0.2\sin\omega}{(\cos2\omega + 0.8) + j\sin2\omega}$$

$$= \frac{-0.36\cos\omega}{(\cos2\omega + 0.8)^2 + \sin^2 2\omega} + \mathrm{j} \frac{0.04\sin\omega}{(\cos2\omega + 0.8)^2 + \sin^2 2\omega}$$

所以

$$|H(\mathrm{e}^{\mathrm{j}\omega})| = \frac{\sqrt{0.1296\cos^2\omega + 0.0016\sin^2\omega}}{(\cos2\omega + 0.8)^2 + \sin^2 2\omega} = \frac{0.04\sqrt{1 + 80\cos^2\omega}}{1.64 + 1.6\cos2\omega}$$

上式的 $|H(\mathrm{e}^{\mathrm{j}\omega})|$ 也可由下式求出

$$|H(\mathrm{e}^{\mathrm{j}\omega})|^2 = H(\mathrm{e}^{\mathrm{j}\omega})H^*(\mathrm{e}^{\mathrm{j}\omega}) = \frac{-0.2\mathrm{e}^{\mathrm{j}\omega}}{\mathrm{e}^{2\mathrm{j}\omega} + 0.8} \times \frac{-0.2\mathrm{e}^{-\mathrm{j}\omega}}{\mathrm{e}^{-2\mathrm{j}\omega} + 0.8}$$

$$= \frac{0.04}{1.64 + 1.6\cos2\omega}$$

将上式右边开方,即得 $|H(\mathrm{e}^{\mathrm{j}\omega})|$。

$$\varphi(\mathrm{e}^{\mathrm{j}\omega}) = \begin{cases} -\arctan\left(\dfrac{\sin\omega}{9\cos\omega}\right) & \cos\omega \leqslant 0 \\[3mm] \pi - \arctan\left(\dfrac{\sin\omega}{9\cos\omega}\right) & \cos\omega > 0 \end{cases}$$

用 MATLAB 的 freqz 函数可绘制出该系统的幅频与相频响应,它们分别如图题 4.3.1(a)和(b)所示。

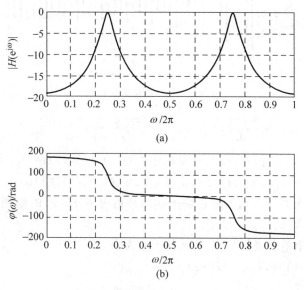

(a)

(b)

图题　4.3.1

(a) 幅频响应;(b) 相频响应

(2)为了求得系统的单位抽样响应 $h(n)$,可对转移函数进行逆 Z 变换,即

$$h(n) = \mathcal{Z}^{-1}\left(\frac{-0.2z}{z^2 + 0.8}\right) = -0.2236 \times 0.8944^n \sin\left(\frac{\pi n}{2}\right) u(n)$$

用 MATLAB 的 impz 函数绘制得的单位抽样响应,如图题 4.3.2 所示。

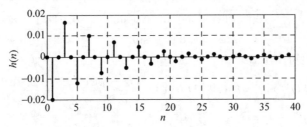

图题 4.3.2　单位抽样响应

(3) 为求系统的单位阶跃响应,可对

$$Y(z) = H(z)U(z) = \frac{-0.2z}{z^2 + 0.8}\frac{z}{z-1} = \frac{-0.2z^{-1}}{1 - z^{-1} + 0.8z^{-2} - 0.8z^{-3}}$$

求反变换,或是用 $h(n) * u(n)$ 求出。现直接用 MATLAB 计算,如图题 4.3.3 所示。

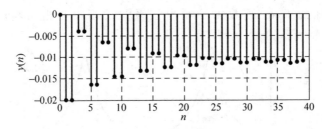

图题 4.3.3　单位阶跃响应

*4.4　若 $H_1(z) = \dfrac{0.5z}{z - 0.9}$,$H_2(z) = \dfrac{z-1}{z^2 - \sqrt{2}\,z + 1}$,

(1) 令 $H(z) = H_1(z)H_2(z)$,重复题 4.3 的(1),(2),(3);

(2) 令 $H(z) = H_1(z) + H_2(z)$,重复题 4.3 的(1),(2),(3);

(3) 试用极零分析的方法大致说明上述两种情况下 $H(z)$ 的幅频响应的特点,并与实际得到的结果相对照。

解:(1) 当两个系统级联时,总的转移函数为

$$H(z) = H_1(z)H_2(z)$$

$$= \frac{0.5z^{-1} - 0.5z^{-2}}{1 - (\sqrt{2} + 0.9)z^{-1} + (0.9\sqrt{2} + 1)z^{-2} - 0.9z^{-3}}$$

其幅频响应与相频响应分别如图题 4.4.1(a)和(b)所示。图中幅频响应的单位为 dB。
单位抽样响应 $h(n)$ 如图题 4.4.1(c)所示,单位阶跃响应可由

$$Y(z) = H(z) \frac{1}{1-z^{-1}}$$

$$= \frac{0.5z^{-1} - 0.5z^{-2}}{1 - (\sqrt{2}+1.9)z^{-1} + (1.9\sqrt{2}+1.9)z^{-2} - (0.9\sqrt{2}+1.9)z^{-3} - 0.9z^{-4}}$$

通过反变换求出。现通过 MATLAB 求出,如图题 4.4.1(d)所示。

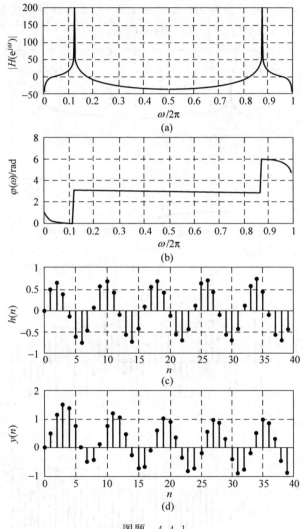

图题　4.4.1

(a) 幅频响应;(b) 相频响应;(c) 单位抽样响应;(d) 单位阶跃响应

(2) 当两个系统并联时,总的转移函数为

$$H(z) = H_1(z) + H_2(z) = \frac{0.5z}{z - 0.9} + \frac{z - 1}{z^2 - \sqrt{2}z + 1}$$

$$= \frac{0.5 + (1 - 0.5\sqrt{2})z^{-1} - 1.4z^{-2} + 0.9z^{-3}}{1 - (\sqrt{2} + 0.9)z^{-1} + (0.9\sqrt{2} + 1)z^{-2} - 0.9z^{-3}}$$

用 MATLAB 的 freqz 函数可求出该系统的幅频响应和相频响应,如图题 4.4.2(a) 和(b)所示,图中幅频响应的单位为 dB。用 impz 和 stepz 可分别求出其单位抽样响应和单位阶跃响应,它们分别如图题 4.4.2(c)和(d)所示。

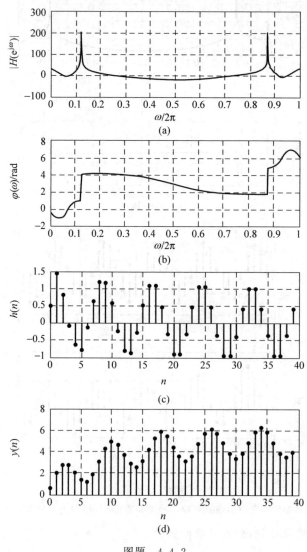

图题 4.4.2

(a)幅频响应;(b)相频响应;(c)单位抽样响应;(d)单位阶跃响应

（3）观察图题 4.4.1(a)和图题 4.4.2(a)的幅频响应曲线,可以发现它们在归一化频率 $f'=0.125$ 和 $f'=0.875$ 处都有一个非常大的谱峰。注意到这两个图的纵坐标的单位是 dB,因此,其幅度约为 10^{10}。

再考察两个转移函数,发现 $H_2(z)=\dfrac{z-1}{z^2-\sqrt{2}\,z+1}$ 的极点是 $p_{1,2}=\mathrm{e}^{\pm\mathrm{j}\pi/4}$,它们正好位于单位圆上,位置为 $\omega=\pm\pi/4$（对应归一化频率为 0.125）。我们知道,若极点在单位圆上,那么该系统是不稳定的,并且系统在该处的幅频响应趋于无穷大。但由于计算机的字长总是有限的,因此,给出的是一个非常大的数,而非无穷大。

4.5　某离散时间系统的转移函数是 $H(z)=b/(1-\rho z^{-1})$,试确定 b 和 ρ 的值,使系统的频率响应在 $\omega=0$ 的值 $H(0)=1$,在 $\omega=\pi/4$ 时的值 $|H(\pi/4)|^2=1/2$。

解：依题意,$H(\mathrm{e}^{\mathrm{j}\omega})=b/(1-\rho\mathrm{e}^{-\mathrm{j}\omega})$,所以,由 $H(0)=b/(1-\rho)=1$,有 $b=1-\rho$

$$|H(\pi/4)|^2=\frac{(1-\rho)^2}{[1-\rho\mathrm{e}^{-\mathrm{j}\pi/4}]^2}=\frac{(1-\rho)^2}{[1-\rho/\sqrt{2}+\mathrm{j}\rho/\sqrt{2}]^2}=\frac{(1-\rho)^2}{(1-\rho/\sqrt{2})^2+(\rho/\sqrt{2})^2}=\frac{1}{2}$$

即

$$\frac{(1-\rho)^2}{1-2\rho/\sqrt{2}+\rho^2}=\frac{1}{2}$$

可求出 $\rho=0.414$,由此得到 $b=1-\rho=0.586$,所以,系统的转移函数是

$$H(z)=\frac{0.586}{1-0.414z^{-1}}$$

4.6　已知一离散时间系统 $y(n)-0.9y(n-1)+0.2y(n-2)=x(n)+x(n-1)$,求 $|H(\mathrm{e}^{\mathrm{j}\omega})|^2$。

解：求 $|H(\mathrm{e}^{\mathrm{j}\omega})|^2$ 方法之一是先求出 $h(n)$,然后对其进行 DTFT,得到 $H(\mathrm{e}^{\mathrm{j}\omega})$,再取幅平方。不过,这样做较烦琐。由于

$$|H(\mathrm{e}^{\mathrm{j}\omega})|^2=H(\mathrm{e}^{\mathrm{j}\omega})H^*(\mathrm{e}^{\mathrm{j}\omega})=H(z)H(z^{-1})\,|_{z=\mathrm{e}^{\mathrm{j}\omega}}$$

所以,对本题,有

$$H(z)H(z^{-1})=\frac{1+z^{-1}}{1-0.9z^{-1}+0.2z^{-2}}\frac{1+z}{1-0.9z+0.2z^2}=\frac{2+z+z^{-1}}{1.85-1.08(z+z^{-1})+0.2(z^2+z^{-2})}$$

$$|H(\mathrm{e}^{\mathrm{j}\omega})|^2=\frac{2+2\cos\omega}{1.85-2.16\cos\omega+0.4\cos2\omega}$$

因为 $\cos2\omega=2\cos^2\omega-1$,最后有

$$|H(\mathrm{e}^{\mathrm{j}\omega})|^2=\frac{2(1+\cos\omega)}{1.45-2.16\cos\omega+0.8\cos^2\omega}$$

4.7　例 4.3.5 里给出了一个正弦信号发生器,系统

$$H(z)=\frac{z\sin\omega_0}{z^2-2z\cos\omega_0+1}=\frac{z^{-1}\sin\omega_0}{1-2z^{-1}\cos\omega_0+z^{-2}}$$

也是一个正弦信号发生器,而且给出的正弦信号表达式更简洁。

(1) 写出系统的差分方程和单位抽样响应;

(2) 令 $\omega_0 = \pi/4$,试产生一个频率 $f_0 = 100\,\text{Hz}$ 的正弦信号,给出 MATLAB 程序和产生的正弦波形。

解:(1) 系统的差分方程是

$$y(n) - 2\cos\omega_0 y(n-1) + y(n-2) = \sin\omega_0 x(n-1)$$

由表 2.7.1,有

$$\mathbf{Z}^{-1}[H(z)] = \sin(\omega_0 n)u(n)$$

(2) 由 $\omega = 2\pi f/f_s$,现 $\omega_0 = \pi/4$,$f_0 = 100\,\text{Hz}$,可求出 $f_s = 800\,\text{Hz}$,及 $\sin\omega_0 = \cos\omega_0 = 0.7071$,这时的差分方程变成

$$y(n) - 1.4142y(n-1) + y(n-2) = 0.7071x(n-1)$$

令 $x(n) = \delta(n)$,可用两种方法求出所产生的正弦,一是利用 filter.m 文件,二是利用 impz.m 文件,当然,这两种方法给出的结果是相同的,都是正弦信号。读者可自己求出输出信号的频谱,可知其是频率在 $100\,\text{Hz}$ 的线谱,具体程序如下:

```
fs = 800; t = 0:1/fs:1;
x = zeros(1,length(t));
x(1) = 1;                % 令 x(n)为 delta 函数;
b = [0 0.7071]; a = [1 - 1.4142 1];
y = filter(b,a,x);       % 求系统的输出
subplot(2,1,1);plot(y(1:100));grid
h = impz(b,a,100); subplot(2,1,2);plot(h);grid
```

*4.8 4 个系统的转移函数分别是

$$H_1(z) = \frac{z}{z-0.6}; \quad H_2(z) = \frac{z}{z-1.2}; \quad H_3(z) = \frac{z}{z+1}; \quad H_4(z) = \frac{z}{(z-1)^2}$$

试:(1)画出它们的极零图;(2)写出各自的差分方程;(3)画出各自的幅频响应;(4)求并画出各自的单位抽样响应 $h(n)$;(5)分析它们的稳定性。

解:对系统 $H_1(z)$,其转移函数可变为 $H_1(z) = \dfrac{1}{1 - 0.6z^{-1}}$,所以,其差分方程是

$$y(n) - 0.6y(n-1) = x(n)$$

其单位抽样响应 $\qquad\qquad h_1(n) = 0.6^n u(n)$

其极零图、$h_1(n)$ 及幅频响应 $|H_1(e^{j\omega})|$ 分别如图题 4.8.1(a)、(b)、(c)所示。由于其极点在单位圆内,所以该系统是稳定的。

对系统 $H_2(z)$,其差分方程是

$$y(n) - 1.2y(n-1) = x(n)$$

其单位抽样响应 $\qquad\qquad h_2(n) = 1.2^n u(n)$

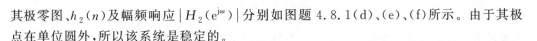

其极零图、$h_2(n)$ 及幅频响应 $|H_2(e^{j\omega})|$ 分别如图题 4.8.1(d)、(e)、(f)所示。由于其极点在单位圆外,所以该系统是稳定的。

对系统 $H_3(z)$,其差分方程是

$$y(n) + y(n-1) = x(n)$$

其单位抽样响应
$$h_3(n) = (-1)^n u(n)$$

其极零图、$h_3(n)$ 及幅频响应 $|H_3(e^{j\omega})|$ 分别如图题 4.8.1(g)、(h)、(i)所示。由于其极点不在单位圆内,所以,该系统是不稳定的。但这种单个极点位于单位圆上的情况又称为"临界稳定"。

对系统 $H_4(z)$,其差分方程是

$$y(n) - 2y(n-1) + y(n-2) = x(n-1)$$

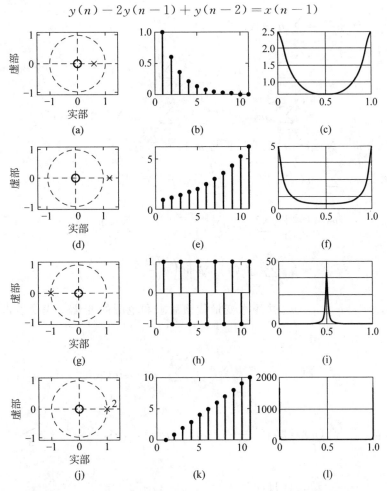

图题 4.8.1　4 个系统的极零图(左边)、$h(n)$(中间)及幅频响应(右边)

其单位抽样响应 $\qquad h_4(n)=nu(n)$

其极零图、$h_4(n)$ 及幅频响应 $|H_4(\mathrm{e}^{\mathrm{j}\omega})|$ 分别如图题 4.8.1(j)、(k)、(l)所示。由于其极点是在单位圆上的重极点,所以,该系统是不稳定的,这一结论也可从其单位抽样响应看出,此处的 $h_4(n)$ 是随时间线性增长的。所需要的程序是 ex_04_08_1。

4.9 对类型Ⅲ,Ⅳ滤波器,即 $h(n)=-h(N-1-n)$,推导教材中式(4.5.10a)～式(4.5.11b)。

解:对类型Ⅲ滤波器,因为 $h(n)=-h(N-1-n)$,其中 N 为奇数,$N-1$ 为偶数,所以有 $h\left(\dfrac{N-1}{2}\right)=0$,显然

$$H(\mathrm{e}^{\mathrm{j}\omega})=\sum_{n=0}^{N-1}h(n)\mathrm{e}^{-\mathrm{j}\omega n}$$

$$=\sum_{n=0}^{(N-3)/2}h(n)\mathrm{e}^{-\mathrm{j}\omega n}+\sum_{n=(N+1)/2}^{N-1}h(n)\mathrm{e}^{-\mathrm{j}\omega n}$$

$$=\sum_{n=0}^{(N-3)/2}h(n)\mathrm{e}^{-\mathrm{j}\omega n}-\sum_{n=(N+1)/2}^{N-1}h(N-1-n)\mathrm{e}^{-\mathrm{j}\omega n}$$

做变量代换,令 $m=N-1-n$,变换后再将 m 换成 n,有

$$原式=\sum_{n=0}^{(N-3)/2}h(n)\mathrm{e}^{-\mathrm{j}\omega n}-\sum_{n=0}^{(N-3)/2}h(n)\mathrm{e}^{-\mathrm{j}\omega(N-1-n)}$$

$$=\mathrm{e}^{-\mathrm{j}\omega(N-1)/2}\left[\sum_{n=0}^{(N-3)/2}h(n)\mathrm{e}^{\mathrm{j}\omega\left(\frac{N-1}{2}-n\right)}-\sum_{n=0}^{(N-3)/2}h(n)\mathrm{e}^{-\mathrm{j}\omega\left(\frac{N-1}{2}-n\right)}\right]$$

$$=\mathrm{e}^{-\mathrm{j}\omega(N-1)/2}\sum_{n=0}^{(N-3)/2}\mathrm{j}h(n)\times2\sin\left(\omega\left(\frac{N-1}{2}-n\right)\right)$$

做变量代换,令 $\dfrac{N-1}{2}-n=m$,并注意变量代换后求和范围的变化。代换后再将 m 换成 n,最后有

$$原式=\mathrm{e}^{\mathrm{j}\pi/2-\mathrm{j}\omega(N-1)/2}\sum_{n=1}^{(N-1)/2}c(n)\sin(\omega n)$$

式中

$$c(n)=2h\left(\frac{N-1}{2}-n\right),\quad n=1,2,\cdots,\frac{N-1}{2}$$

相频特性

$$\arg[H(\mathrm{e}^{\mathrm{j}\omega})]=-(N-1)\omega/2+\pi/2$$

对类型Ⅳ滤波器,仍有 $h(n)=-h(N-1-n)$,但 N 为偶数。显然

$$H(\mathrm{e}^{\mathrm{j}\omega}) = \sum_{n=0}^{N-1} h(n)\mathrm{e}^{-\mathrm{j}\omega n} = \sum_{n=0}^{N/2-1} h(n)\mathrm{e}^{-\mathrm{j}\omega n} + \sum_{n=N/2}^{N-1} h(n)\mathrm{e}^{-\mathrm{j}\omega n}$$

$$= \sum_{n=0}^{N/2-1} h(n)\mathrm{e}^{-\mathrm{j}\omega n} + \sum_{n=N/2}^{N-1} h(N-1-n)\mathrm{e}^{-\mathrm{j}\omega n}$$

$$= \sum_{n=0}^{N/2-1} h(n)\mathrm{e}^{-\mathrm{j}\omega n} - \sum_{n=0}^{N/2-1} h(n)\mathrm{e}^{-\mathrm{j}\omega(N-1-n)}$$

$$= \mathrm{e}^{-\mathrm{j}\omega(N-1)/2}\Big[\sum_{n=0}^{N/2-1} h(n)\mathrm{e}^{\mathrm{j}\omega\left(\frac{N-1}{2}-n\right)} - \sum_{n=0}^{N/2-1} h(n)\mathrm{e}^{-\mathrm{j}\omega\left(\frac{N-1}{2}-n\right)}\Big]$$

$$= \mathrm{e}^{-\mathrm{j}\omega(N-1)/2}\sum_{n=0}^{N/2-1} h(n)\times 2\mathrm{j}\sin\left(\omega\left(\frac{N-1}{2}-n\right)\right)$$

$$= \mathrm{e}^{\mathrm{j}\pi/2-\mathrm{j}\omega(N-1)/2}\sum_{n=0}^{N/2-1} 2h\left(\frac{N}{2}-n-1\right)\sin\left(\omega\left(n+\frac{1}{2}\right)\right)$$

$$= \mathrm{e}^{\mathrm{j}\pi/2-\mathrm{j}\omega(N-1)/2}\sum_{n=1}^{N/2} 2h\left(\frac{N}{2}-n\right)\sin\left(\omega\left(n-\frac{1}{2}\right)\right)$$

$$= \mathrm{e}^{\mathrm{j}\pi/2-\mathrm{j}\omega(N-1)/2}\sum_{n=1}^{N/2} d(n)\sin\left(\omega\left(n-\frac{1}{2}\right)\right)$$

式中 $d(n)=2h(N/2-n)$。上述推导过程中省去了变量代换环节。这时的相频特性

$$\arg[H(\mathrm{e}^{\mathrm{j}\omega})] = -(N-1)\omega/2 + \pi/2$$

4.10　对线性相位滤波器,若设计高通和带阻滤波器,为什么滤波器的长度 N 不能取偶数。

解：线性相位滤波器,其转移函数应满足 $H(z)=\pm z^{-(N-1)}H(z^{-1})$ 的关系。低通、高通、带通和带阻四类滤波器,它们的频率响应的差别突出反映在它们在 $z=1$（对应 $\omega=0$）和 $z=-1$（对应 $\omega=\pi$）处的取值。例如,高通滤波器要求在 $z=1$ 处 $H(z)=0$,而在 $z=-1$ 处 $H(z)\neq 0$；而带阻滤波器要求在 $z=\pm 1$ 处 $H(z)$ 都不为零。为此,我们要重点考察满足线性相位的滤波器其幅频响应在 $z=1$ 和 $z=-1$ 处的行为。

当 N 为奇数时,$(N-1)$ 为偶数,在 $z=1$ 和 -1 处,有

$$H(1) = (1)^{-(N-1)}H(1^{-1}) = H(1)$$

$$H(-1) = (-1)^{-(N-1)}H(-1^{-1}) = H(-1)$$

都可以保证 $H(z)=\pm z^{-(N-1)}H(z^{-1})$ 成立,也就是说,这四类滤波器都可以取 N 为奇数。

当 N 为偶数时,$(N-1)$ 为奇数,在 $z=1$ 和 -1 处,有

$$H(1) = H(1)$$

$$H(-1) = (-1)^{-(N-1)}H(-1^{-1}) = -H(-1)$$

即在 $z=1$ 处 $H(z)=\pm z^{-(N-1)}H(z^{-1})$ 成立,而在 $z=-1$ 处不成立。在 $z=-1$ 处 $H(z)=\pm z^{-(N-1)}H(z^{-1})$ 成立的唯一可能是 $H(-1)=0$。$H(-1)=0$,即是 $H(\mathrm{e}^{\mathrm{j}\pi})=0$,当然,这样的系统不可能具有高通或带阻型的幅频特性。

4.11 试证明:如果一个离散时间系统是线性相位的,则它不可能是最小相位的。

证明:众所周知,线性相位系统指的是 FIR 系统。一个 FIR 系统如果具有线性相位,那么它的零点一定镜像成对出现,并且还要共轭成对出现。共轭成对出现的目的是保证系统转移函数 $H(z)$ 的系数是实的,也即 $h(n)$ 是实的。因此,如果 z_k 是一线性相位系统的零点,那么 z_k^{-1},z_k^* 及 $(z_k^*)^{-1}$ 也必然是其零点。这就是说,线性相位系统肯定在单位圆外有零点。

根据最小相位系统的定义,一个最小相位的 FIR 系统,其 $H(z)$ 的零点必须都在单位圆内。因此,如果一个离散时间系统是线性相位的,那么它就不可能是最小相位的。

4.12 若一个最小相位的 FIR 系统的单位抽样响应为 $h_1(n),n=0,1,\cdots,N-1$,另一个 FIR 系统的单位抽样响应 $h_2(n)$ 和 $h_1(n)$ 有如下关系:

$$h_2(n)=h_1(N-1-n),\quad n=0,1,\cdots,N-1$$

试证明:

(1) 系统 2 和系统 1 有着同样的幅频响应;

(2) 系统 2 是最大相位系统。

证明:

(1) $$H_1(\mathrm{e}^{\mathrm{j}\omega})=\sum_{n=0}^{N-1}h_1(n)\mathrm{e}^{-\mathrm{j}\omega n}$$

$$H_2(\mathrm{e}^{\mathrm{j}\omega})=\sum_{n=0}^{N-1}h_2(n)\mathrm{e}^{-\mathrm{j}\omega n}=\sum_{n=0}^{N-1}h_1(N-1-n)\mathrm{e}^{-\mathrm{j}\omega n}$$

$$=\sum_{m=0}^{N-1}h_1(m)\mathrm{e}^{-\mathrm{j}\omega(N-1-m)}=\sum_{m=0}^{N-1}h_1(m)\mathrm{e}^{\mathrm{j}\omega m}\mathrm{e}^{-\mathrm{j}\omega(N-1)}$$

$$=H_1(\mathrm{e}^{-\mathrm{j}\omega})\mathrm{e}^{-\mathrm{j}\omega(N-1)}$$

因此

$$|H_2(\mathrm{e}^{\mathrm{j}\omega})|=|H_1(\mathrm{e}^{-\mathrm{j}\omega})\mathrm{e}^{-\mathrm{j}\omega(N-1)}|=|H_1(\mathrm{e}^{-\mathrm{j}\omega})|=|H_1(\mathrm{e}^{\mathrm{j}\omega})|$$

上式最后一个等号的成立是因为实系数系统的幅频响应是偶对称的。因此,问题(1)得证。

(2) 由教材式(4.6.1),有 $H_2(z)=z^{-(N-1)}H_1(z^{-1})$,由于 $H_1(z)$ 是最小相位系统,其零点都在单位圆内,所以 $H_2(z)$ 的零点都在单位圆外,所以它是最大相位系统。

4.13 给定一个线性相位的 FIR 滤波器,试说明如何将它转换成一个最小相位系统而不改变其幅频响应。

解：对给定的 $H(z)$ 求根，找到其在单位圆外的零点。对单位圆外的每一个零点 z_i，按 $z_i' = (z_i^{-1})^*$ 的方式映射到单位圆内，从而可得到最小相位系统而不改变原线性相位系统的幅频响应。

4.14 一个离散时间系统的转移函数是

$$H(z) = (1 - 0.95e^{j0.3\pi}z^{-1})(1 - 0.95e^{-j0.3\pi}z^{-1}) \times$$
$$(1 - 1.4e^{j0.4\pi}z^{-1})(1 - 1.4e^{-j0.4\pi}z^{-1})$$

通过移动其零点，保证：①新系统和 $H(z)$ 具有同样的幅频响应；②新系统的单位抽样响应仍为实值且和原系统同样长。试讨论：

(1) 可得到几个不同的系统？

(2) 哪一个是最小相位的？哪一个是最大相位的？

(3) 对所得到的系统，求 $h(n)$，计算 $E(M) = \sum\limits_{n=0}^{M} h^2(n)$，$M \leq 4$，并比较各个系统的能量累积情况。

解：(1) 原系统有两对共轭零点，分别位于单位圆内和单位圆外，它是一个混合相位系统。通过对这两对共轭零点中的一对或两对取单位圆镜像，可得到三个新系统，它们与原系统都有着相同的幅频特性，并且满足单位抽样响应为实值且和原系统同样长的要求。这三个新系统是

$$H_1(z) = (1 - 0.95e^{j0.3\pi}z^{-1})(1 - 0.95e^{-j0.3\pi}z^{-1}) \times (1.4e^{-j0.4\pi} - z^{-1})(1.4e^{j0.4\pi} - z^{-1})$$

$$H_2(z) = (0.95e^{-j0.3\pi} - z^{-1})(0.95e^{j0.3\pi} - z^{-1}) \times (1 - 1.4e^{j0.4\pi}z^{-1})(1 - 1.4e^{-j0.4\pi}z^{-1})$$

$$H_3(z) = (0.95e^{-j0.3\pi} - z^{-1})(0.95e^{j0.3\pi} - z^{-1}) \times (1.4e^{-j0.4\pi} - z^{-1})(1.4e^{j0.4\pi} - z^{-1})$$

(2) 显然，$H_1(z)$ 是最小相位系统，$H_2(z)$ 是最大相位系统，$H_3(z)$ 是混合相位系统。

(3) 三个新系统的单位抽样响应的系数分别是：

$$h_1(n) = \{1.96, -3.0542, 3.7352, -1.8977, 0.9025\}$$

$$h_2(n) = \{0.9025, -1.8977, 3.7352, -3.0542, 1.96\}$$

$$h_3(n) = \{1.7689, -2.9698, 3.8288, -1.9820, 1\}$$

可分别求出系数能量的积累：

对系统 1：$E_1(m) = \{3.8416, 13.1697, 27.1215, 30.7227, 31.5372\}$

对系统 2：$E_2(m) = \{0.8145, 4.4158, 18.3675, 27.6956, 31.5372\}$

对系统 3：$E_3(m) = \{3.1290, 11.9487, 26.6084, 30.5368, 31.5372\}$

从上述结果可以看出，$\sum\limits_{n=0}^{M} h_1^2(n) \geqslant \sum\limits_{n=0}^{M} h_{2,3}^2(n)$，即最小相位系统的单位抽样响应 $h(n)$ 的能量集中在 n 取较小值的范围内。

4.15 已知一线性相位系统有一对零点在 $\sqrt{0.5}\,e^{\pm\frac{j\pi}{4}}$ 处，求该系统的转移函数。

解：在教材的 4.6 节已说明，线性相位系统指的是 FIR 系统，其零点具有共轭对称和镜像对称的特点，即若 z_k 是其零点，那么 z_k^{-1}，z_k^*，$(z_k^*)^{-1}$ 也是其零点。由题目所给零点，可求出其该系统的转移函数

$$H(z) = (1 - \sqrt{0.5}\, e^{\frac{j\pi}{4}} z^{-1})(1 - \sqrt{0.5}\, e^{-\frac{j\pi}{4}} z^{-1})\left(1 - \frac{1}{\sqrt{0.5}} e^{\frac{j\pi}{4}} z^{-1}\right)\left(1 - \frac{1}{\sqrt{0.5}} e^{-\frac{j\pi}{4}} z^{-1}\right)$$

即

$$H(z) = 1 - 3z^{-1} + 4.5z^{-2} - 3z^{-3} + z^{-4}$$

4.16 如果 $H(z)$、$G(z)$ 都是最小相位的，试判断并说明下面三个系统是否是最小相位的：

(1) $H(z)G(z)$；

(2) $H(z) + G(z)$；

(3) $H(z)/G(z)$。

解：一个稳定的系统，其极点一定在单位圆内，若再是最小相位的，那么，其零点也一定在单位圆内。显然

(1) $H(z)G(z)$ 是最小相位的；

(2) $H(z) + G(z)$ 不一定是最小相位的；

(3) $H(z)/G(z)$ 是最小相位的。

4.17 因果序列 $x(n)$ 的 Z 变换为

$$X(z) = \frac{\left(1 - \frac{3}{2} z^{-1}\right)\left(1 + \frac{1}{3} z^{-1}\right)\left(1 + \frac{5}{3} z^{-1}\right)}{(1 - z^{-1})^2 \left(1 - \frac{1}{4} z^{-1}\right)}$$

令 $y(n) = a^n x(n)$，求常数 a 为何值时，$Y(z)$ 具有最小相位？

解：

$$Y(z) = \sum_{n=0}^{\infty} y(n) z^{-n} = \sum_{n=0}^{\infty} a^n x(n) z^{-n} = \sum_{n=0}^{\infty} x(n) a^n z^{-n}$$

$$= \sum_{n=0}^{\infty} x(n)(a^{-1} z)^{-n} = X(a^{-1} z)$$

即

$$Y(z) = \frac{\left(1 - \frac{3}{2} a z^{-1}\right)\left(1 + \frac{1}{3} a z^{-1}\right)\left(1 + \frac{5}{3} a z^{-1}\right)}{(1 - a z^{-1})^2 \left(1 - \frac{1}{4} a z^{-1}\right)}$$

该系统如果稳定，则要求 $|a| < 1$ 及 $\left|\frac{1}{4} a\right| < 1$，显然，要求 $|a| < 1$；

该系统如果是最小相位的,则要求 $\left|\dfrac{3}{2}a\right|<1$, $\left|\dfrac{1}{3}a\right|<1$ 及 $\left|\dfrac{5}{3}a\right|<1$,显然要

求 $|a|<\dfrac{3}{5}$。

所以,该系统是最小相位的条件是 $0<|a|<\dfrac{3}{5}$。

4.18　两个滤波器分别具有形式:

$$H_1(z)=G(z)(1+az^{-1})$$

$$H_2(z)=G(z)(a+z^{-1}),\quad 0<a<1$$

(1) 试证明两者有着相同的幅频响应;

(2) 哪一个滤波器有较小的相位延迟? 为什么?

解:(1)

$$|H_1(e^{j\omega})|=|G(e^{j\omega})||1+ae^{-j\omega}|=|G(e^{j\omega})||1+a\cos\omega-ja\sin\omega|$$

$$=|G(e^{j\omega})|\sqrt{(1+a\cos\omega)^2+(a\sin\omega)^2}$$

$$=|G(e^{j\omega})|\sqrt{1+a^2+2a\cos\omega}$$

$$|H_2(e^{j\omega})|=|G(e^{j\omega})||a+e^{-j\omega}|=|G(e^{j\omega})||a+\cos\omega-j\sin\omega|$$

$$=|G(e^{j\omega})|\sqrt{(a+\cos\omega)^2+(\sin\omega)^2}$$

$$=|G(e^{j\omega})|\sqrt{1+a^2+2a\cos\omega}$$

所以二者具有相同的幅频响应。

(2) 由于两个系统都含有 $G(z)$,因此,其相位延迟的不同就由它们的其余部分所决定。由于 $H_1(z)$ 的 $(1+az^{-1})$ 的零点在单位圆内,而 $H_2(z)$ 的 $(a+z^{-1})$ 零点在单位圆外,就单个零点而言,单位圆外的零点一定比其镜像对称的位于单位圆内的零点的相位延迟来得大。因此,系统 1,即 $H_1(z)$ 具有较小的相位延迟。

4.19　已知两个最小相位系统的幅频响应分别如下式所示,试求出它们的转移函数。

(1) $|H(\omega)|^2=\dfrac{\dfrac{13}{9}-\dfrac{4}{3}\cos\omega}{\dfrac{10}{9}-\dfrac{2}{3}\cos\omega}=\dfrac{\dfrac{13}{9}-\dfrac{2}{3}(e^{j\omega}+e^{-j\omega})}{\dfrac{10}{9}-\dfrac{1}{3}(e^{j\omega}+e^{-j\omega})}$

(2) $|H(\omega)|^2=\dfrac{4(1-a^2)}{(1+a^2)-2a\cos\omega}=\dfrac{4(1-a^2)}{(1+a^2)-a(e^{j\omega}+e^{-j\omega})}$,　$|a|<1$

解:(1)

$$|H(z)|^2=\dfrac{\dfrac{13}{9}-\dfrac{2}{3}(z^{-1}+z)}{\dfrac{10}{9}-\dfrac{1}{3}(z^{-1}+z)}=\dfrac{\left(1-\dfrac{2}{3}z^{-1}\right)\left(1-\dfrac{2}{3}z\right)}{\left(1-\dfrac{1}{3}z^{-1}\right)\left(1-\dfrac{1}{3}z\right)}=H(z)H(z^{-1})$$

由于 $H(z)$ 极零点均应在单位圆内,所以

$$H(z) = \frac{1 - \dfrac{2}{3}z^{-1}}{1 - \dfrac{1}{3}z^{-1}}$$

解:(2)

$$|H(z)|^2 = \frac{4(1-a^2)}{(1+a^2) - a(z^{-1}+z)} = \frac{4(1-a^2)}{(1-az^{-1})(1-az)} = H(z)H(z^{-1})$$

同样由于 $H(z)$ 的极零点均在单位圆内,且 $|a|<1$,所以

$$H(z) = \frac{2\sqrt{(1-a^2)}}{1-az^{-1}}$$

4.20 一个实的线性相位系统的单位抽样响应在 $n<0$ 和 $n>6$ 时,$h(n)=0$。如果 $h(0)=1$,且系统函数在 $z=0.4\mathrm{e}^{\mathrm{j}\pi/3}$ 和 $z=3$ 各有一个零点,求 $H(z)$。

解:因为 $n<0$ 和 $n>6$ 时,$h(n)=0$,所以 $H(z)$ 有 6 个零点。又因为 $h(n)$ 是实值的,$H(z)$ 在 $z=0.4\mathrm{e}^{\mathrm{j}\pi/3}$ 有一个复零点,所以在它的共轭位置 $z=0.4\mathrm{e}^{-\mathrm{j}\pi/3}$ 处一定有另一个零点。这个零点共轭对产生一个二阶因子,即

$$H_1(z) = (1-0.4\mathrm{e}^{\mathrm{j}\pi/3}z^{-1})(1-0.4\mathrm{e}^{-\mathrm{j}\pi/3}z^{-1}) = 1 - 0.4z^{-1} + 0.16z^{-2}$$

由于系统是线性相位的,所以其零点还应该是镜像对称的,因此 $H(z)$ 同样必须包括因式

$$H_2(z) = 0.16 - 0.4z^{-1} + z^{-2}$$

由于系统函数在 $z=3$ 处有一个零点,因此,还有因子

$$H_3(z) = (1-3z^{-1})\left(1-\frac{1}{3}z^{-1}\right)$$

由此,有

$$H(z) = A(1-0.4z^{-1}+0.16z^{-2})(0.16-0.4z^{-1}+z^{-2})(1-3z^{-1})\left(1-\frac{1}{3}z^{-1}\right)$$

最后,多项式中零阶项的系数为 $0.16A$,为使 $h(0)=1$,必定有 $A=1/0.16$,因此

$$H(z) = 6.25(1-0.4z^{-1}+0.16z^{-2})(0.16-0.4z^{-1}+z^{-2})(1-3z^{-1})\left(1-\frac{1}{3}z^{-1}\right)$$

4.21 一个因果且稳定的全通系统的 $h(n)$ 是实序列,并且已知 $H(z)$ 在 $z=1.25$ 和 $z=2\mathrm{e}^{\mathrm{j}\pi/4}$ 各有一个零点,试写出 $H(z)$ 的表达式。

解:因为 $h(n)$ 是实序列,$H(z)$ 在 $z=2\mathrm{e}^{\mathrm{j}\pi/4}$ 有一个复零点,所以在它的共轭位置 $z=2\mathrm{e}^{-\mathrm{j}\pi/4}$ 处一定有另一个零点,由这三个零点写出 $H(z)$ 的分子因式

$$B(z) = (1-1.25z^{-1})(1-2\mathrm{e}^{\mathrm{j}\pi/4}z^{-1})(1-2\mathrm{e}^{-\mathrm{j}\pi/4}z^{-1})$$

由全通系统的性质可知,$H(z)$ 的每一个零点都有一个与之配对的共轭倒数极点。因此

$H(z)$ 有三个极点,由三个极点写出的 $H(z)$ 的分母因式

$$A(z) = (z^{-1} - 1.25)(z^{-1} - 2e^{j\pi/4})(z^{-1} - 2e^{-j\pi/4})$$

因此,这个因果稳定的全通滤波器的 $H(z)$ 表达式为

$$H(z) = \frac{(1 - 1.25z^{-1})(1 - 2e^{j\pi/4}z^{-1})(1 - 2e^{-j\pi/4}z^{-1})}{(z^{-1} - 1.25)(z^{-1} - 2e^{j\pi/4})(z^{-1} - 2e^{-j\pi/4})}$$

$$= \frac{(z^{-1} - 0.8)(z^{-1} - 0.5e^{j\pi/4})(z^{-1} - 0.5e^{-j\pi/4})}{(1 - 0.8z^{-1})(1 - 0.5e^{-j\pi/4}z^{-1})(1 - 0.5e^{j\pi/4}z^{-1})}$$

4.22 令

$$H_1(z) = 1 - 0.6z^{-1} - 1.44z^{-2} + 0.864z^{-3}$$

$$H_2(z) = 1 - 0.98z^{-1} + 0.9z^{-2} - 0.898z^{-3}$$

$$H_3(z) = H_1(z)/H_2(z)$$

(1) 分别画出 $H_1(z)$、$H_2(z)$ 及 $H_3(z)$ 直接实现的信号流图;

(2) 分别将 $H_1(z)$、$H_2(z)$ 及 $H_3(z)$ 转换成对应的 Lattice 结构,计算滤波器系数并画出 Lattice 结构的信号流图。

解:(1) $H_1(z)$、$H_2(z)$ 及 $H_3(z)$ 的信号流图分别如图题 4.22.1(a)、(b) 和 (c) 所示。

(2) 三个系统的 Lattice 系数的求解过程如下:

对

$$H_1(z) = 1 - 0.6z^{-1} - 1.44z^{-2} + 0.864z^{-3}$$

有

$$b_3^{(1)} = -0.6, \quad b_3^{(2)} = -1.44,$$

$$b_3^{(3)} = 0.864, \quad k_3 = -b_3^{(3)} = -0.864$$

$$b_2^{(1)} = (b_3^{(1)} + k_3 b_3^{(2)})/(1 - k_3^2) = 2.5410$$

$$b_2^{(2)} = (b_3^{(2)} + k_3 b_3^{(1)})/(1 - k_3^2) = -3.6354$$

$$k_2 = -b_2^{(2)} = 3.6354$$

$$b_1^{(1)} = (b_2^{(1)} + k_2 b_2^{(1)})/(1 - k_2^2) = -0.9642$$

$$k_1 = -b_1^{(1)} = 0.9642$$

所以,$H_1(z)$ 的 Lattice 系数为:$k_1 = 0.9642$,$k_2 = 3.6354$,$k_3 = -0.8640$。它们和用 tf2latc.m 求出的系数差一个负号。

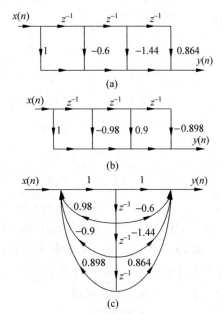

图题 4.22.1

(a) $H_1(z)$ 的信号流图;(b) $H_2(z)$ 的信号流图;

(c) $H_3(z)$ 的信号流图

对

$$H_2(z) = 1 - 0.98z^{-1} + 0.9z^{-2} - 0.898z^{-3}$$

同理有

$$b_3^{(1)} = -0.98, \quad b_3^{(2)} = 0.9, \quad b_3^{(3)} = -0.898, \quad k_3 = -b_3^{(3)} = 0.898$$

$$b_2^{(1)} = (b_3^{(1)} + k_3 b_3^{(2)})/(1 - k_3^2) = -0.8874$$

$$b_2^{(2)} = (b_3^{(2)} + k_3 b_3^{(1)})/(1 - k_3^2) = 0.1031$$

$$k_2 = -b_2^{(2)} = -0.1031$$

$$b_1^{(1)} = (b_2^{(1)} + k_2 b_2^{(1)})/(1 - k_2^2) = -0.8045$$

$$k_1 = -b_1^{(1)} = 0.8045$$

即

$$k_1 = 0.8045, \quad k_2 = -0.1031, \quad k_3 = 0.898$$

对

$$H_3(z) = H_1(z)/H_2(z)$$

有

$$k_1 = 0.8045, \quad k_2 = -0.1031, \quad k_3 = 0.898$$

$$a_2^{(1)} = -0.8874, \quad a_2^{(2)} = 0.1031, \quad a_1^{(1)} = -0.8045$$

$$a_3^{(1)} = -0.98, \quad a_3^{(2)} = 0.9, \quad a_3^{(3)} = -0.898$$

$$c_3 = b_3 = 0.864$$

$$c_2 = b_2 - c_3 a_3^{(1)} = -0.5933$$

$$c_1 = b_1 - c_2 a_2^{(1)} - c_3 a_3^{(2)} = -1.9041$$

$$c_0 = b_0 - c_1 a_1^{(1)} - c_2 a_2^{(2)} - c_3 a_3^{(3)} = 0.3053$$

$H_1(z), H_2(z)$ 及 $H_3(z)$ 的 Lattice 结构分别如图题 4.22.2(a)、(b)和(c)所示。

4.23 令 $y(n)$ 是一线性移不变系统 $H(z)$ 的输出,假定对应的输入信号的功率谱恒等于 1,若已知 $y(n)$ 的功率谱 $P_y(e^{j\omega}) = (\cos\omega + 1.45)/(\cos\omega + 2.6)$,试确定 $H(z)$(注:要求 $H(z)$ 是最小相位系统)。

解:一个离散时间系统输入、输出信号的功率谱和系统的频率响应之间有如下关系

$$P_y(e^{j\omega}) = P_x(e^{j\omega})|H(e^{j\omega})|^2 = P_x(e^{j\omega})H(e^{j\omega})H^*(e^{j\omega})$$

如果用 Z 变换的形式表示,上述关系是

$$P_y(z) = P_x(z)H(z)H(z^{-1})$$

现给定 $P_x(e^{j\omega}) = 1$,即 $P_x(z) = 1$,那么,$P_y(z) = H(z)H(z^{-1})$。显然,对 $P_y(z)$

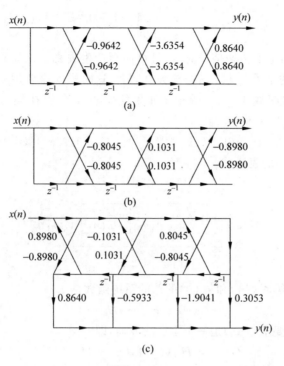

图题　4.22.2

(a) $H_1(z)$的 Lattice 结构；(b) $H_2(z)$的 Lattice 结构；(c) $H_3(z)$的 Lattice 结构

做谱分解，就可以得到所需要的 $H(z)$。现在的问题是如何求出 $P_y(z)$。

因为

$$P_y(\mathrm{e}^{\mathrm{j}\omega}) = (\cos\omega + 1.45)/(\cos\omega + 2.6)$$

$$= \frac{\dfrac{\mathrm{e}^{\mathrm{j}\omega} + \mathrm{e}^{-\mathrm{j}\omega}}{2} + 1.45}{\dfrac{\mathrm{e}^{\mathrm{j}\omega} + \mathrm{e}^{-\mathrm{j}\omega}}{2} + 2.6} = \frac{\mathrm{e}^{\mathrm{j}\omega} + \mathrm{e}^{-\mathrm{j}\omega} + 2.9}{\mathrm{e}^{\mathrm{j}\omega} + \mathrm{e}^{-\mathrm{j}\omega} + 5.2}$$

由于 $H(\mathrm{e}^{\mathrm{j}\omega}) = H(z)\big|_{z=\mathrm{e}^{\mathrm{j}\omega}}$，所以

$$P_y(z) = \frac{z + z^{-1} + 2.9}{z + z^{-1} + 5.2} = \frac{z^2 + 2.9z + 1}{z^2 + 5.2z + 1}$$

对 $P_y(z)$做因式分解，有

$$P_y(z) = \frac{(z + 0.4)(z + 2.5)}{(z + 5)(z + 0.2)}$$

它应等于 $H(z)H(z^{-1})$，显然，应选 $H(z)$为最小相位系统，即

$$H(z) = \frac{z+0.4}{z+0.2} = \frac{1+0.4z^{-1}}{1+0.2z^{-1}}$$

4.24 在通信信道上传输信号时,信号可能会产生失真。该失真可以看作是信号通过了一个 LSI 系统的结果。为了解决该失真问题,这时候就需要用一个补偿系统来处理这个失真的信号,如图题 4.24.1 所示。如果能实现完全的补偿,那么 $s_c(n) = s(n)$。如果

$$H_d(z) = (1-0.9e^{j0.6\pi}z^{-1})(1-0.9e^{-j0.6\pi}z^{-1}) \times (1-1.25e^{j0.8\pi}z^{-1})(1-1.25e^{-j0.8\pi}z^{-1})$$

求其补偿系统 $H_c(z)$ 的表达式。

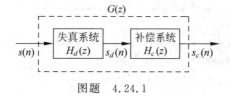

图题 4.24.1

解:根据题意,联系 $s(n)$ 和 $s_c(n)$ 的总的系统函数是

$$G(z) = H_d(z)H_c(z)$$

要实现完全补偿,则要求 $G(z)$ 是一个全通滤波器,即

$$G(z) = H_d(z)H_c(z) = H_{ap}(z)$$

所以

$$H_c(z) = H_{ap}(z)/H_d(z)$$

又因为一个稳定因果系统可以分解为一个最小相位系统和一个全通系统的级联,因此

$$H_d(z) = H_{d\min}(z)H_{ap}(z)$$

这样分解,就能满足补偿系统是稳定因果,选取的补偿滤波器为

$$H_c(z) = 1/H_{d\min}(z)$$

由于它们所给 $H_d(z)$ 只有零点 $z=0.9e^{j0.6\pi}$,$z=0.9e^{-j0.6\pi}$,$z=1.25e^{j0.8\pi}$,$z=1.25e^{-j0.8\pi}$,因此要将其单位圆外的 $z=1.25e^{j0.8\pi}$ 和 $z=1.25e^{-j0.8\pi}$ 零点反射到单位圆内与它们成共轭倒数的位置上,从而构成一个最小相位系统 $H_{d\min}(z)$,如果将 $H_d(z)$ 表示成

$$H_d(z) = (1-0.9e^{j0.6\pi}z^{-1})(1-0.9e^{-j0.6\pi}z^{-1})(1.25)^2 \times$$
$$(z^{-1}-0.8e^{-j0.8\pi})(z^{-1}-0.8e^{j0.8\pi})$$

那么

$$H_{d\min}(z) = (1.25)^2(1-0.9e^{j0.6\pi}z^{-1})(1-0.9e^{-j0.6\pi}z^{-1}) \times$$
$$(1-0.8e^{-j0.8\pi}z^{-1})(1-0.8e^{j0.8\pi}z^{-1})$$

与 $H_{d\min}(z)$ 和 $H_d(z)$ 有关的全通系统就是

$$H_{ap}(z) = \frac{(z^{-1} - 0.8e^{-j0.8\pi})(z^{-1} - 0.8e^{j0.8\pi})}{(1 - 0.8e^{-j0.8\pi}z^{-1})(1 - 0.8e^{j0.8\pi}z^{-1})}$$

要求的补偿系统为

$$H_c(z) = \frac{0.64}{(1 - 0.9e^{j0.6\pi}z^{-1})(1 - 0.9e^{-j0.6\pi}z^{-1})(1 - 0.8e^{-j0.8\pi}z^{-1})(1 - 0.8e^{j0.8\pi}z^{-1})}$$

4.25 令 $H_{\min}(z)$ 为最小相位序列 $h_{\min}(n)$ 的 Z 变换。若 $h(n)$ 为某一因果非最小相位序列,其傅里叶变换幅度等于 $|H_{\min}(e^{j\omega})|$,试证明

$$|h(0)| < |h_{\min}(0)|$$

证明:因为 $h(n)$ 为非最小相位序列,其 Z 变换 $H(z)$ 可以表示为

$$H(z) = H_{\min}(z)H_{ap}(z)$$

这里 $H_{\min}(z)$ 是最小相位序列的 Z 变换,$H_{ap}(z)$ 是全通系统部分。$H_{\min}(z)$ 包含 $H(z)$ 中位于单位圆内的零极点,再加上与 $H(z)$ 中单位圆外的零点成共轭倒数的那些零点。$H_{ap}(z)$ 由全部 $H(z)$ 中位于单位圆外的零点和与 $H_{\min}(z)$ 中反射过来的共轭倒数零点相抵消的极点所组成。其中 $H_{ap}(z)$ 由若干个 $\dfrac{(z^{-1} - c^*)}{(1 - cz^{-1})}$ 组成。$z = c$ 在单位圆内,所以 $|c^*| < 1$。

又由初值定理可知,$h(0) = \lim\limits_{z \to \infty} H(z)$

$$h(0) = \lim_{z \to \infty} H(z) = \lim_{z \to \infty}(H_{\min}(z)H_{ap}(z)) = \lim_{z \to \infty} H_{\min}(z)\lim_{z \to \infty} H_{ap}(z)$$

因此

$$|h(0)| = |\lim_{z \to \infty} H(z)| = |\lim_{z \to \infty} H_{\min}(z)\lim_{z \to \infty} H_{ap}(z)\lim_{z \to \infty} H_{ap}(z)|$$

$$= |\lim_{z \to \infty} H_{\min}(z)|\prod \lim_{z \to \infty}\left|\frac{(z^{-1} - c^*)}{(1 - cz^{-1})}\right|$$

$$= |\lim_{z \to \infty} H_{\min}(z)|\prod|c^*|$$

$$< |\lim_{z \to \infty} H_{\min}(z)| = h_{\min}(0)$$

即

$$|h(0)| < |h_{\min}(0)|$$

***4.26** 对习题 4.22 所给三个系统 $H_1(z)$,$H_2(z)$,$H_3(z)$,利用有关 MATLAB 文件,求它们的 Lattice 结构,并和习题 4.22 的结果作比较。

解:求解三个系统 Lattice 系数的 MATLAB 程序是 ex_04_26_1.m。求出的结果是:

$k1 = [-0.96417281348788, \quad -3.63544559454683, \quad 0.86400000000000];$

$k2 = [-0.80447283148214, \quad 0.10310130374595, \quad -0.89800000000000];$

$k3 = [-0.80447283148214, \quad 0.10310130374595, \quad -0.89800000000000];$

$c = [0.30525481668509, \quad -1.90408558854522, \quad -0.59328000000000,$
$\qquad 0.86400000000000]$

此处用 MATLAB 文件求出的三个系统的 Lattice 系数和习题 4.22 的结果是一致的。不过,这两种方法求出的系数 k 差了一个负号,这是因为教材上标注的 FIR 系统、全极点系统和极零系统的 Lattice 图上用的都是 $-k$。

*4.27 已知一长度 $N=13$ 的 LSI 系统的单位抽样响应

$$h(n) = \{-0.0195, 0.0272, 0.0387, 0.0584, -0.1021, 0.3140, 0.5000,$$
$$0.3140, -0.1021, 0.0584, -0.0387, 0.0272, -0.0195\}$$

并已知另一个 LSI 系统的单位抽样响应是

$$p(n) = \begin{cases} h\left(\dfrac{n}{2}\right) & n \text{ 为偶数} \\ 0.5 & n = (N+1)/2 \\ 0 & n \text{ 为奇数} \end{cases}$$

试利用有关 MATLAB 文件,实现以下编程:

(1) 画出 $p(z)$ 的幅频响应和零极点图;

(2) 对 $p(z)$ 做谱分解,求其最小相位和最大相位部分,并画出它们的对数幅频响应。

解:(1) 根据题意,求得 $p(z)$ 的极零图如图题 4.27.1(a)所示。显然,它有 22 个零点,是相对单位圆镜像对称的,因此 $p(z)$ 具有线性相位。其幅频响应如图题 4.27.1(b)所示。

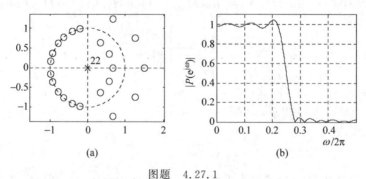

(a) \qquad (b)

图题 4.27.1

(2) 对 $p(z)$ 做谱分解,得到最小相位系统 $H_{\min}(z)$ 和最大相位系统 $H_{\max}(z)$,它们的极零图分别示于图题 4.27.2(a)和(b),它们的对数幅频响应分别示于图 4.27.3(a)和(b)。显然,$H_{\min}(z)$ 和 $H_{\max}(z)$ 有着相同的幅频响应。

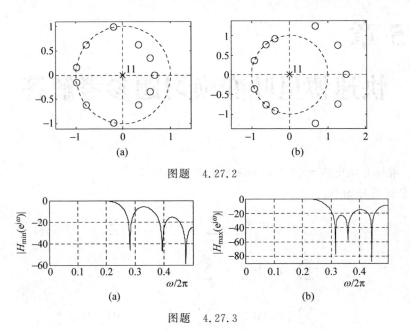

图题 4.27.2

图题 4.27.3

第5章

快速傅里叶变换习题参考解答

5.1 推导并画出 $N=16$ 点的频率抽取基 2 FFT 算法。

解：公式推导如下：

$$X(k) = \sum_{n=0}^{N-1} x(n) W_N^{nk} = \sum_{n=0}^{N/2-1} x(n) W_N^{nk} + \sum_{n=N/2}^{N} x(n) W_N^{nk}$$

$$= \sum_{n=0}^{N/2-1} x(n) W_N^{nk} + \sum_{n=0}^{N/2-1} x(n+N/2) W_N^{(n+N/2)k}$$

$$= \sum_{n=0}^{N/2-1} x(n) W_N^{nk} + \sum_{n=0}^{N/2-1} x(n+N/2) W_N^{nk} W_N^{Nk/2}$$

$$= \sum_{n=0}^{N/2-1} \left[x(n) + (-1)^k x(n+N/2) \right] W_N^{nk}$$

上述各式中 $N=16$。分别令 $k=2r, k=2r+1, r=0,1,\cdots,7$，有

$$k=2r \quad X(2r) = \sum_{n=0}^{N/2-1} \left[x(n) + x(n+N/2) \right] W_{N/2}^{rn}$$

$$k=2r+1 \quad X(2r+1) = \sum_{n=0}^{N/2-1} \left[x(n) - x\left(n+\frac{N}{2}\right) \right] W_{N/2}^{rn} W_N^{n}$$

令

$$g(n) = x(n) + x\left(n+\frac{N}{2}\right)$$

$$h(n) = \left[x(n) - x\left(n+\frac{N}{2}\right) \right] W_N^{n}$$

则

$$X(2r) = \sum_{n=0}^{N/2-1} g(n) W_{N/2}^{nr}$$

$$X(2r+1) = \sum_{n=0}^{N/2-1} h(n) W_{N/2}^{nr}$$

它们都是 $N/2=8$ 点的 DFT。

仿照上面的推导过程，有

$$X(2r) = \sum_{n=0}^{N/2-1} g(n)W_{N/2}^{nr} = \sum_{n=0}^{N/4-1} g(n)W_{N/2}^{nr} + \sum_{n=N/4}^{N/2-1} g(n)W_{N/2}^{nr}$$

$$= \sum_{n=0}^{N/4-1} g(n)W_{N/2}^{nr} + \sum_{n=0}^{N/4-1} g(n+N/4)W_{N/2}^{(n+N/4)r}$$

$$= \sum_{n=0}^{N/4-1} \left[g(n) + (-1)^r g(n+N/4) \right] W_{N/2}^{nr}$$

$$X(2r+1) = \sum_{n=0}^{N/2-1} h(n)W_{N/2}^{nr} = \sum_{n=0}^{N/4-1} h(n)W_{N/2}^{nr} + \sum_{n=N/4}^{N/2-1} h(n)W_{N/2}^{nr}$$

$$= \sum_{n=0}^{N/4-1} h(n)W_{N/2}^{nr} + \sum_{n=0}^{N/4-1} h(n+N/4)W_{N/2}^{(n+N/4)r}$$

$$= \sum_{n=0}^{N/4-1} \left[h(n) + (-1)^r h(n+N/4) \right] W_{N/2}^{nr}$$

分别令 $r = 2s$ 及 $r = 2s+1, s = 0,1,\cdots,N/4-1 = 0,1,2,3$,有

$$X(4s) = \sum_{n=0}^{N/4-1} \left[g(n) + g(n+N/4) \right] W_{N/4}^{ns}$$

$$X(4s+2) = \sum_{n=0}^{N/4-1} \left[g(n) - g(n+N/4) \right] W_{N/4}^{ns} W_{N/2}^{n}$$

$$X(4s+1) = \sum_{n=0}^{N/4-1} \left[h(n) + h(n+N/4) \right] W_{N/4}^{ns}$$

$$X(4s+3) = \sum_{n=0}^{N/4-1} \left[h(n) - h(n+N/4) \right] W_{N/4}^{ns} W_{N/2}^{n}$$

分别令

$$g_1(n) = g(n) + g(n+N/4)$$

$$g_2(n) = \left[g(n) - g(n+N/4) \right] W_{N/2}^{n}$$

$$h_1(n) = h(n) + h(n+N/4)$$

$$h_2(n) = \left[h(n) - h(n+N/4) \right] W_{N/2}^{n}$$

则

$$X(4s) = \sum_{n=0}^{N/4-1} g_1(n)W_{N/4}^{ns}$$

$$X(4s+2) = \sum_{n=0}^{N/4-1} g_2(n)W_{N/4}^{ns}$$

$$X(4s+1) = \sum_{n=0}^{N/4-1} h_1(n)W_{N/4}^{ns}$$

$$X(4s+3) = \sum_{n=0}^{N/4-1} h_2(n)W_{N/4}^{ns}$$

它们都是 $N/4=4$ 点的 DFT。

上述推导过程将一个 16 点的 DFT 分成了 2 个 8 点的 DFT,进而又分为了 4 个 4 点的 DFT。不难想象,我们需要进一步将它们分为 8 个 2 点的 DFT。其分解过程是相同的,此处不再赘述,请读者完成余下的分解。有关快速算法的信号流图见教材中图 5.3.1。

5.2 N 点序列的 DFT 可写成矩阵形式 $\boldsymbol{X}=\boldsymbol{W}_N\boldsymbol{E}_N\boldsymbol{x}$,其中 $\boldsymbol{X}$ 和 $\boldsymbol{x}$ 是 $N\times1$ 按正序排列的向量,$\boldsymbol{W}_N$ 是由 W 因子形成的 $N\times N$ 矩阵,$\boldsymbol{E}_N$ 是 $N\times N$ 矩阵,用以实现对 $\boldsymbol{x}$ 的码位倒置,所以其元素是 0 和 1。

(1) 若 $N=8$,对 DIT 算法,写出 $\boldsymbol{E}_N$ 矩阵。

(2) FFT 算法实际上是实现对矩阵 $\boldsymbol{W}_N$ 的分解。对 $N=8$,$\boldsymbol{W}_N$ 可分成 3 个 $N\times N$ 矩阵的乘积,每一个矩阵对应一级运算,即

$$\boldsymbol{W}_N=\boldsymbol{W}_{8T}\boldsymbol{W}_{4T}\boldsymbol{W}_{2T}$$

对照教材中图 5.2.4,试写出 $\boldsymbol{W}_{8T}$,$\boldsymbol{W}_{4T}$ 及 $\boldsymbol{W}_{2T}$。

(3) 若是 8 点 DIF 算法,如何实现上述的矩阵分解?矩阵 $\boldsymbol{E}_N$ 应在什么位置?

解:(1) 矩阵 $\boldsymbol{E}_N$ 将输入向量 $\boldsymbol{x}=[x(0),x(1),x(2),x(3),x(4),x(5),x(6),x(7)]^T$ 变为码位倒置的顺序,即 $[x(0),x(4),x(2),x(6),x(1),x(5),x(3),x(7)]^T$,因此,矩阵

$$\boldsymbol{E}_N=\begin{bmatrix}1&0&0&0&0&0&0&0\\0&0&0&0&1&0&0&0\\0&0&1&0&0&0&0&0\\0&0&0&0&0&0&1&0\\0&1&0&0&0&0&0&0\\0&0&0&0&0&1&0&0\\0&0&0&1&0&0&0&0\\0&0&0&0&0&0&0&1\end{bmatrix}$$

(2) 对照教材中图 5.2.4,很容易写出 $\boldsymbol{W}_{8T}$,$\boldsymbol{W}_{4T}$ 及 $\boldsymbol{W}_{2T}$,即

$$\boldsymbol{W}_{2T}=\begin{bmatrix}1&1&0&0&0&0&0&0\\1&-1&0&0&0&0&0&0\\0&0&1&1&0&0&0&0\\0&0&1&-1&0&0&0&0\\0&0&0&0&1&1&0&0\\0&0&0&0&1&-1&0&0\\0&0&0&0&0&0&1&1\\0&0&0&0&0&0&1&-1\end{bmatrix}$$

$$\boldsymbol{W}_{4T} = \begin{bmatrix} 1 & 0 & W_8^0 & 0 & 0 & 0 & 0 & 0 \\ 0 & 1 & 0 & W_8^2 & 0 & 0 & 0 & 0 \\ 1 & 0 & -W_8^0 & 0 & 0 & 0 & 0 & 0 \\ 0 & 1 & 0 & -W_8^2 & 0 & 0 & 0 & 0 \\ 0 & 0 & 0 & 0 & 1 & 0 & W_8^0 & 0 \\ 0 & 0 & 0 & 0 & 0 & 1 & 0 & W_8^2 \\ 0 & 0 & 0 & 0 & 1 & 0 & -W_8^0 & 0 \\ 0 & 0 & 0 & 0 & 0 & 1 & 0 & -W_8^2 \end{bmatrix}$$

$$\boldsymbol{W}_{8T} = \begin{bmatrix} 1 & 0 & 0 & 0 & W_8^0 & 0 & 0 & 0 \\ 0 & 1 & 0 & 0 & 0 & W_8^1 & 0 & 0 \\ 0 & 0 & 1 & 0 & 0 & 0 & W_8^2 & 0 \\ 0 & 0 & 0 & 1 & 0 & 0 & 0 & W_8^3 \\ 1 & 0 & 0 & 0 & -W_8^0 & 0 & 0 & 0 \\ 0 & 1 & 0 & 0 & 0 & -W_8^1 & 0 & 0 \\ 0 & 0 & 1 & 0 & 0 & 0 & -W_8^2 & 0 \\ 0 & 0 & 0 & 1 & 0 & 0 & 0 & -W_8^3 \end{bmatrix}$$

（3）对 8 点 DIF 算法,矩阵分解应有如下形式

$$\boldsymbol{W}_N = \boldsymbol{W}_{2T}\boldsymbol{W}_{4T}\boldsymbol{W}_{8T}$$

$$\boldsymbol{E}_N X = \boldsymbol{W}_N \boldsymbol{x}$$

5.3　已知一信号 $x(n)$ 的最高频率成分不大于 1.25kHz,现希望用经典的 Cooley-Tukey 基 2 FFT 算法对 $x(n)$ 作频谱分析,因此点数 N 应是 2 的整数次幂,且频率分辨率 $\Delta f \leqslant 5$Hz,试确定:(1)信号的抽样频率 f_s;(2)信号的记录长度 T;(3)信号的长度 N。

解:(1) 由抽样定理,$f_s \geqslant 2f_c$,取 $f_s = 2.5$kHz;

（2）信号记录的长度直接决定了该信号可能具有的最大频率分辨率,即 Δf 反比于 $1/T$。也就是说,T 越大,可能的分辨率越高。因为要求 $\Delta f \leqslant 5$Hz,所以,$T \geqslant 0.2$s;

（3）从 DFT 的角度看,计算分辨率 $\Delta f = f_s/N$,即 $2.5 \times 10^3/N \leqslant 5$,因此 $N > 500$,取 $N = 512$。这时,数据的实际长度等于 $500 \times 1/2500 = 0.2$s,这和(2)中求出的 T 是一致的。

5.4　试导出使用四类蝶形单元时基 4 算法所需的计算量(即教材中式(5.5.2))。

解:现从基 4 时间抽取算法来讨论其所需要的计算量。令 $N = 2^M$,M 为偶数。由教

材 5.5.1 节,基 4 时间抽取算法可表示为

$$X(k) = \sum_{l=0}^{3} W_N^{lk} \sum_{m=0}^{N/4-1} x(4m+l) W_{N/4}^{mk}$$

$$X(k+N/4) = \sum_{l=0}^{3} (-j)^l W_N^{lk} \sum_{m=0}^{N/4-1} x(4m+l) W_{N/4}^{mk}$$

$$X(k+N/2) = \sum_{l=0}^{3} (-1)^l W_N^{lk} \sum_{m=0}^{N/4-1} x(4m+l) W_{N/4}^{mk}$$

$$X(k+3N/4) = \sum_{l=0}^{3} j^l W_N^{lk} \sum_{m=0}^{N/4-1} x(4m+l) W_{N/4}^{mk}$$

式中,$k=0,1,\cdots,N/4-1$。这样,一个 N 点 DFT 被转换为 4 个 $N/4$ 点的 DFT。上式左边输出的是 $X(0),X(1),\cdots,X(N-1)$,它需要和 N 个旋转因子相乘,因此,第一次分解需要 N 次复数乘法。

注意到上式中的 $\sum\limits_{m=0}^{N/4-1} x(4m+l) W_{N/4}^{mk}$ 仍然是高复合数(4 的整次幂)的 DFT,需要继续分解。总共可以分解为 $M/2$ 级,每一级需要的复数乘法都是 N。所以,总的复数乘法量

$$M_c = \frac{N}{2}M = \frac{N}{2}\log_2 N$$

当然,M_c 中包含了乘以无关紧要旋转因子的乘法量,需要去除之。

观察各级的旋转因子,它们应是 $W_N^{lk}, W_N^{4lk}, W_N^{16lk}, \cdots$,即 $W_N^{lk4^i}$,$i=0,1,\cdots,M/2-1$。在第 i 级,该算法将 4^i 个长度为 $N/4^i$ 的 DFT 分解为 4^{i+1} 个长度为 $N/4^{i+1}$ 的 DFT,该级包含 4^i 组,每一组具有相同的旋转因子 $W_N^{lk4^i}$,对应的 $k=0,1,\cdots,N/4^{i+1}-1$。

在最后一级,旋转因子是 W_4^{lk},其值分别是 ± 1 和 $\pm j$,因此无须计算。

在其他级,当 $l=1,3$ 时,如果 $k=0$ 和 $k=(N/2)/4^{i+1}$,则对应的 W 因子是无关紧要的旋转因子,它们对应乘以 1 和乘以 $W_8^l = [(1-j)/2]^l$ 的运算;

当 $l=0$ 时,$W^{lk}=1$,是无关紧要的旋转因子;

当 $l=2$ 时,旋转因子 $W_N^{lk4^i}$ 中包含 2 个无关紧要的旋转因子,2 个 W_8 的奇次幂以及 $(N/4^{i+1})-4$ 个一般的复数乘法;因为每一级有 4^i 组,所以对每一级,应需要 $(3N/4)-8\times4^i$ 个一般复数乘法和 4^{i+1} 个乘以 W_8 的奇次幂的乘法。

由于总共有 $i=0,1,\cdots,M/2-1$ 级,通过级数求和可求出所有级所需的总的一般复数乘法量是

$$M_1 = \frac{3N}{8}\log_2 N - \frac{17}{12}N + \frac{8}{3}$$

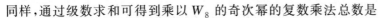

同样,通过级数求和可得到乘以 W_8 的奇次幂的复数乘法总数是

$$M_2 = (N-4)/3$$

所需要的总的实数乘法数是

$$M_R = 4 \times M_1 + 2 \times M_2 = \frac{3N}{2}\log_2 N - 5N + 8$$

于是教材中式(5.5.2)的第一个式子得证。第二个关于加法计算量的式中的证明重略。

5.5　某一芯片可方便地实现 8 点 FFT 的计算,如何利用三片这样的芯片来实现 24 点的 FFT 计算?

解:可以将 24 点分成如下三个部分进行,即

$$Y(k) = \sum_{n=0,3,6,\cdots}^{21} y(n)W_N^{kn} + \sum_{n=1,4,7,\cdots}^{22} y(n)W_N^{kn} + \sum_{n=2,5,8,\cdots}^{23} y(n)W_N^{kn}$$

$$= \sum_{i=0}^{7} y(3i)W_{N/3}^{ki} + \sum_{i=0}^{7} y(3i+1)W_{N/3}^{ki}W_N^k + \sum_{i=0}^{7} y(3i+2)W_{N/3}^{ki}W_N^{2k}$$

$$= Y_1(k) + W_N^k Y_2(k) + W_N^{2k}Y_3(k)$$

式中 Y_1,Y_2 和 Y_3 都是 8 点 DFT,它们结合起来即可实现 24 点的 DFT 或 FFT。

5.6　对 N 点序列 $z(n)$ 做 FFT 时,$z(n)$ 必须是复序列。我们知道,物理世界的信号都是实信号,特别是由 A/D 转换得到的信号,更不可能是复信号。因此,为得到复序列,我们需要将实序列赋以零虚部,无疑,这在做 FFT 时将增加近一倍的计算量。为此,人们提出了多种克服的方法。方法之一是将两个实 N 点序列构成一个复序列,即

$$z(n) = x(n) + \mathrm{j}y(n), \quad n = 0,1,\cdots,N-1$$

在得到 $Z(k),k=0,1,\cdots,N-1$ 的同时也就得到了 $X(k),Y(k),k=0,1,\cdots,N-1$。试用 $Z(k)$ 表示 $X(k)$ 和 $Y(k)$。

解:$\mathrm{DFT}[z(n)] = \mathrm{DFT}[x(n)+\mathrm{j}y(n)] = Z(k) = X(k)+\mathrm{j}Y(k)$

由于

$$x(n) = \frac{z(n)+z^*(n)}{2}$$

$$y(n) = \frac{z(n)-z^*(n)}{\mathrm{j}2}$$

因此

$$X(k) = \frac{1}{2}\{\mathrm{DFT}[z(n)] + \mathrm{DFT}[z^*(n)]\}$$

$$Y(K) = \frac{1}{\mathrm{j}2}\{\mathrm{DFT}[z(n)] - \mathrm{DFT}[z^*(n)]\}$$

由 DFT 的性质,有 $z^*(n)$ 的 DFT 是 $Z^*(N-k)$,因此

$$X(k) = \frac{1}{2}[Z(k) + Z^*(N-k)]$$

$$Y(k)=\frac{1}{\mathrm{j}2}\left[Z(k)-Z^*(N-k)\right]$$

5.7 克服虚部补零的方法之二是将一个 $2N$ 点的实序列 $z(n)$ 分成两个 N 点序列 $x_1(n)$ 和 $x_2(n)$,分的方法是将 $z(n)$ 的偶序号项赋予 $x_1(n)$,奇序号项赋予 $x_2(n)$,即

$$x_1(n)=z(2n),\quad x_1(n)=z(2n+1)$$

然后令 $x(n)=x_1(n)+\mathrm{j}x_2(n)$,这样就得到一个 N 复序列 $x(n)$,对其做 DFT,得到 $X(k)$。试用 $X(k)$ 表示 $Z(k)$。

解:由习题 5.6 的结果,有

$$X_1(k)=\frac{1}{2}\left[X(k)+X^*(N-k)\right]$$

$$X_2(k)=\frac{1}{\mathrm{j}2}\left[X(k)-X^*(N-k)\right]$$

现在,我们需要用 $X_1(k)$ 和 $X_2(k)$ 表示 $Z(k)$。显然

$$Z(k)=\sum_{n=0}^{2N-1}z(n)W_{2N}^{nk}=\sum_{n=0}^{N-1}z(2n)W_{2N}^{2nk}+\sum_{n=0}^{N-1}z(2n+1)W_{2N}^{2nk}$$

及

$$Z(k)=\sum_{n=0}^{N-1}x_1(n)W_N^{nk}+W_{2N}^k\sum_{n=0}^{N-1}x_2(n)W_N^{nk}$$

注意,$Z(k)$ 是 $2N$ 点 DFT,而 $X_1(k)$ 和 $X_2(k)$ 都是 N 点 DFT,利用复正弦的性质,于是有

$$Z(k)=X_1(k)+W_{2N}^kX_2(k),\quad k=0,1,2,\cdots,N-1$$

$$Z(k+N)=X_1(k)-W_{2N}^kX_2(k),\quad k=0,1,2,\cdots,N-1$$

5.8 已知一四点系列的值分别是 $x(0)=a,x(1)=b,x(2)=c,x(3)=d$,试用 Goertzel 算法求 DFT 系数 $X(1)$。

解:重写 Goertzel 算法的递推公式即式(5.7.8)和式(5.7.9),即

$$v_k(n)=2\cos(2\pi k/N)v_k(n-1)-v_k(n-2)+x(n)$$

$$y_k(n)=v_k(n)-W_N^kv_k(n-1)$$

在本题中,$N=4$,显然,$2\cos(2\pi/N)=2\cos(2\pi/4)=0$

$$W_4^1=\mathrm{e}^{-\mathrm{j}2\pi/4}=\cos(2\pi/4)-\mathrm{j}\sin(2\pi/4)=-\mathrm{j}$$

我们需要计算的是 $X(1)=y_1(m)\big|_{m=N}$。为此,对 $n=0,1,2,3,4$ 及 $x(4)=0$,作如下递推

$$v_1(n)=-v_1(n-2)+x(n)$$

$$y_1(n)=v_1(n)+\mathrm{j}v_1(n-1)$$

初始条件 $v_1(-2)=v_1(-1)=0$。具体递推过程是

$$v_1(0)=-v_1(-2)+x(0)=0+a=a$$

$$y_1(0) = v_1(0) + \mathrm{j}v_1(-1) = a + \mathrm{j} \times 0 = a$$

$$v_1(1) = -v_1(-1) + x(1) = 0 + b = b$$

$$y_1(1) = v_1(1) + \mathrm{j}v_1(0) = b + \mathrm{j} \times a = b + \mathrm{j}a$$

$$v_1(2) = -v_1(0) + x(2) = -a + c$$

$$y_1(2) = v_1(2) + \mathrm{j}v_1(1) = -a + c + \mathrm{j} \times b = -a + c + \mathrm{j}b$$

$$v_1(3) = -v_1(1) + x(3) = -b + d$$

$$y_1(3) = v_1(3) + \mathrm{j}v_1(2) = -b + d + \mathrm{j} \times (-a + c)$$

$$v_1(4) = -v_1(2) + x(4) = a - c + 0 = a - c$$

$$y_1(4) = v_1(4) + \mathrm{j}v_1(3) = a - c + \mathrm{j} \times (-b + d) = (a - c) + \mathrm{j}(d - b)$$

所以 $\qquad\qquad\qquad X(1) = y_1(4) = (a - c) + \mathrm{j}(d - b)$

如果令 $a = 1, b = 2, c = 3, d = 4$，则 $X(1) = y_1(4) = -2 + \mathrm{j}2$。

其实，在上述的递推过程中，$y_1(0), y_1(1), y_1(2), y_1(3)$ 完全可以不用求出，只需求出 $y_1(4)$ 即可，此处求出它们是为了帮助读者体会其递推过程。在递推中乘法出现在 $2\cos(2\pi k/N)$ 和 $v_k(n-1)$ 的相乘，总共为 $N+1 = 5$ 次。

令 $x = [1\ 2\ 3\ 4]$，调用本书所附函数子程序 galg. m，即 $[\mathrm{X1}, \mathrm{A1}] = \mathrm{galg}(x, 1)$，求出

```
X1 = [-2.0000 + 2.0000i], A1 = 0.7071.
```

*5.9　CZT 和简化算法的研究。给定信号

$$x(t) = \sum_{i=1}^{3} \sin(2\pi f_i t)$$

已知 $f_1 = 10.8\,\mathrm{Hz}, f_2 = 11.75\,\mathrm{Hz}, f_3 = 12.55\,\mathrm{Hz}$，令 $f_s = 40\,\mathrm{Hz}$，对 $x(t)$ 抽样后得 $x(n)$，又令 $N = 64$。

(1) 调用 MATLAB 中的 fft. m，可求出 $X(k)$ 及其幅度谱，这时 $\Delta f = f_s/N = 0.625\,\mathrm{Hz}$，小于 $(f_2 - f_1)$ 及 $(f_3 - f_2)$，观察三个谱峰的分辨情况；

(2) 在 $x(n)$ 后分别补 $3N$ 个零、$7N$ 个零、$15N$ 个零，再做 DFT，观察补零的效果；

(3) 调用 MATLAB 中的文件 czt. m，按以下两组参数赋值：

参数 1：$f_s = 40\,\mathrm{Hz}, N = 64, M = 50, \mathrm{OME0} = 9\,\mathrm{Hz}, \mathrm{DELOME} = 0.2\,\mathrm{Hz}$

参数 2：$f_s = 40\,\mathrm{Hz}, N = 64, M = 60, \mathrm{OME0} = 8\,\mathrm{Hz}, \mathrm{DELOME} = 0.12\,\mathrm{Hz}$

分别求 $X(k), k = 0, 1, \cdots, M-1$，画出其幅度谱，并和(1)、(2)的结果相比较。

解：首先，用 MATLAB 生成本题所要求的离散时间信号，然后调用 MATLAB 自带的 fft 函数，得到 $x(n)$ 的 DFT，如图题 5.9.1(a) 所示。

按本题要求，$x(n)$ 包含有在 $f_1 = 10.8\,\mathrm{Hz}, f_2 = 11.75\,\mathrm{Hz}$ 和 $f_3 = 12.55\,\mathrm{Hz}$ 处的三个正弦信号，因此，在相应的频率处应有三根谱线。但在图题 5.9.1(a) 中，在频率 $10 \sim 15\,\mathrm{Hz}$ 的范围内却有多个谱线，这是由于对正弦信号没有按整周期截断所产生的频谱泄

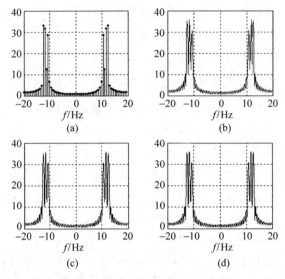

图题 5.9.1 三个正弦信号的频谱

漏所引起的,因此,单由图题 5.9.1(a)很难确定该信号中有几个正弦信号。

在 $x(n)$ 的后面分别补 $3N=192$ 个零、$7N=448$ 个零和 $15N=960$ 个零,再分别对它们做 DFT,其频谱分别如图题 5.9.1 的(b)、(c)和(d)所示,它们都是以连续曲线的形式给出。

由图题 5.9.1(b)可以比较清楚地观察到 3 个谱峰的存在,这三个峰值对应的实际频率分别是 10.9375Hz,11.875Hz 和 12.8125Hz,它们与真实的频率成分已经很接近,但稍有偏差。当然,补零并不能提高分辨率,补零只是使谱变得比较平滑,更容易认识到在图题 5.9.1(a)中多出的谱线其实是频谱泄漏所产生的。

将图题 5.9.1(c)、(d)和图(b)相比较,可以看出,补 $7N$ 和 $15N$ 个零对频谱的性能及形状并没有明显的改善,这是因为在补 $3N$ 个零的情况下已使谱中的三个谱峰明显地显现出来。不过,补更多的零可以使谱峰的位置能更精确地被定位。例如在补 $7N$ 个零的情形中,三个峰对应的频率分别是 10.8594Hz、11.7969Hz 和 12.65Hz,比起补 $3N$ 个零的结果,这些频率更接近于真实值。

根据本题所给参数调用 MATLAB 的 CZT 函数,产生的信号频谱如图题 5.9.2 的(a)和(b)所示。

由图题 5.9.2 可以看出,用 CZT 做谱分析带来的好处是:(1)频谱的频率范围可以任意选取,如图题 5.9.2(a)的范围是 $9\sim21$Hz,而图题 5.9.2(b)的频率范围是 $8\sim15.2$Hz。如果用普通的 DFT,那么频率的范围只能是 $0\sim f_s/2$,对本题是 $0\sim20$Hz,如图题 5.9.1 中四个图的横坐标所示;(2)可以在选择的频率范围内对频谱进行局部的放大与细化,提高计算分辨率,例如在以上两组参数的情况下,相邻两谱线之间的实际频率差

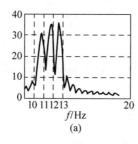 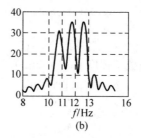

图题 5.9.2　用 czt 求出的信号频谱

分别是 0.2Hz 和 0.12Hz。如果用普通的 DFT，其频域的计算分辨率是 f_s/N，对本题是 $40/64＝0.625$Hz。因此，CZT 是一非常有效的频谱分析算法。

注意，本题的物理分辨率是 $40/64＝0.625$Hz，而三个正弦信号的频率差分别是 $f_2-f_1＝0.95$Hz，$f_3-f_2＝0.8$Hz，均大于 0.625Hz，因此，直接做 64 点的 DFT 应可以把这三个频率分量分开，如图题 5.9.1(a)所示。但由于 $N＝64$ 过小，所以产生了该图中频率分量不易确认的现象。当然，补零不能增加分辨率，但改进了频率分量不易确认的问题。

表题 5.9.1 给出了上述频谱分析的计算分辨率和求出的每一个正弦分量频率位置的偏差，从中也可比较直接 DFT、补零和 CZT 的算法性能。

表题 5.9.1　直接 DFT、补零和 CZT 对本题信号频谱分析的性能

方　　法	计算分辨率/Hz	f_1 的相对偏差/%	f_2 的相对偏差/%	f_3 的相对偏差/%
直接 DFT	0.625	4.12	6.38	4.58
补 $3N$ 零 DFT	0.156 25	1.27	1.06	2.09
补 $7N$ 零 DFT	0.078 125	0.550	0.399	0.797
补 $15N$ 零 DFT	0.039 062 5	0.19	0.0665	0.85
CZT 参数 1	0.2	0.00	0.43	0.40
CZT 参数 2	0.12	−0.37	−0.26	−0.797

完成本题的 MATLAB 程序是 ex_05_09_1.m。

5.10　利用本书所附函数子程序 galg.m 及例 5.7.1 所给数据，编写一个 DTMF 检测程序。

解：例 5.7.1 所给数据是：$f_s＝8000$Hz，$N＝205$，并由此得到七个频率 697Hz、770Hz、852Hz、941Hz、1209Hz、1336Hz、1477Hz、1633Hz 对应的 k 分别是 18,20,22,24,31,34 及 38。(为简单，省去了教材图 1.9.3 最右边一列，即省去了 1633Hz)。

实现 DTMF 检测的第一步是生成两个正弦信号并相加，再一次假定是键"7"，则

```
N = 205; fs = 8000; t = [0:1:N-1]/fs;
x = zeros(1,length(t));x(1) = 1; % x(n):impulse function
b852 = [0 sin(2 * pi * 852/fs)];a852 = [1 − 2 * cos(2 * pi * 852/fs) 1];
y852 = filter(b852,a852,x);
```

```
b1209 = [0 sin(2 * pi * 1209/fs)];a1209 = [1 - 2 * cos(2 * pi * 1209/fs) 1];
y1209 = filter(b1209,a1209,x);
yDTMF = y852 + y1209; yDTMF = [yDTMF 0];
```

第二步是调用函数子程序 galg.m，该子程序实现 Goertzel 算法，返回的是 $|X(k)|/N$，k 是上述七个值中的一个。具体程序如下

```
[X1,A1] = galg(y7,18); m(1) = A1;
[X1,A1] = galg(y7,20); m(2) = A1;
[X1,A1] = galg(y7,22); m(3) = A1;
[X1,A1] = galg(y7,24); m(4) = A1;
[X1,A1] = galg(y7,31); m(5) = A1;
[X1,A1] = galg(y7,34); m(6) = A1;
[X1,A1] = galg(y7,38); m(7) = A1;
```

程序中数组 m() 保存了检测出的 7 个 $|X(k)|/N$ 的值，由于产生的正弦信号对应的是键"7"，所以在 $k=22,32$(分别对应 852Hz 和 1209Hz)处的值最大，其余 5 个接近于零。用简单的判别法则既可以实现对键"7"的识别。

利用下面两句程序可画出 m() 的波形

```
f = [ 697 770 852 941 1209 1336 1477];
subplot(2,1,2);stem(f,m);grid
```

m() 的波形和教材中的图 5.7.4 的波形完全相同，此处不再给出。

第6章

无限冲激响应数字滤波器设计
习题参考解答

6.1 一模拟系统的转移函数是

$$G(s) = \frac{5}{s+5}$$

给定抽样频率 $f_s = 500\text{Hz}$，试利用双线性 Z 变换将该系统转变为数字系统。

解：由教材式(6.5.1)，$s = \dfrac{2}{T_s}\dfrac{z-1}{z+1} = \dfrac{1000(z-1)}{z+1}$，代入 $G(s)$，得

$$H(z) = \frac{z+1}{201z-199} = \frac{1+z^{-1}}{201-199z^{-1}} = \frac{0.004\,975 + 0.004\,975z^{-1}}{1-0.99z^{-1}}$$

系统的差分方程是

$$y(n) - 0.99y(n-1) = 0.004\,975x(n) + 0.004\,975x(n-1)$$

6.2 一归一化的模拟低通滤波器的截止频率 $\lambda_p = 1$，转移函数是

$$G(p) = \frac{1}{p+1}$$

利用双线性 Z 变换得到对应的数字低通滤波器 $H(z)$，并画出其幅频响应曲线，要求其截止频率为 20Hz，给定抽样频率 $f_s = 100\text{Hz}$。

解：由题意，有 $\omega_p = 2\pi \times 20/100 = 2\pi/5(\text{rad})$，由式(6.5.3)可求出

$$\Omega_p = \frac{2}{T_s}\tan(\omega_p/2) = 200\tan(\pi/5) = 145.3085(\text{rad/s})$$

由式(6.2.9b)，$p = s/\Omega_p = s/145.3085$，于是

$$G(s) = G(p)\,\big|_{p=s/145.3085} = \frac{145.3085}{s+145.3085}$$

由式(6.5.1)，将 $s = \dfrac{2}{T_s}\dfrac{z-1}{z+1} = \dfrac{200(z-1)}{z+1}$ 代入 $G(s)$，得

$$H(z) = \frac{0.7265(z+1)}{z-1+0.7265(z+1)} = \frac{0.7265(z+1)}{1.7265z-0.2735} = \frac{0.4208+0.4208z^{-1}}{1-0.1584z^{-1}}$$

6.3 简单的带通滤波器设计的研究。

我们在例 4.3.3 已指出：若使设计的滤波器拒绝某一个频率,应在单位圆上相应的频率处设置一个零点,若使滤波器突出某一个频率,应在单位圆内相应的频率处设置一个极点。按照这一思路,最简单的带通滤波器应该在单位圆上的 $\omega=0$ 和 $\omega=\pi$ 处各设置一个零点,在对应的通带中心频率 $\omega=\pm\omega_0$ 处放上一对共轭极点 $re^{\pm j\omega_0}$,r 是极点的模,它越接近于 1。该频率处的幅频响应越大。其转移函数可表为

$$H(z) = \frac{K(z-1)(z+1)}{(z-re^{j\omega_0})(z-re^{-j\omega_0})} = \frac{K(z^2-1)}{(z^2-2r\cos\omega_0+r^2)}$$

式中,$\omega_0=2\pi f_0/f_s$。另外有两个参数需要确定,即 r 和 K,K 的作用是保证 $|H(\omega_0)|=1$。文献[Tan19]给出了这两个参数的确定方法：

$r \approx 1-(BW_{3dB}/f_s)\times\pi$,$BW_{3dB}$ 是希望的带宽,单位是 Hz;r 满足 $0.9<r<1$ 较好；

$$K = \frac{(1-r)\sqrt{1-2r\cos 2\omega_0+r^2}}{2|\sin\omega_0|}$$

给定 $f_0=200\text{Hz}$,$f_s=1000\text{Hz}$,$BW_{3dB}=30\text{Hz}$：

(1) 求出上述两个参数；

(2) 得到系统的转移函数；

(3) 画出系统的幅频响应曲线；

(4) 读者可自行改变极点位置、带宽等参数,体会这些改变对所产生滤波器的影响。

解： $\omega_0=2\pi f_0/f_s=2\pi/5$；

$$r \approx 1-(BW_{3dB}/f_s)\times\pi=1-30\pi/1000=0.9058$$

$$K = \frac{(1-0.9058)\sqrt{1-2\times 9058\times\cos(4\pi/5)+0.9058^2}}{2|\sin(2\pi/5)|}=0.0898$$

$$H(z) = \frac{K(z-1)(z+1)}{(z-re^{j\omega_\theta})(z-re^{-j\omega_\theta})} = \frac{0.0898-0.0898z^{-2}}{1-0.4402z^{-1}+0.8204z^{-2}}$$

其幅频特性如图题 6.3.1 所示。

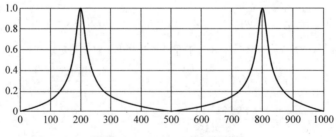

图题 6.3.1 $H(z)$ 的幅频特性

*6.4 现希望设计一个巴特沃思低通数字滤波器,其 3dB 带宽为 0.2π,阻带边缘频率为 0.5π,阻带衰减大于 30dB。给定抽样间隔 $T_s=10\mu s$。先用冲激响应不变法设计该

低通数字滤波器,再用双线性变换法设计该低通数字滤波器。分别给出它们的 $H(z)$ 及对数幅频响应,并比较二者的幅频特性是否有差异。

解:求解本题的 MATLAB 程序是 ex_06_04_1.m。

$H_1(z)$ 和 $H_2(z)$ 的幅频响应示于图题 6.4.1,图中粗线对应 $H_1(z)$;$H_3(z)$ 和 $H_2(z)$ 的幅频响应示于图题 6.4.2,图中粗线对应 $H_3(z)$。由图题 6.4.1 可以看出,由于第一次给的抽样频率 $F_s = 100\,000\text{Hz}$ 比较大,所以,用冲激响应不变法设计出的 $H_1(z)$ 和用双线性变换法设计出的 $H_2(z)$ 都能满足给定的技术要求,即在 $0.2\pi(10\,000\text{Hz})$ 处的衰减不大于 3dB,而在 $0.5\pi(25\,000\text{Hz})$ 处的阻带衰减不小于 30dB。由图题 6.4.1 也可看出,和 $H_2(z)$ 相比,$H_1(z)$ 已表现出了混迭的影响。由图题 6.4.2 可以看出,在将设计出的模拟滤波器 $G(s)$ 按减小一倍后的抽样频率用冲激响应不变法转换为数字滤波器 $H_3(z)$ 时,$H_3(z)$ 已明显地不符合所需要的技术要求,如在 $0.5\pi(25\,000\text{Hz})$ 处的衰减仅有 9dB,这说明混迭已比较严重。

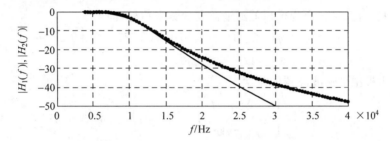

图题 6.4.1　$H_1(z)$ 和 $H_2(z)$ 的幅频响应

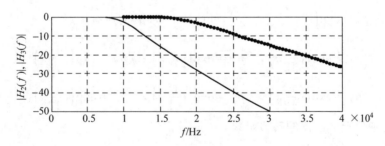

图题 6.4.2　$H_3(z)$ 和 $H_2(z)$ 的幅频响应

求出的 $H_1(z)$、$H_2(z)$ 及 $H_3(z)$ 的系数分别是

$$\text{bz1} = \begin{bmatrix} 0.0000 & 0.0169 & 0.0442 & 0.0075 & 0 \end{bmatrix}$$
$$\text{az1} = \begin{bmatrix} 1.0000 & -2.4020 & 2.3608 & -1.0839 & 0.1936 \end{bmatrix}$$
$$\text{bz2} = \begin{bmatrix} 0.0048 & 0.0193 & 0.0289 & 0.0193 & 0.0048 \end{bmatrix}$$
$$\text{az2} = \begin{bmatrix} 1.0000 & -2.3695 & 2.3140 & -1.0547 & 0.1874 \end{bmatrix}$$
$$\text{bz3} = \begin{bmatrix} 0.0000 & 0.1697 & 0.2813 & 0.0333 & 0 \end{bmatrix}$$
$$\text{az3} = \begin{bmatrix} 1.0000 & -1.0480 & 0.7539 & -0.2606 & 0.0375 \end{bmatrix}$$

*6.5 给定待设计的数字高通和带通数字滤波器的技术指标如下：

(1) HP：$f_p = 400\text{Hz}$，$f_s = 300\text{Hz}$，$F_s = 1000\text{Hz}$，$\alpha_p = 3\text{dB}$，$\alpha_s = 35\text{dB}$

(2) BP：$f_{sl} = 200\text{Hz}$，$f_1 = 300\text{Hz}$，$f_2 = 400\text{Hz}$，$f_{sh} = 500\text{Hz}$，$F_s = 2000\text{Hz}$，$\alpha_p = 3\text{dB}$，$\alpha_s = 40\text{dB}$

试用双线性 Z 变换法设计满足上述要求的巴特沃思滤波器和切比雪夫滤波器,给出其转移函数,对数幅频及相频曲线。

解：(1) 先设计巴特沃思高通滤波器。

题目给出的是一个模拟滤波器的频率指标,首先须将其转换为圆周频率

$$\omega_p = 2\pi f_p / F_s = 0.8\pi, \quad \omega_s = 2\pi f_s / F_s = 0.6\pi$$

然后通过双线性变换将其转化为模拟滤波器的频率

$$\Omega_p = \tan(\omega_p / 2) = \tan(0.4\pi) = 3.0777$$

$$\Omega_s = \tan(\omega_s / 2) = \tan(0.3\pi) = 1.3764$$

将这些频率归一化,并转换为模拟低通滤波器的频率指标,即

$$\eta_p = 1, \quad \eta_s = \Omega_s / \Omega_p = 1.3764 / 3.0777 = 0.4472$$

$$\lambda_p = 1, \quad \lambda_s = 1 / \eta_s = 2.236$$

于是可以求出模拟低通滤波器的阶次

$$N = \left[\frac{1}{2} \lg \frac{10^{\alpha_s / 10} - 1}{10^{\alpha_p / 10} - 1} \middle/ \lg\lambda \right] = [5.01], \quad \text{取 } N = 6$$

因为 $\alpha_p = 3\text{dB}$,所以常数 $C = 1$。

根据公式 $p_k = \exp\left(j \dfrac{2k + N - 1}{2N} \pi \right)$,可计算出 $G(p)$ 的所有极点

$$p_1 = \exp\left(j \frac{7}{12}\pi \right), \quad p_2 = \exp\left(j \frac{9}{12}\pi \right), \quad p_3 = \exp\left(j \frac{11}{12}\pi \right)$$

$$p_4 = \exp\left(j \frac{13}{12}\pi \right), \quad p_5 = \exp\left(j \frac{15}{12}\pi \right), \quad p_6 = \exp\left(j \frac{17}{12}\pi \right)$$

这样,模拟低通原型滤波器的转移函数

$$G(p) = \prod_{k=1}^{6} \frac{1}{p - p_k}$$

$$= \frac{1}{(p^2 + 0.5716p + 1)(p^2 + 1.4142p + 1)(p^2 + 1.9319p + 1)}$$

然后,将模拟低通原型滤波器的转移函数通过 $p = \dfrac{\Omega_p}{s}$ 的变换转化为实际的模拟高通

滤波器的转移函数 $H(s)$,然后再通过 $s = \dfrac{z-1}{z+1}$,将 $H(s)$ 转化为数字高通滤波器的转移

函数 $H_{\mathrm{dhp}}(z)$。上面两步可以合并为一步,即 $p = \Omega_{\mathrm{p}} \dfrac{z+1}{z-1} = 3.0777 \dfrac{z+1}{z-1}$,最后得

$$H_{\mathrm{dhp}}(z) = G(p) \Big|_{p = \Omega_{\mathrm{p}} \frac{z+1}{z-1}}$$

$$= \frac{0.001\,177(1 - 6z^{-1} + 15z^{-2} - 20z^{-3} + 15z^{-4} - 6z^{-5} + z^{-6})}{1 + 7.273z^{-1} + 24.96z^{-2} + 49.29z^{-3} + 59.96z^{-4} + 42.38z^{-5} + 14.13}$$

$$= \frac{0.000\,336(1 - 6z^{-1} + 15z^{-2} - 20z^{-3} + 15z^{-4} - 6z^{-5} + z^{-6})}{1 + 3.56z^{-1} + 5.593z^{-2} + 4.878z^{-3} + 2.471z^{-4} + 0.6857z^{-5} + 0.0811z^{-6}}$$

其幅频响应如图题 6.5.1 所示。由该图可以看出,该滤波器的边缘频率、通带最大衰减及阻带最小衰减等各个方面都满足了设计要求。

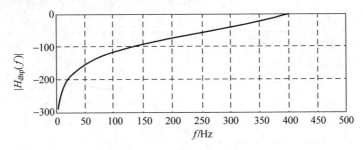

图题 6.5.1　巴特沃思高通滤波器

(2) 设计切比雪夫高通滤波器。

根据 $\lambda_{\mathrm{p}} = 1, \lambda_{\mathrm{s}} = \dfrac{1}{\eta_{\mathrm{s}}} = 2.236$,可计算出相应的切比雪夫-I 型滤波器的阶次

$$a = \sqrt{\frac{10^{\alpha_{\mathrm{s}}/10} - 1}{10^{\alpha_{\mathrm{p}}/10} - 1}} = 56.359, \quad n = \left\lceil \frac{\operatorname{arcosh} a}{\operatorname{arcosh} \lambda_{\mathrm{s}}} \right\rceil = \lceil 3.27 \rceil = 4$$

因为 $\alpha_p = 3\mathrm{dB}$,所以 $\varepsilon = 1$,并可求出

$$\varphi_2 = \frac{1}{4} \operatorname{arsinh} \frac{1}{\varepsilon} = 0.2203$$

由教材中的式(6.2.34c),可计算出相应的 4 个极点:

$$p_1 = -\sin\left(\frac{1}{8}\pi\right)\sinh\varphi_2 + \mathrm{j}\cos\left(\frac{1}{8}\pi\right)\cosh\varphi_2 = -0.085 + \mathrm{j}0.9464$$

$$p_2 = -\sin\left(\frac{3}{8}\pi\right)\sinh\varphi_2 + \mathrm{j}\cos\left(\frac{3}{8}\pi\right)\cosh\varphi_2 = -0.2052 + \mathrm{j}0.392$$

$$p_3 = -\sin\left(\frac{5}{8}\pi\right)\sinh\varphi_2 + \mathrm{j}\cos\left(\frac{5}{8}\pi\right)\cosh\varphi_2 = -0.2052 - \mathrm{j}0.392$$

$$p_4 = -\sin\left(\frac{7}{8}\pi\right)\sinh\varphi_2 + \mathrm{j}\cos\left(\frac{7}{8}\pi\right)\cosh\varphi_2 = -0.085 - \mathrm{j}0.9464$$

进而得到模拟低通滤波器的转移函数

$$G(p) = \cfrac{1}{\varepsilon \cdot 2^{n-1} \prod\limits_{k=1}^{4}(p-p_k)}$$

$$= \frac{1}{8} \frac{1}{(p^2 + 0.17p + 0.9029)(p^2 + 0.4104p + 0.1958)}$$

用 $p = \Omega_p \dfrac{z+1}{z-1} = 3.0777 \dfrac{z+1}{z-1}$ 代入，可得到数字高通滤波器的转移函数

$$H_{\text{dhp}}(z) = G(p)\Big|_{p=3.077\frac{z+1}{z-1}} = \frac{0.001\,39(1 - 4z^{-1} + 6z^{-2} - 4z^{-3} + z^{-4})}{(1.328 + 4.342z^{-1} + 5.765z^{-2} + 3.643z^{-3} + 0.9229z^{-4})}$$

$$= \frac{0.001\,05(1 - 4z^{-1} + 6z^{-2} - 4z^{-3} + z^{-4})}{1 + 3.270z^{-1} + 4.342z^{-2} + 2.743z^{-3} + 0.695z^{-4}}$$

其幅频响应如图题 6.5.2 所示。

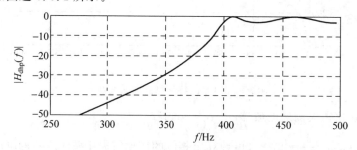

图题 6.5.2 切比雪夫高通滤波器幅频响应

由图题 6.5.2 可以看出，切比雪夫滤波器的通带呈等纹波状，纹波的峰-峰值不大于 3dB，在 300Hz 处的衰减约为 45dB，大于所要求的 35dB。比较上述设计过程可知，对本题的同一技术指标，巴特沃思滤波器的阶次为 6，而切比雪夫滤波器的阶次为 4。一般而言，对同一滤波器，巴特沃思滤波器的阶次要大于切比雪夫滤波器的阶次。此外，巴特沃思滤波器在通带到过渡内都是单调衰减的，而切比雪夫滤波器在通带内是等纹波的，即比较均匀。这些都是切比雪夫滤波器的优点。

设计上述两个滤波器的 MATLAB 程序分别是 ex_06_05_1.m 和 ex_06_05_2.m。

(3) 设计巴特沃思带通滤波器。

依题意，有

$$\omega_{\text{sl}} = 2\pi \frac{f_{\text{sl}}}{F_s} = 0.2\pi, \quad \omega_{\text{sh}} = 2\pi \frac{f_{\text{sh}}}{F_s} = 0.5\pi$$

$$\omega_1 = 2\pi \frac{f_1}{F_s} = 0.3\pi, \quad \omega_3 = 2\pi \frac{f_3}{F_s} = 0.4\pi$$

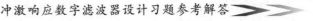

通过双线性 Z 变换将这些数字滤波器的频率转化为相应模拟滤波器的频率：

$$\Omega_{\text{sl}} = \tan\left(\frac{\omega_{\text{sl}}}{2}\right) = 0.324\,92, \quad \Omega_1 = \tan\left(\frac{\omega_1}{2}\right) = 0.509\,53$$

$$\Omega_3 = \tan\left(\frac{\omega_3}{2}\right) = 0.726\,54, \quad \Omega_{\text{sh}} = \tan\left(\frac{\omega_{\text{sh}}}{2}\right) = 1.000\,00$$

下一步是将这些带通滤波器的设计要求转换为低通滤波器的技术要求：

$$\Omega_2 = \sqrt{\Omega_1 \Omega_3} = 0.608\,43, \quad \Omega_{\text{BW}} = \Omega_3 - \Omega_1 = 0.217\,02$$

$$\eta_1 = \Omega_1/\Omega_{\text{BW}} = 2.3478, \quad \eta_3 = \Omega_3/\Omega_{\text{BW}} = 3.3478$$

$$\eta_{\text{sl}} = \Omega_{\text{sl}}/\Omega_{\text{BW}} = 1.4972, \quad \eta_{\text{sh}} = \Omega_{\text{sh}}/\Omega_{\text{BW}} = 4.6079$$

$$\eta_{\text{BW}} = 1, \quad \eta_2^2 = \eta_1 \eta_3 = 7.8603$$

由于 $\pm\lambda_p = \pm 1$，取 $\lambda_p = 1$；

由于 $\lambda_s = \dfrac{\eta_{\text{sh}}^2 - \eta_2^2}{\eta_{\text{sh}}} = 2.9021, -\lambda_s = \dfrac{\eta_{\text{sl}}^2 - \eta_2^2}{\eta_{\text{sl}}} = -3.7526$，取 $\lambda_s = 2.9021$。

下面设计相应的模拟低通滤波器。

首先，计算巴特沃思模拟低通滤波器的常数 C 和阶次 N。因为 $\alpha_p = 3\text{dB}$，所以 $C = 1$，而

$$N = \left\lceil \frac{1}{2}\lg\frac{10^{\alpha_s/10}}{10^{\alpha_p/10} - 1} \Big/ \lg\lambda_s \right\rceil = \lceil 4.32 \rceil = 5$$

巴特沃思模拟低通滤波器的转移函数 $G(p)$ 的 5 个极点分别为

$$p_1 = \exp\left(j\,\frac{3}{5}\pi\right), \quad p_5 = \exp\left(j\,\frac{7}{5}\pi\right)$$

$$p_2 = \exp\left(j\,\frac{4}{5}\pi\right), \quad p_4 = \exp\left(j\,\frac{6}{5}\pi\right)$$

$$p_3 = \exp(j\pi)$$

于是

$$G(p) = \prod_{k=1}^{5} \frac{1}{p - p_k} = \frac{1}{(p+1)(p^2 + 0.618\,03p + 1)(p^2 + 1.618\,03p + 1)}$$

再将该模拟低通滤波器转化为模拟带通滤波器，并将得到的模拟带通滤波器通过双线性变换转换为数字带通滤波器。这两步可以直接合成一步进行，即先求出

$$p = \frac{(z-1)^2 + \Omega_2^2(z+1)^2}{\Omega_{\text{BW}}(z^2 - 1)} = \frac{6.3138z^2 - 5.8042z + 6.3138z}{z^2 - 1}$$

然后将 p 代入 $G(p)$ 的表达式，最后得到所要设计的数字带通滤波器 $H_{\text{dbp}}(z)$，其分子、分母多项式分别是

$$B(z) = 0.000\,059\,8(1 - 5z^{-2} + 10z^{-4} - 10z^{-6} + 5z^{-8} - z^{-10})$$

$$A(z) = 1 - 4.1297z^{-1} + 10.8241z^{-2} - 18.919z^{-3} + 25.3347z^{-4} -$$
$$25.7108z^{-5} + 20.6593z^{-6} - 12.5769z^{-7} + 5.8653z^{-8} -$$
$$1.8224z^{-9} + 0.3599z^{-10}$$

其幅频响应如图题 6.5.3 所示。

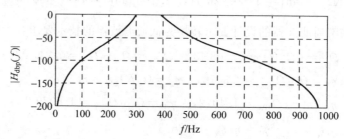

图题 6.5.3　数字带通巴特沃思滤波器的幅频响应

（4）设计切比雪夫带通滤波器。

此处不再一一给出设计过程。相信读者在上述切比雪夫高通数字滤波器和巴特沃思带通数字滤波器设计的基础上,不难给出切比雪夫带通数字滤波器的设计过程。最后求出的该滤波器转移函数的分子、分母多项式分别是

$$B(z) = 0.000\,070\,05(1 - 4z^{-2} + 6z^{-4} - 4z^{-6} + z^{-8})$$
$$A(z) = 1 - 3.5496z^{-1} + 8.4675z^{-2} - 12.8283z^{-3} + 14.9140z^{-4}$$
$$- 12.2575z^{-5} + 7.7307z^{-6} - 3.0955z^{-7} + 0.8334z^{-8}$$

其幅频响应如图题 6.5.4 所示。

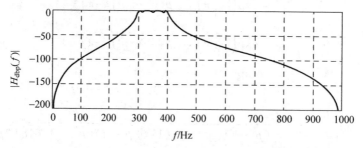

图题 6.5.4　切比雪夫带通数字滤波器的幅频响应

设计上述两个滤波器的 MATLAB 程序分别是 ex_06_05_3.m 和 ex_06_05_4.m。

*6.6　一个数字系统的抽样频率 $F_s = 1000\text{Hz}$,试设计一个 50Hz 陷波器。要求下通带是 0～44Hz,阻带在 47Hz,上通带与之对称;又要求通带衰减为 3dB,阻带衰减为 50dB,试用双线性 Z 变换法设计一个 50Hz 的切比雪夫数字陷波器来满足上述技术要求。

解：此处的 50Hz 陷波器实际上是一个带阻滤波器,不过阻带要求非常窄。

已知 $f_1 = 44\,\text{Hz}, f_{sl} = 47\,\text{Hz}, f_{sh} = 53\,\text{Hz}, f_3 = 56\,\text{Hz}$,则

$$\omega_1 = 2\pi \frac{f_1}{F_s} = 0.276\,46, \quad \omega_3 = 2\pi \frac{f_3}{F_s} = 0.351\,86$$

$$\omega_{sl} = 2\pi \frac{f_{sl}}{F_s} = 0.295\,31, \quad \omega_{sh} = 2\pi \frac{f_{sh}}{F_s} = 0.333\,01$$

将数字滤波器的圆周频率通过双线性变换转换为模拟滤波器的频率:

$$\Omega_1 = \tan \frac{\omega_1}{2} = 0.139\,117, \quad \Omega_3 = \tan \frac{\omega_3}{2} = 0.177\,767$$

$$\Omega_{sl} = \tan \frac{\omega_{sl}}{2} = 0.148\,737, \quad \Omega_{sh} = \tan \frac{\omega_{sh}}{2} = 0.168\,060$$

再将频率归一化,即

令

$$\Omega_{BW} = \Omega_3 - \Omega_1 = 0.038\,649\,7, \quad \Omega_2 = \sqrt{\Omega_1 \Omega_3} = 0.157\,259$$

则

$$\eta_1 = \Omega_1 / \Omega_{BW} = 3.599\,436, \quad \eta_3 = \Omega_3 / \Omega_{BW} = 4.599\,436$$

$$\eta_{sl} = \Omega_{sl} / \Omega_{BW} = 3.848\,340, \quad \eta_{sh} = \Omega_{sh} / \Omega_{BW} = 4.348\,293$$

$$\eta_2 = 4.068\,830$$

将上述模拟带阻滤波器的频率转换位模拟低通滤波器的频率,有 $\lambda_p = 1, \lambda_s = 1.848\,55$,由此设计出的切比雪夫低通滤波器的阶次为 6,其极点分别是

$$p_1 = -0.0382 + \text{j}0.9764, \quad p_2 = -0.1042 + \text{j}0.7147$$

$$p_3 = -0.1424 + \text{j}0.2616, \quad p_4 = -0.1424 - \text{j}0.2616$$

$$p_5 = -0.1042 - \text{j}0.7147, \quad p_6 = -0.0382 - \text{j}0.9764$$

这样可得到模拟低通滤波器的转移函数 $G(p)$。令

$$p = \frac{\Omega_{BW}(z^2 - 1)}{(z-1)^2 + \Omega_2^2(z+1)^2} = \frac{z^2 - 1}{26.5133z^2 - 50.4671z + 26.5133}$$

并将其代入 $G(p)$,最后得到数字带阻滤波器的转移函数 $H(z)$。其分子、分母多项式的系数分别是

$$B = [1.0000, -11.1147, 57.1921, -180.1177, 386.6172, -595.8072,$$
$$675.9337 - 568.8036, 352.3940 - 156.7699, 47.5448, -8.8280, 0.7592]$$

$$A = [0.6082, -6.9465, 36.7053, -118.6268, 261.1146, -412.3370,$$
$$478.9642, -412.3370, 261.1146, -118.6268, 36.7053, -6.9465, 0.6082]$$

其幅频响应如图题 6.6.1 所示。为了显示阻带的情况,该图的横坐标仅取 0～100Hz。由该图可以看出,通带的纹波在 3dB 内,阻带最大衰减处对应的频率正好是 50Hz,其他几

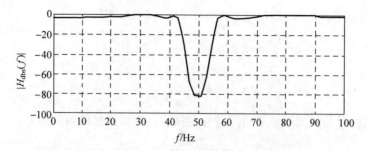

图题 6.6.1　切比雪夫数字 50Hz 陷波器

个关键频率处的衰减是

$$f_1 = 44\text{Hz 处的衰减为 } 2.9\text{dB} \leqslant 3\text{dB};$$
$$f_3 = 56\text{Hz 处的衰减为 } 3.0\text{dB} \leqslant 3\text{dB};$$
$$f_{sl} = 47\text{Hz 处的衰减为 } 78\text{dB} \geqslant 50\text{dB};$$
$$f_{sh} = 53\text{Hz 处的衰减为 } 58\text{dB} \geqslant 50\text{dB}.$$

因此,该 50Hz 陷波器满足技术要求。

设计个滤波器的 MATLAB 程序分别是 ex_06_06_1.m。

第7章

有限冲激响应数字滤波器
设计习题参考解答

*7.1 给定一理想低通滤波器的频率特性

$$H_d(e^{j\omega}) = \begin{cases} 1 & |\omega| \leqslant \dfrac{\pi}{4} \\ 0 & \dfrac{\pi}{4} < |\omega| < \pi \end{cases}$$

现希望用窗函数(矩形窗和汉明窗)法设计该滤波器,要求具有线性相位。假定滤波器系数的长度为29点,即 $M/2 = 14$。

试计算并绘出滤波器的系数、幅频响应及相频响应。

解:为了使设计出的滤波器的 $h_d(n)$ 的对称中心在 $M/2$,并保证滤波器具有线性相位,现按照如下方法规定该滤波器的相位

$$H_d(e^{j\omega}) = \begin{cases} \exp\left(-j\dfrac{M\omega}{2}\right) & |\omega| \leqslant \dfrac{\pi}{4} \\ 0 & \dfrac{\pi}{4} < |\omega| < \pi \end{cases}$$

对给定的 $H_d(e^{j\omega})$ 做 IDTFT,有

$$\begin{aligned} h_d(n) &= \frac{1}{2\pi}\int_{-\pi}^{\pi} H_d(e^{j\omega}) e^{j\omega n}\, d\omega = \frac{1}{2\pi}\int_{-\omega_c}^{\omega_c} e^{j\left(n-\frac{M}{2}\right)\omega}\, d\omega \\ &= \frac{1}{2\pi}\frac{1}{j\left(n-\dfrac{M}{2}\right)}\left[\exp\left(j\left(n-\frac{M}{2}\right)\omega_c\right) - \exp\left(-j\left(n-\frac{M}{2}\right)\omega_c\right)\right] \\ &= \frac{\sin\omega_c\left(n-\dfrac{M}{2}\right)}{\pi\left(n-\dfrac{M}{2}\right)} = \frac{\sin\dfrac{\pi}{4}\left(n-\dfrac{M}{2}\right)}{\pi\left(n-\dfrac{M}{2}\right)} \end{aligned}$$

对该序列施加一个长度 $M = 29$ 的矩形窗,就得到了按矩形窗设计的 FIR 滤波器

$$h_R(n) = \frac{\sin\dfrac{\pi}{4}\left(n-\dfrac{M}{2}\right)}{\pi\left(n-\dfrac{M}{2}\right)}, \quad n = 0, 1, \cdots, 28$$

经计算,该滤波器的系数(注:以下系数为经过了归一化的结果,以保证 $H(e^{j0}) = 1$)是

$$[h_R(0),h_R(1),\cdots,h_R(28)]=[-0.023\,14,-0.017\,62,0.0000,0.020\,82,0.032\,40,$$
$$0.025\,45,0.0000,-0.032\,72,-0.053\,99,-0.045\,81,0.0000,$$
$$0.076\,36,0.1620,0.2291,0.2544,0.2291,0.1620,0.076\,36,$$
$$0.0000,-0.045\,81,-0.053\,99,-0.032\,72,0.0000,0.025\,45,$$
$$0.032\,40,0.020\,82,0.0000,-0.017\,62,-0.023\,14]$$

若对该序列施加一个长度 $M=29$ 的汉明窗,则

$$h_H(n)=\frac{\sin\frac{\pi}{4}\left(n-\frac{M}{2}\right)}{\pi\left(n-\frac{M}{2}\right)}\left[0.54-0.46\cos\left(\frac{2\pi n}{M}\right)\right],\quad n=0,1,\cdots,28$$

其系数请读者自己求出。

用矩形窗和汉明窗设计得到的低通滤波器的单位抽样响应、幅频响应和相频响应分别如图题 7.1.1(a)~(f)所示。图中下标 R 对应矩形窗,H 对应汉明窗。

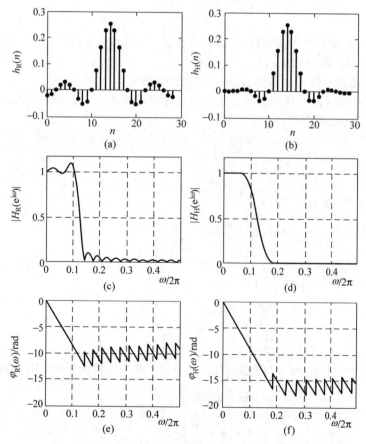

图题 7.1.1 使用矩形窗和汉明窗设计的 FIR 低通滤波器

(a) $h_R(n)$;(b) $h_H(n)$;(c) $|H_R(e^{j\omega})|$;(d) $|H_H(e^{j\omega})|$;(e) $\varphi_R(\omega)$;(f) $\varphi_H(\omega)$

[*]**7.3** 一滤波器的理想频率响应如图题 7.3.1 所示。

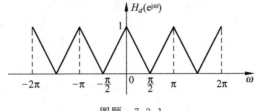

图题　7.3.1

（1）试用窗函数法设计该滤波器，要求具有线性相位，滤波器长度为 33，用汉明窗。

（2）用频率抽样法设计，仍要求具有线性相位，滤波器长度为 33，过渡点由读者自行设置。要求先用手算得出 $h(n)$，然后上机求 $H(e^{j\omega})$。

解：由图题 7.3.1 可以得到所要求的滤波器的频率响应为

$$（1）\qquad H_d(e^{j\omega})=\begin{cases} -\dfrac{2}{\pi}\omega-1 & \omega\in\left[-\pi,-\dfrac{\pi}{2}\right] \\[2mm] \dfrac{2}{\pi}\omega+1 & \omega\in\left[-\dfrac{\pi}{2},0\right] \\[2mm] -\dfrac{2}{\pi}\omega+1 & \omega\in\left[0,\dfrac{\pi}{2}\right] \\[2mm] \dfrac{2}{\pi}\omega-1 & \omega\in\left[\dfrac{\pi}{2},\pi\right] \end{cases}$$

所以

$$h_d(n)=\frac{1}{2\pi}\int_{-\pi}^{\pi}H_d(e^{j\omega})e^{j\omega n}\,d\omega$$

$$=\frac{1}{2\pi}\left[\int_{-\pi}^{-\frac{\pi}{2}}\left(-\frac{2}{\pi}\omega-1\right)e^{j\omega n}\,d\omega+\int_{-\frac{\pi}{2}}^{0}\left(\frac{2}{\pi}\omega+1\right)e^{j\omega n}\,d\omega+\right.$$

$$\left.\int_{0}^{\frac{\pi}{2}}\left(-\frac{2}{\pi}\omega+1\right)e^{j\omega n}\,d\omega+\int_{\frac{\pi}{2}}^{\pi}\left(\frac{2}{\pi}\omega-1\right)e^{j\omega n}\,d\omega\right]$$

$$=\frac{1}{2\pi}\left[-\frac{8}{\pi n^2}\cos\left(\frac{\pi}{2}n\right)+\frac{4}{\pi n^2}+\frac{4}{\pi n^2}\cos(\pi n)\right]$$

当 $n=0$ 时，需要单独处理，即

$$h_d(0)=\frac{1}{2\pi}\int_{-\pi}^{\pi}H_d(e^{j\omega})e^{j\omega 0}\,d\omega$$

$$=\frac{1}{2\pi}\left[\int_{-\pi}^{-\frac{\pi}{2}}\left(-\frac{2}{\pi}\omega-1\right)d\omega+\int_{-\frac{\pi}{2}}^{0}\left(\frac{2}{\pi}\omega+1\right)d\omega+\right.$$

$$\left.\int_{0}^{\frac{\pi}{2}}\left(-\frac{2}{\pi}\omega+1\right)d\omega+\int_{\frac{\pi}{2}}^{\pi}\left(\frac{2}{\pi}\omega-1\right)d\omega\right]$$

$$=\frac{1}{2\pi}\left[\frac{\pi}{4}+\frac{\pi}{4}+\frac{\pi}{4}+\frac{\pi}{4}\right]=\frac{1}{2}$$

所以

$$h_d(n)=\begin{cases}\dfrac{8}{\pi^2 n^2} & n=4m+2 \\ 0 & n=4m,4m+1,4m+3 \\ 0.5 & n=0\end{cases}$$

将 $h_d(n)$ 移位到 $M/2$，并乘以窗函数，即 $h(n)=h_d(n-M/2)w(n)$，便可得到滤波器的单位抽样响应。

设计出的单位抽样响应 $h(n)$ 和幅频响应 $|H(e^{j\omega})|$ 分别如图题 7.3.2 的(a)和(b)所示。

(2) 频率抽样法设计。

用频率抽样法设计出的单位抽样响应 $h(n)$ 和幅频响应 $|H(e^{j\omega})|$ 分别如图题 7.3.2 的(c)和(d)所示。将它们和图题 7.3.2 的(a)和(b)相比较可以看出，用窗函数法和频率抽样法设计出的滤波器都达到了要求，但它们在一些细节上稍有不同。

完成本题以上设计内容的 MATLAB 程序是 ex_07_03_1.m。

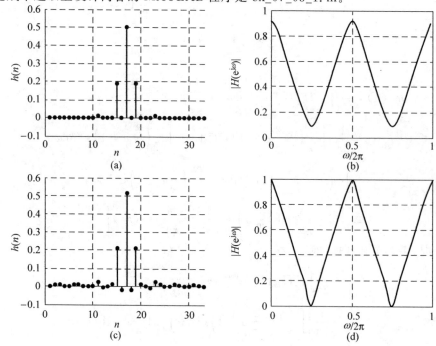

图题 7.3.2　用两种方法设计出的 $h(n)$ 和 $|H(e^{j\omega})|$

*7.4　试用切比雪夫等纹波逼近法设计一多通带线性相位 FIR 滤波器。对归一化频率,0.1～0.15 及 0.3～0.36 为通带,其余为阻带,阻带边缘分别为 0.05,0.18,0.25,0.41。

首先画出该理想滤波器幅频响应的图形 $|H_d(e^{j\omega})|$。再令滤波器的长度为 55,请读者分别给定通带和阻带的加权值(三组 wtx 值),研究不同的加权值对滤波器性能的影响,要求输出滤波器的抽样响应、幅频及相频响应。

解:MATLAB 信号处理工具箱中的 m 文件 firpm 可用来设计切比雪夫最佳一致逼近(即 Parks-McLallan 方法)FIR 滤波器,它的调用格式为

$$b = firpm(N, f, a, wtx)$$

其中 b 是设计出的 FIR 滤波器的系数向量,N 是滤波器的阶次,N+1 等于 b 的长度。数组 f 指定所需要的频率分点,每两个点确定一个通带或阻带,在每个通带和阻带之间是过渡带;a 是一个长度与 f 相同的数组,用来指定频率分点 f 上希望的幅频响应值;数组 wtx 用来指定每个带上的权重,默认情形是所有的权重都相等。在本题中,我们采用了三组不同的 wtx 进行滤波器设计,以研究不同权重对滤波器性能的影响。

(1) 令 wtx=[1, 10, 1, 10, 1],即两个通带的权重都为 10,三个阻带的权重都为 1。所设计出的滤波器的幅频响应如图题 7.4.1(a)所示;对数幅频响应如图题 7.4.1(b)所示。

(2) 令 wtx=[10, 1, 10, 1, 10],即两个通带的权重都为 1,三个阻带的权重都为 10。所设计出的滤波器的幅频响应如图题 7.4.1(c)所示;对数幅频响应如图题 7.4.1(d)所示。

(3) 令 wtx=[1, 1, 1, 1, 1],即两个通带和三个阻带的权重都为 1。所设计出的滤波器的幅频响应如图题 7.4.1(e)所示;对数幅频响应如图题 7.4.1(f)所示;图题 7.4.1(g)是该滤波器的单位抽样响应 $h(n)$,图题 7.4.1(h)是该滤波器的相频响应。

图题 7.4.1(a)、(c)和(e)中粗线所表示的曲线是本题所要求的理想幅频响应。

完成本题以上设计内容的 MATLAB 程序是 ex_07_04_1.m。

由于在设计滤波器时,我们对通带和阻带往往有着不同的要求,因此,引入不同的加权是必要的。在用切比雪夫最佳一致逼近(即 Parks-McLallan 方法)法设计 FIR 滤波器时,在那一个带赋给大的加权,则在这一个带内就会取得好的幅频特性。具体地说,如果在通带内给的权越大,则该通带内的幅频响应越平,反之,如果在阻带内赋的权重越大,则在该阻带内的衰减就越大。比较图题 7.4.1 的(b)、(d)和(e),可以充分看出这一结论。在图题 7.4.1(a)和(e)中,没有取对数的幅频响应在个别的边缘频率处出现了上冲现象,这是由于过渡带过窄所造成的。

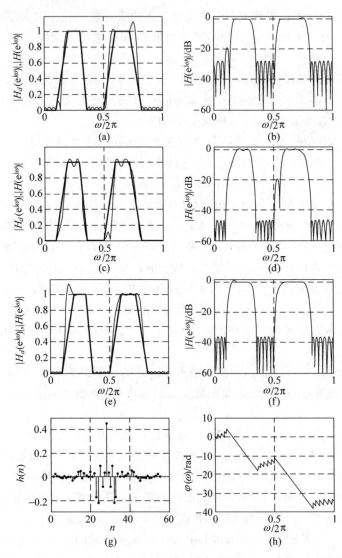

图题 7.4.1　三种加权情况下设计出的多通带滤波器(各个子图的说明见正文)

*7.5　Papoulis 窗函数定义为

$$w(n) = \frac{1}{\pi}\left|\sin\left(\frac{2\pi n}{N}\right)\right| - \left(1 - \frac{2\,|\,n - N/2\,|}{N}\right)\cos\left(\frac{2\pi n}{N}\right),\quad n = 0,1,\cdots,N-1$$

该窗函数一个突出的优点是其频谱恒为正值。令 $N=128$,试画出 $w(n)$ 及其归一化幅度谱,并给出 A、B 及 D 值。

解:求解本题的 MATLAB 程序是 ex_07_05_1.m。Papoulis 窗的时域图及归一化频谱分别如图题 7.5.1(a)和(b)所示。

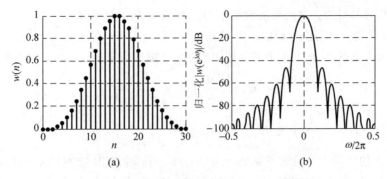

图题 7.5.1　Papoulis 窗的时域图及归一化频谱

现在着重讨论该窗函数的参数 A,B 及 D 的求解方法,以补充教材上对此讨论的不足。

由图题 7.5.1(b)可以看出,Papoulis 窗频谱的第一个旁瓣的归一化幅度为 -46dB,因此,$A=-46\text{dB}$。

窗函数频谱的带宽有两个定义,一个是 -3dB 带宽 B,它是以同样长度的矩形窗的频谱主瓣的宽度 $\Delta\omega$ 为单位的,另一个是主瓣过零点时的宽度 B_0,它是以 $2\pi/N$ 为单位的。

由图题 7.5.1(b),可以求出主瓣两个过零点之间归一化的频率宽度是 $2\times0.097\,656$,对应圆周频率的宽度是 $2\pi\times2\times0.097\,656$,它等于 $6\times2\pi/31$,因此 $B_0=12\pi/N$。

对长度 $N=31$ 的矩形窗,其主瓣过零点的归一化的频率宽度等于 $1/31=0.032\,258$,即 $\Delta\omega=0.032\,258$;由图题 7.5.1(b),可以求出 Papoulis 窗频谱主瓣下降到 -3dB 时的归一化频率宽度是 $2\times0.027\,344$,因此,$B=2\times0.027\,344/0.032\,258=1.7$,即 $B=1.7\Delta\omega$。

D 是边瓣谱峰渐近衰减的速度,单位是 dB/oct,表示每倍频衰减的分贝数。其求解方法是:首先利用第一和第二个旁瓣的峰值拟合一条直线,然后把第一个旁瓣峰值的频率变为 2 倍频率,求出幅值。此幅值与第一个旁瓣峰值的差即为衰减速率。对 Papoulis 窗,其第一个旁瓣的峰值坐标是 $(0.125,-46.2)$,第二个旁瓣的峰值坐标是 $(0.1875,-61.39)$,由此可求出 $D=-30.38\text{dB/oct}$。

7.6　对式(7.6.1)的梳状滤波器,设 $N=20$,若想使 $\omega=0$ 及 $\omega=\pi$ 处的幅频响应接近等于 1,试确定该梳状滤波器的转移函数,并画出其极零图及幅频响应曲线。

解:重写教材中式(7.6.1)的梳状滤波器的转移函数

$$H_{\text{comb}}(z)=b\frac{1+z^{-N}}{1-\rho z^{-N}},\quad b=\frac{1-\rho}{2}$$

它和教材中式(7.6.1)的陷波滤波器

$$H_{\text{notch}}(z)=b\frac{1-z^{-N}}{1-\rho z^{-N}},\quad b=\frac{1+\rho}{2}$$

是互补的,它们都是利用分子多项式在单位圆上均匀分布的零点,再利用分母多项式在单位圆内均匀地分布极点。这些极点紧靠近零点,从而达到或是去除周期性的噪声或是增强周期性的信号的目的。这两类滤波器的带宽都取决于 ρ，显然，$0\leqslant\rho<1$。由于它们都有 N 个零点，N 个极点，因此，它们的 3dB 带宽 Δf 都限制在 $0\sim f_s/2N$，或 $0<\Delta\omega<\pi/N$。教材第 7 章的参考文献[Sop99]给出了上述两类滤波器的带宽和参数 b 和 ρ 的关系，即

$$\beta=\tan\left(\frac{N\Delta\omega}{4}\right),\quad a=\frac{1-\beta}{1+\beta}$$

对 $H_{\text{comb}}(z)$，$b=\dfrac{\beta}{1+\beta}$；对 $H_{\text{notch}}(z)$，$b=\dfrac{1}{1+\beta}$。

由于本题的 $N=20$，因此，当 $\Delta\omega=\pi/20=0.05\pi$ 时，3dB 带宽取最大值，这时，$\beta=\tan(N\Delta\omega/4)=1$，对应的参数有：$\rho=0$，$b=0.5$。这样，教材中式(7.6.1)的梳状滤波器变为

$$H_{\text{comb}}(z)=b\,\frac{1+z^{-N}}{1-\rho z^{-N}}=0.5(1+z^{-20})$$

显然，当 $\omega=0$，即 $z=1$ 时，$|H_{\text{comb}}(\omega)|^2=0.5(1+1^{-20})=1$；而当 $\omega=\pi$，即 $z=-1$ 时，$|H_{\text{comb}}(\omega)|^2=0.5(1+(-1)^{-20})=1$，满足了本题的要求。显然，对教材中式(7.6.1)的梳状滤波器，要求在 $\omega=0$ 及 $\omega=\pi$ 处的幅频响应都接近等于 1 是该滤波器的一种特殊情况，即 3dB 带宽取得最大值。其极零图和幅频响应分别如图题 7.6.1(a)、(b)所示。注意图中零点不在 $z=1$ 和 $z=-1$ 的位置，且幅频响应在这两个位置(即 $\omega=0$ 和 $\omega=\pi$)的值为 1。

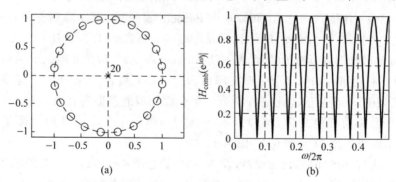

图题 7.6.1　本题的极零图和幅频响应

求解本题的 MATLAB 程序是 ex_07_06_1.m。

7.7　现希望用多项式拟合的方法设计一简单整系数低通滤波器。希望 $M=4$，$p=3$，即 9 点三次拟合。试推导该滤波器的滤波因子(即抽样响应 $h(n)$)，并计算和描绘出其幅频特性。

解：由文献[Hgs12]及 7.5.2 节关于平滑滤波器的推导，有

$$F_r=\sum_{i=-M}^{M}x(i)i^r,\quad S_{k+r}=\sum_{i=-M}^{M}i^{r+k}\quad \text{及}\quad F_r=\sum_{k=0}^{p}a_kS_{k+r}$$

由于 $k+r=$ 奇数时 $S_{k+r}=0$ 及题目给定 $M=4$ 和 $p=3$,因此,可求出

$$F_0 = a_0 S_0 + a_2 S_2$$

$$F_2 = a_0 S_2 + a_2 S_4$$

由于系数 a_0 就是所求的滤波器的单位抽样响应 $h(n)$,因此只要求出 a_0 即可。由上式,有

$$a_0 = \frac{S_4 F_0 - S_2 F_2}{S_0 S_4 - S_2^2}$$

根据 $S_{k+r} = \sum_{i=-M}^{M} i^{r+k}$,可求出 $S_0 = 9, S_2 = 60, S_4 = 708$ 及 $S_6 = 9780$;根据

$$F_0 = \sum_{i=-4}^{4} x(i), \quad F_2 = \sum_{i=-4}^{4} i^2 x(i)$$

可得

$$a_0 = \frac{S_4 F_0 - S_2 F_2}{S_0 S_4 - S_2^2} = \frac{708 F_0 - 60 F_2}{9 \times 708 - 60^2} = \frac{708 F_0 - 60 F_2}{2772}$$

$$= \frac{708}{2772}(x(-4) + x(-3) + x(-2) + x(-1) + x(0) + x(1) +$$

$$x(2) + x(3) + x(4)) - \frac{60}{2772}(16x(-4) + 9x(-3) +$$

$$4x(-2) + x(-1) + x(1) + 4x(2) + 9x(3) + 16x(4))$$

$$= -0.0909x(-4) + 0.0606x(-3) + 0.1688x(-2) + 0.2338x(-1) +$$

$$0.2554x(0) + 0.2338x(1) + 0.1688x(2) + 0.0606x(3) - 0.0909x(4)$$

所以

$$h(n) = [-0.0909, 0.0606, 0.1688, 0.2338, 0.2554, 0.2338, 0.1688, 0.0606, -0.0909]$$

本题的 $h(n)$ 也可由 MATLAB 的 m 文件 sgolay 求出。例如,执行 sgolay(3,9),它将输出一个 9×9 的矩阵,其中间一行正是我们所求的 $h(n)$。

该平滑滤波器的幅频响应和相频响应分别如图题 7.7.1(a)和(b)所示。

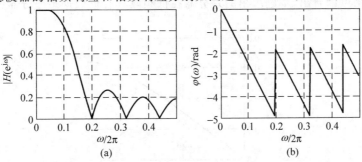

图题 7.7.1　9 点三次拟合平滑滤波器的幅频响应和相频响应

(a) 幅频响应;(b) 相频响应

7.8 再用 7.7 题的方法设计一差分滤波器,仍令 $M=4, p=3$,试推导该差分器的单位抽样响应 $h(n)$,并计算和描绘出该差分器的幅频响应。

解：由文献[Hgs12]及 7.5.2 节的讨论可知,系数 a_1 即是所求差分滤波器的单位抽样响应 $h(n)$,因此现在需要求出 a_1。接 7.7 题,对 $M=4, p=3$ 的 9 点三次多项式拟合,有

$$F_1 = a_1 S_2 + a_3 S_4$$
$$F_3 = a_1 S_4 + a_3 S_6$$

解得 $a_1 = \dfrac{S_6 F_1 - S_4 F_3}{S_2 S_6 - S_4^2}$。在 7.7 题中已求出 $S_0 = 9, S_2 = 60, S_4 = 708$ 及 $S_6 = 9780$;再

由 $F_1 = \sum_{i=-4}^{4} i x(i), F_3 = \sum_{i=-4}^{4} i^3 x(i)$,可得

$$a_1 = \frac{S_6 F_1 - S_4 F_3}{S_2 S_6 - S_4^2} = \frac{9780 F_1 - 708 F_3}{60 \times 9780 - 708^2} = \frac{9780 F_1 - 708 F_3}{85\,536}$$

$$= \frac{9780}{85\,536}(-4x(-4) - 3x(-3) - 2x(-2) - x(-1) + x(1) +$$

$$2x(2) + 3x(3) + 4x(4)) - \frac{708}{85\,536}(-64x(-4) - 27x(-3) -$$

$$8x(-2) - x(-1) + x(1) + 8x(2) + 27x(3) + 64x(4))$$

$$= 0.0724x(-4) - 0.1195x(-3) - 0.1625x(-2) - 0.1061x(-1) +$$

$$0.1061x(1) + 0.1625x(2) + 0.1195x(3) - 0.0724x(4)$$

最后求出

$$h(n) = [0.0724, -0.1195, -0.1625, -0.1061, 0, 0.1061, 0.1625, 0.1195, -0.0724]$$

其转移函数和频谱分别是

$$H(z) = 0.1061(z - z^{-1}) + 0.1625(z^2 - z^{-2}) + 0.1195(z^3 - z^{-3}) - 0.0724(z^4 - z^{-4})$$

$$H(e^{j\omega}) = j[0.2122\sin(\omega) + 0.325\sin(2\omega) + 0.239\sin(3\omega) - 0.1448\sin(4\omega)]$$

对应的幅频响应如图题 7.8.1 所示。图中横坐标是归一化频率,对应的圆周频率是 $0 \sim 0.25\pi$。由该图可以看出,本题求出的差分器在低频段具有近似理想差分器(即 $H(e^{j\omega}) = j\omega$)的幅频特性。

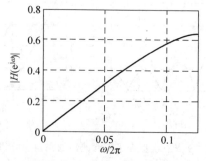

图题 7.8.1 差分器的幅频特性

7.9 文献[Ham88]称如下的差分器

$$h_{\mathrm L}(n)=\frac{-3n}{M(M+1)(2M+1)},\qquad n=-M\sim M$$

为"低噪声 Lanczos 差分器"。若 $M=2$，则 $h_{\mathrm L}(n)=\{0.2,0.1,0,-0.1,-0.2\}$。该文献还给出了两个改进型的 Lanczos 差分器，即

$$h_{\mathrm{L1}}(n)=\{-1/6,8/6,0,-8/6,1/6\}$$

$$h_{\mathrm{L2}}(n)=\{-22/126,67/126,58/126,0,-58/126,-67/126,22/126\}$$

（1）试写出这 3 个差分器的差分方程（对于 $h_{\mathrm L}(n)$，令 $M=2$）；

（2）求并画出这 3 个差分器的幅频响应，并比较它们的性能。

解：对 $h_{\mathrm L}(n)$，若系数乘以 10，那么每个输出样本只需要两个乘法（乘以 2），而这一乘法用二进制的移位即可实现。

若将 $h_{\mathrm{L1}}(n)$ 乘以 6，每个输出样本也只需要两个乘法（乘以 8），而这一乘法用二进制的移位也可实现。其通带频率有所增加，但高频衰减过慢；

它们的幅频响应如图题 7.9.1 所示。图中：①对应理想差分器；②对应 $h_{\mathrm L}(n)$ 的幅频响应；③和④分别对应 $h_{\mathrm{L1}}(n)$ 和 $h_{\mathrm{L2}}(n)$ 的归一化幅频响应（即将求出的幅频响应都除以最大值）。显然，$h_{\mathrm L}(n)$ 的通带频率过低，这是其缺点。$h_{\mathrm{L1}}(n)$ 的幅频响应的通带频率有所增加，但高频衰减过慢；$h_{\mathrm{L2}}(n)$ 的通带频率比 $h_{\mathrm L}(n)$ 高，高频衰减比 $h_{\mathrm{L1}}(n)$ 要好。缺点是计算量较大。

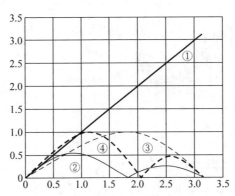

图题 7.9.1　理想差分器、$h_{\mathrm L}(n)$、$h_{\mathrm{L1}}(n)$ 及 $h_{\mathrm{L2}}(n)$ 的幅频响应曲线

7.10 中值滤波器（median filter）的研究。$(2K+1)$ 个数的中值是这样一个数：它大于其他 K 个数，但小于另外的 K 个数。一组数的中值很容易利用排序的方法来确定，例如，若 $x=\{10,7,-3,0,5,1,-5\}$，排序后变成 $x'=\{-5,-3,0,1,5,7,10\}$，显然，$\mathrm{med}[x]=1$。其中 med 表示取中值。

对长度为 N 的信号 $x(n)$ 进行中值滤波的方法如下：（1）选择一个奇数 $M,M\ll N$；

(2)在 $x(n)$ 的前面补 $(M-1)/2$ 个零,在 $x(n)$ 的后面也补 $(M-1)/2$ 个零;(3)对补零后的 $x(n)$,从第一个数开始,先求其 M 个数的中值,然后移动这个长度为 M 的矩形窗,每次移动一个抽样点,依次求窗口内的中值,最后得到 $y(n)$,$y(n)$ 奇数对 $x(n)$ 中值滤波的结果,其长度和 $x(n)$ 一样。MATLAB 中的 m 文件 medfilt1 用来实现对一维信号的中值滤波,medfilt2 用来实现对图像的中值滤波。

研究发现,中值滤波对去除信号中的脉冲干扰及图像中的椒盐(salt and pepper)噪声有着非常明显的效果,因此在信号和图像处理中获得了广泛的应用。

请自己产生一个信号,在其不同位置上叠加不同幅度的脉冲,然后分别做 M 点中值滤波及 M 点的移动平均滤波,比较它们的滤波效果,并比较 M 取值对滤波效果的影响。

解:求解此题的程序是 ex_07_10_1,其结果如图题 7.10.1 和图题 7.10.2 所示。

首先产生一个长度为 300 的正弦信号,在其随机的位置上加上随机幅度的噪声,这等于给正弦信号加上了脉冲干扰,如图题 7.10.1(a)所示。图题 7.10.1 的(b)、(c)、(d)是分别用 $M=7,15$ 和 21 对图题 7.10.1(a)信号做中值滤波所得到的结果。显然,$M=7$ 时的滤波效果不好,$M=15$ 时效果已经相当好,$M=21$ 时效果没有进一步的改进。这一结果表明,非线性的中值滤波对脉冲噪声的滤波效果确实较好,另外,M 的选取并没有一个明确的准则,一般要通过对信号的实际滤波结果而定。

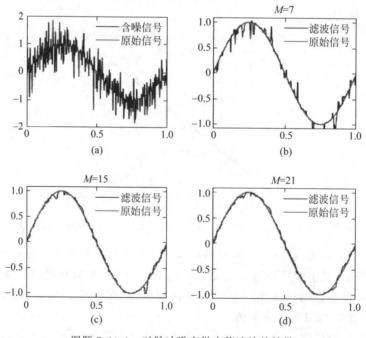

图题 7.10.1 对脉冲噪声做中值滤波的结果

图题 7.10.2 是对上述脉冲干扰信号做移动平均滤波的结果。图题 7.10.2(a)和图题 7.10.1 的(a)一样,即是同一个信号。图题 7.10.2 的(b)、(c)、(d)是分别用 $M=7,15$ 和 21 对图题 7.10.2(a)信号进行移动平均滤波所得到的结果。移动平均滤波器的系数是 $1/M$。

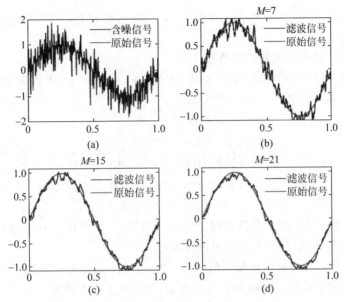

图题 7.10.2　对脉冲噪声做移动平均滤波的结果

对比图题 7.10.1 和图题 7.10.2 的结果,明显可以看出,对于脉冲噪声,移动平均的效果不如中值滤波。

7.11　一个 4×4 的图像的 16 个像素值都是 100,被噪声污染后变成

$$\begin{bmatrix} 100 & 210 & 100 & 100 \\ 100 & 100 & 220 & 100 \\ 190 & 100 & 100 & 0 \\ 100 & 100 & 180 & 100 \end{bmatrix}$$

当用 3×3 的窗口对其作中值滤波时,类似于一维信号,需要对其进行边缘补零扩展,如下式所示。

$$\begin{bmatrix} 0 & 0 & 0 & 0 & 0 & 0 \\ 0 & 100 & 210 & 100 & 100 & 0 \\ 0 & 100 & 100 & 220 & 100 & 0 \\ 0 & 190 & 100 & 100 & 0 & 0 \\ 0 & 100 & 100 & 180 & 100 & 0 \\ 0 & 0 & 0 & 0 & 0 & 0 \end{bmatrix}$$

对左上角的像素值 100,以其为中心的 3×3 窗口下的 9 个像素是

$$
\begin{array}{ccc}
0 & 0 & 0 \\
0 & \boxed{100} & 210 \\
0 & 100 & 100
\end{array}
$$

显然,$\mathrm{med}[0,0,0,0,0,100,100,100,210]=0$。依次右移和下移该窗口,即可实现该图像的中值滤波。

(1) 请自己完成该图像的中值滤波;

(2) 对本书所附含有椒盐噪声的图像 NoisyLena.bmp,试利用 MATLAB 文件 medfilt2 对其实现中值滤波,并观察滤波效果。

解:对所给 4×4 图像中值滤波的结果是

$$
\begin{bmatrix}
0 & 100 & 100 & 0 \\
100 & 100 & 100 & 100 \\
100 & 100 & 100 & 100 \\
0 & 100 & 100 & 0
\end{bmatrix}
$$

很明显,被噪声污染的像素都得到了恢复。当然,中值滤波会对图像边缘带来失真,但对于较大的图像来说,这一失真是可以忽略的。

图题 7.11.1(a)是含有椒盐噪声的图片,即 NoisyLena.bmp;图题 7.11.1(b)是利用 medfilt2 对其进行中值滤波的结果。可以看到,滤波效果非常明显。

求解此题的程序是 ex_07_11_1。

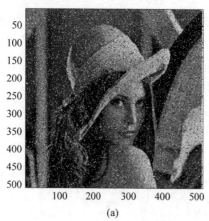
(a)

(b)

图题 7.11.1　图像的中值滤波

(a) 含有椒盐噪声的图片 NoisyLena.bmp;(b) 中值滤波的结果

第8章

信号处理中常用的正交变换习题参考解答

8.1 对 $x(n)$，$n=0,1,\cdots,N-1$，教材参考文献[Bra86a]定义了其离散 Hartley (DHT)变换为

$$X_{\mathrm{H}}(k)=\frac{1}{N}\sum_{n=0}^{N-1}x(n)\operatorname{cas}\left(\frac{2\pi}{N}nk\right)\quad k=0,1,\cdots,N-1$$

式中

$$\operatorname{cas}\left(\frac{2\pi}{N}nk\right)=\cos\left(\frac{2\pi}{N}nk\right)+\sin\left(\frac{2\pi}{N}nk\right)$$

试证明 DHT 是正交变换，并给出 DHT 逆变换的表达式。

证明： 因为离散 Hartley 变换核 $\operatorname{cas}\left(\frac{2\pi}{N}nk\right)$ 是周期的，周期为 N，且

$$\sum_{n=0}^{N-1}\operatorname{cas}\left(\frac{2\pi nk}{N}\right)\operatorname{cas}\left(\frac{2\pi nm}{N}\right)=\begin{cases}N & m=k\\0 & m\neq k\end{cases}$$

所以离散 Hartley 变换 DHT 是正交变换，且周期为 N。

由教材 8.1.2 节关于正交变换的性质 1，因为正变换的基函数 $\operatorname{cas}\left(\frac{2\pi}{N}nk\right)$ 是正交基，因此，DHT 逆变换的基函数也是 $\operatorname{cas}\left(\frac{2\pi}{N}nk\right)$，因此，不难求出

$$x(n)=\sum_{n=0}^{N-1}X_{\mathrm{H}}(k)\operatorname{cas}\left(\frac{2\pi}{N}nk\right)\quad n=0,1,\cdots,N-1$$

8.2 由题 8.1 关于 DHT 的定义可以看出，DHT 是实变换，即实序列变换后仍然是实的。因此，DHT 的主要应用是代替 DFT 来实现信号的傅里叶变换。给定 $x(n)$，$n=0,1,\cdots,N-1$，试导出其 DFT 和 DHT 之间的关系，并说明如何利用 DHT 实现 DFT。

解： 由题 8.1 关于 DHT 的定义，有

$$\boldsymbol{X}_{\mathrm{H}}(k)=\frac{1}{N}\sum_{n=0}^{N-1}x(n)\operatorname{cas}\left(\frac{2\pi}{N}nk\right)$$

$$=\frac{1}{N}\sum_{n=0}^{N-1}x(n)\cos\left(\frac{2\pi}{N}nk\right)+\frac{1}{N}\sum_{n=0}^{N-1}x(n)\sin\left(\frac{2\pi}{N}nk\right)$$

$$= E(k) + O(k)$$

式中,$E(k)$ 为 $\boldsymbol{X}_H(k)$ 的偶信号部分,$O(k)$ 为 $\boldsymbol{X}_H(k)$ 的奇信号部分。它们可由下式求出,即

$$E(k) = [\boldsymbol{X}_H(k) + \boldsymbol{X}_H(-k)]/2$$

$$O(k) = [\boldsymbol{X}_H(k) - \boldsymbol{X}_H(k)]/2$$

由 DFT 的定义

$$\boldsymbol{X}_F(k) = \frac{1}{N} \sum_{n=0}^{N-1} x(n) \exp\left(-\frac{2\pi}{N} nk\right)$$

$$= \frac{1}{N} \sum_{n=0}^{N-1} x(n) \cos\left(\frac{2\pi}{N} nk\right) - j \frac{1}{N} \sum_{n=0}^{N-1} x(n) \sin\left(\frac{2\pi}{N} nk\right)$$

$$= E(k) - jO(k)$$

因此,对数据 $x(n), n=0,1,\cdots,N-1$,在求出其 DHT 后,可以不通过复数运算而由上式直接得到其 DFT。反之,如果我们知道 $x(n)$ 的 DFT,即 $\boldsymbol{X}_F(k)$,则可由下式得到其 DHT

$$\boldsymbol{X}_H(k) = \text{Re}[\boldsymbol{X}_F(k)] - \text{Im}[\boldsymbol{X}_F(k)]$$

8.3 连续 Hartley 变换的核函数 $\text{cas}(\Omega t) = \cos(\Omega t) + \sin(\Omega t)$,给定

$$x(t) = \begin{cases} 1 & 0 \leqslant t \leqslant 1 \\ 0 & \text{其他} \end{cases}$$

试求出并画出 $\boldsymbol{X}_H(\Omega)$,并通过 $\boldsymbol{X}_H(\Omega)$ 求出并画出 $x(t)$ 傅里叶变换的实部与虚部。

解:信号 $x(t)$ 的连续 Hartley 变换定义为

$$\boldsymbol{X}_H(\Omega) = \frac{1}{\sqrt{2\pi}} \int_{-\infty}^{\infty} x(t) \text{cas}(\Omega t) \, dt$$

由此定义和给定的 $x(t)$,有

$$\boldsymbol{X}_H(\Omega) = \frac{1}{\sqrt{2\pi}} \int_0^1 \cos(\Omega t) \, dt + \frac{1}{\sqrt{2\pi}} \int_0^1 \sin(\Omega t) \, dt$$

$$= \frac{1}{\sqrt{2\pi} \, \Omega} \sin\Omega + \frac{1}{\sqrt{2\pi} \, \Omega} (1 - \cos\Omega)$$

$$= \frac{1}{\sqrt{2\pi} \, \Omega} (1 + \sin\Omega - \cos\Omega)$$

$\boldsymbol{X}_H(\Omega)$ 如图题 8.3.1 所示。

由 8.2 题关于 DFT 和 DHT 的关系,即 $\boldsymbol{X}_F(k) = E(k) - jO(k)$,可求出

$$\boldsymbol{X}_F(j\Omega) = \frac{1}{\sqrt{2\pi} \, \Omega} [\sin\Omega - j(1 - \cos\Omega)]$$

$\boldsymbol{X}_F(j\Omega)$ 的实部和虚部分别如图题 8.3.2 所示。图中实线表示实部,虚线表示虚部。

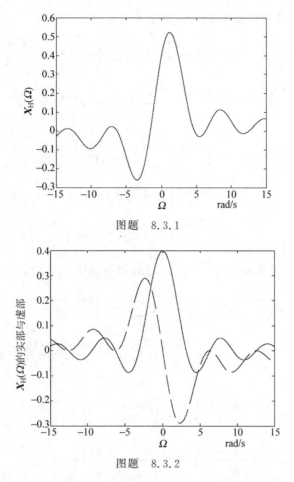

图题 8.3.1

图题 8.3.2

8.4 同样由于 DHT 是实变换的特点,它的另一个应用是在实数域计算卷积。令 $x(n)$ 是 $x_1(n)$ 和 $x_2(n)$ 的循环卷积,三者的 DHT 分别是 $X_H(k)$、$X_{1H}(k)$ 和 $X_{2H}(k)$,并记

$$P_a(k) = X_{1H}(k)X_{2H}(k), \qquad P_b(k) = X_{1H}(k)X_{2H}(-k)$$

试证明

$$X_H(k) = \frac{N}{2}\left[P_a(k) - P_a(-k) + P_b(k) + P_b(-k)\right]$$

并进一步说明由 $X_H(k)$ 求出 $x(n)$ 的过程及乘法计算量。

证明: 由教材式(3.5.21)知,两个等长序列的循环卷积定义为

$$x(n) = x_1(n) \otimes x_2(n) = \sum_{i=0}^{N-1} x_1(i)x_2(n-i)$$

将 $x_1(n)$ 和 $x_2(n)$ 的 DHT 表达式代入,则上式变为

$$x(n) = \sum_{i=0}^{N-1}\left[\sum_{k=0}^{N-1}X_{1\mathrm{H}}(k)\,\mathrm{cas}\Big(\frac{2\pi ik}{N}\Big)\right]\left[\sum_{l=0}^{N-1}X_{2\mathrm{H}}(l)\,\mathrm{cas}\Big(\frac{2\pi(n-i)l}{N}\Big)\right]$$

$$= \sum_{l=0}^{N-1}\sum_{k=0}^{N-1}X_{1\mathrm{H}}(k)X_{2\mathrm{H}}(l)\left[\sum_{i=0}^{N-1}\mathrm{cas}\Big(\frac{2\pi ik}{N}\Big)\,\mathrm{cas}\Big(\frac{2\pi(n-i)l}{N}\Big)\right] \qquad (1)$$

式中

$$\mathrm{cas}\Big(\frac{2\pi(n-i)l}{N}\Big) = \cos\Big(\frac{2\pi(n-i)l}{N}\Big) + \sin\Big(\frac{2\pi(n-i)l}{N}\Big)$$

$$= \cos\Big(\frac{2\pi nl}{N}\Big)\cos\Big(\frac{2\pi il}{N}\Big) + \sin\Big(\frac{2\pi nl}{N}\Big)\sin\Big(\frac{2\pi il}{N}\Big) +$$

$$\sin\Big(\frac{2\pi nl}{N}\Big)\cos\Big(\frac{2\pi il}{N}\Big) - \cos\Big(\frac{2\pi nl}{N}\Big)\sin\Big(\frac{2\pi il}{N}\Big)$$

将 $\mathrm{cas}\Big(\dfrac{2\pi ik}{N}\Big)$ 展开,并完成和 $\mathrm{cas}\Big(\dfrac{2\pi(n-i)l}{N}\Big)$ 的相乘,则(1)式中括号内

$$\sum_{i=0}^{N-1}\mathrm{cas}\Big(\frac{2\pi ik}{N}\Big)\,\mathrm{cas}\Big(\frac{2\pi(n-i)l}{N}\Big) = \cos\Big(\frac{2\pi nl}{N}\Big)\sum_{i=0}^{N-1}\left[\cos\Big(\frac{2\pi i(k+l)}{N}\Big) + \sin\Big(\frac{2\pi i(k-l)}{N}\Big)\right] +$$

$$\sin\Big(\frac{2\pi nl}{N}\Big)\sum_{i=0}^{N-1}\left[\cos\Big(\frac{2\pi i(k-l)}{N}\Big) + \sin\Big(\frac{2\pi i(k+l)}{N}\Big)\right]$$

由于

$$\sum_{i=0}^{N-1}\left[\cos\Big(\frac{2\pi i(k+l)}{N}\Big) + \sin\Big(\frac{2\pi i(k-l)}{N}\Big)\right] = \begin{cases} N & k=-l \\ 0 & k\neq -l \end{cases}$$

$$\sum_{i=0}^{N-1}\left[\cos\Big(\frac{2\pi i(k-l)}{N}\Big) + \sin\Big(\frac{2\pi i(k+l)}{N}\Big)\right] = \begin{cases} N & k=l \\ 0 & k\neq l \end{cases}$$

并将此结果代入(1)式,再由 $P_a(k)=X_{1\mathrm{H}}(k)X_{2\mathrm{H}}(k)$ 及 $P_b(k)=X_{1\mathrm{H}}(k)X_{2\mathrm{H}}(-k)$ 的定义,因此,有

$$x(n) = N\left[\sum_{k=0}^{N-1}P_b(k)\cos\Big(\frac{2\pi nk}{N}\Big) + \sum_{k=0}^{N-1}P_a(k)\sin\Big(\frac{2\pi nk}{N}\Big)\right]$$

因为

$$\cos\Big(\frac{2\pi nk}{N}\Big) = \frac{1}{2}\left[\sin\Big(\frac{2\pi nk}{N}\Big) + \cos\Big(\frac{2\pi nk}{N}\Big) + \cos\Big(-\frac{2\pi nk}{N}\Big) + \sin\Big(-\frac{2\pi nk}{N}\Big)\right]$$

$$\sin\Big(\frac{2\pi nk}{N}\Big) = \frac{1}{2}\left[\sin\Big(\frac{2\pi nk}{N}\Big) + \cos\Big(\frac{2\pi nk}{N}\Big)\right] - \left[\cos\Big(-\frac{2\pi nk}{N}\Big) + \sin\Big(-\frac{2\pi nk}{N}\Big)\right]$$

所以

$$x(n) = \sum_{k=0}^{N-1}\frac{N}{2}[P_b(k) + P_b(-k) + P_a(k) - P_a(-k)]\,\mathrm{cas}\Big(\frac{2\pi nk}{N}\Big)$$

上式是一个标准的 DHT 反变换式,因此

$$X_\mathrm{H}(k) = \frac{N}{2}\big[P_b(k) + P_b(-k) + P_a(k) - P_a(-k)\big] \tag{2}$$

结论得证。

由 DHT 求出 $x(n)$ 的过程如下:先分别求出 $x_1(n)$ 和 $x_2(n)$ 的 DHT $X_{1\mathrm{H}}(k)$ 和 $X_{2\mathrm{H}}(k)$,再由(2)式求出 $X_\mathrm{H}(k)$,将其取逆 DHT 即可求出 $x(n)$。显然,在计算出 $X_{1\mathrm{H}}(k)$ 和 $X_{2\mathrm{H}}(k)$ 后,由(2)式求出 N 点 $X_\mathrm{H}(k)$ 需要 $2N$ 次实数乘法,若用 DFT 去做,则需要 N 次复数乘法,即 $4N$ 次实数乘法。另外,求出 $X_{1\mathrm{F}}(k)$ 和 $X_{2\mathrm{F}}(k)$ 需要在复数域计算,而 $X_{1\mathrm{H}}(k)$ 和 $X_{2\mathrm{H}}(k)$ 则是在实数域计算。

8.5 对 DHT,试证明

$$\mathrm{cas}(\alpha + \beta) = \mathrm{cas}\alpha \cos\beta + \mathrm{cas}(-\alpha)\sin\beta$$

$$\mathrm{cas}(-\alpha) = \mathrm{cas}\alpha - 2\sin\alpha = \cos\alpha - \sin\alpha$$

并利用这两个关系导出 DHT 的移位性质

$$\mathrm{DHT}\big[x(n+n_0)\big] = X_\mathrm{H}(k)\cos\Big(\frac{2\pi}{N}n_0 k\Big) - X_\mathrm{H}(N-k)\sin\Big(\frac{2\pi}{N}n_0 k\Big)$$

证明:因为

$$\mathrm{cas}(\alpha + \beta) = \cos(\alpha + \beta) + \sin(\alpha + \beta) = \cos\alpha\cos\beta - \sin\alpha\sin\beta + \sin\alpha\cos\beta + \sin\beta\cos\alpha$$
$$= \cos\beta(\cos\alpha + \sin\alpha) + \sin\beta(\cos\alpha - \sin\alpha)$$

所以

$$\mathrm{cas}(\alpha + \beta) = \mathrm{cas}\alpha\cos\beta + \mathrm{cas}(-\alpha)\sin\beta$$

很容易证明

$$\mathrm{cas}(-\alpha) = \cos(-\alpha) + \sin(-\alpha) = \cos\alpha - \sin\alpha$$
$$= \cos\alpha + \sin\alpha - 2\sin\alpha = \mathrm{cas}\alpha - \sin\alpha$$

由定义

$$\mathrm{DHT}\big[x(n+n_0)\big] = \frac{1}{N}\sum_{n=0}^{N-1} x(n+n_0)\,\mathrm{cas}\Big(\frac{2\pi}{N}nk\Big)$$

令 $n' = n + n_0$,则

$$\mathrm{cas}\Big(\frac{2\pi}{N}nk\Big) = \mathrm{cas}\Big(\frac{2\pi}{N}(n'-n_0)k\Big)$$
$$= \mathrm{cas}\Big(\frac{2\pi}{N}kn'\Big)\cos\Big(-n_0\frac{2\pi}{N}k\Big) + \mathrm{cas}\Big(-\frac{2\pi}{N}kn'\Big)\sin\Big(-n_0\frac{2\pi}{N}k\Big)$$
$$= \mathrm{cas}\Big(\frac{2\pi}{N}kn'\Big)\cos\Big(-n_0\frac{2\pi}{N}k\Big) - \mathrm{cas}\Big(-\frac{2\pi}{N}kn'\Big)\sin\Big(n_0\frac{2\pi}{N}k\Big)$$

又因为

$$X_{\mathrm{H}}(N-k)=\frac{1}{N}\sum_{n=0}^{N-1}x(n)\operatorname{cas}\left(\frac{2\pi}{N}(N-k)n\right)=\frac{1}{N}\sum_{n=0}^{N-1}x(n)\operatorname{cas}\left(-\frac{2\pi}{N}kn\right)$$

所以

$$\mathrm{DHT}[x(n+n_0)]=X_{\mathrm{H}}(k)\cos\left(\frac{2\pi}{N}n_0k\right)-X_{\mathrm{H}}(N-k)\sin\left(\frac{2\pi}{N}n_0k\right)$$

因此结果得证。

8.6 令 $x(n),n=0,1,\cdots,N-1$,试说明其 DCT-Ⅱ 变换的 $X_c(k)$ 可写成

$$X_c(k)=\sqrt{\frac{2}{N}}\,\mathrm{Re}\left\{\mathrm{e}^{-\mathrm{j}k\pi/2N}\sum_{n=0}^{2N-1}x_{2N}(n)\mathrm{e}^{-\mathrm{j}2\pi nk/2N}\right\} \qquad (1)$$

的形式,并说明 $x_{2N}(n)$ 和 $x(n)$ 有何关系,再说明如何由 DFT 计算 DCT。

解:已知 DCT-Ⅱ 的变换关系是

$$X_c(0)=\frac{1}{\sqrt{N}}\sum_{n=0}^{N-1}x(n) \quad k=0$$

$$X_c(k)=\sqrt{\frac{2}{N}}\sum_{n=0}^{N-1}x(n)\cos\left(\frac{(2n+1)k\pi}{2N}\right) \quad k=1,2,\cdots,N-1$$

将本题(1)式的左边改记为 $\hat{X}_c(k)$,由于

$$\begin{aligned}
\hat{X}_c(k)&=\sqrt{\frac{2}{N}}\,\mathrm{Re}\left\{\mathrm{e}^{-\frac{\mathrm{j}k\pi}{2N}}\sum_{n=0}^{2N-1}x_{2N}(n)\mathrm{e}^{-\frac{\mathrm{j}2kn\pi}{2N}}\right\}\\
&=\sqrt{\frac{2}{N}}\,\mathrm{Re}\left\{\sum_{n=0}^{2N-1}x_{2N}(n)\mathrm{e}^{-\frac{\mathrm{j}(2n+1)k\pi}{2N}}\right\}\\
&=\sqrt{\frac{2}{N}}\sum_{n=0}^{2N-1}x_{2N}(n)\cos\left(\frac{(2n+1)k\pi}{2N}\right)
\end{aligned}$$

显然,若取

$$x_{2N}(n)=\begin{cases}x(n) & n=0,1,\cdots,N-1\\ 0 & n=N,\cdots,2N-1\end{cases}$$

则

$$\hat{X}_c(k)=X_c(k)=\sqrt{\frac{2}{N}}\sum_{n=0}^{N-1}x(n)\cos\left(\frac{(2n+1)k\pi}{2N}\right)$$

于是结论得证。从这一结论,我们也可得到由 DFT 计算 DCT 的方法如下:

(1) 在 N 点序列 $x_N(n)$ 的后面补 N 个零,得 $x_{2N}(n)$;

(2) 求 $x_{2N}(n)$ 的 DFT,得 $X_{2N}(k),k=0,1,\cdots,2N-1$;

(3) 将 $X_{2N}(k)$ 和因子 $\mathrm{e}^{-\mathrm{j}k\pi/2N}$ 相乘,然后取实部,再乘以系数 $\sqrt{2/N}$($k=0$ 时乘以 $\sqrt{1/N}$),取其前 N 个值,即得 $X_c(k)$。

由于 DFT 可以用 FFT 快速实现,所以 DCT 也可以通过 FFT 快速实现。

8.7 文献[Wzd85]提出了离散 W 变换(DWT)的概念。对数据 $x(n)$,$n=0,1,\cdots,$ $N-1$,定义

$$X_w(k)=\sqrt{\frac{2}{N}}\sum_{n=0}^{N-1}x(n)\sin\left[\frac{\pi}{4}+(n+\alpha)(k+\beta)\frac{2\pi}{N}\right]\quad k=0,1,\cdots,N-1$$

式中,α 和 β 分别是时域和频域参数,它们的取值可以是 $(0,0)$,$(1/2,0)$,$(0,1/2)$,$(1/2,1/2)$ 中的任一个。因此,DWT 有 4 种形式。若取 $\alpha=\beta=1/2$,这时的 DWT 不但可以像 DFT 那样得到信号整数倍的谐波,而且可以得到分数倍的谐波。

第一种 DWT(对应 $\alpha=\beta=0$)的变换矩阵是

$$\boldsymbol{W}_N^{\mathrm{I}}=\sqrt{\frac{2}{N}}\sin\left(\frac{\pi}{4}+\frac{2\pi}{N}nk\right)\quad k=0,1,\cdots,N-1$$

(1) 试证明上式的 DWT 就是 8.1 题定义的 DHT;

(2) 分别写出 $\boldsymbol{W}_N^{\mathrm{II}}$、$\boldsymbol{W}_N^{\mathrm{III}}$ 和 $\boldsymbol{W}_N^{\mathrm{IV}}$ 的表达式;

(3) 试证明:

$$[\boldsymbol{W}_N^{\mathrm{I}}]^{-1}=[\boldsymbol{W}_N^{\mathrm{I}}]^{-\mathrm{T}}=[\boldsymbol{W}_N^{\mathrm{I}}]$$

$$[\boldsymbol{W}_N^{\mathrm{II}}]^{-1}=[\boldsymbol{W}_N^{\mathrm{II}}]^{\mathrm{T}}=[\boldsymbol{W}_N^{\mathrm{III}}]$$

$$[\boldsymbol{W}_N^{\mathrm{IV}}]^{-1}=[\boldsymbol{W}_N^{\mathrm{IV}}]^{\mathrm{T}}=[\boldsymbol{W}_N^{\mathrm{IV}}]$$

解:(1) 将 $\boldsymbol{W}_N^{\mathrm{I}}=\sqrt{\dfrac{2}{N}}\sin\left(\dfrac{\pi}{4}+nk\dfrac{2\pi}{N}\right)$ 展开,有

$$\boldsymbol{W}_N^{\mathrm{I}}=\sqrt{\frac{2}{N}}\times\frac{\sqrt{2}}{2}\left[\cos\left(nk\frac{2\pi}{N}\right)+\sin\left(nk\frac{2\pi}{N}\right)\right]=\frac{1}{\sqrt{N}}\mathrm{cas}\left(nk\frac{2\pi}{N}\right)\tag{1}$$

显然,此类 DWT 就是 8.1 题中的 DHT。

(2) 由 DWT 定义及所给参数,易得

$$\boldsymbol{W}_N^{\mathrm{II}}=\sqrt{\frac{2}{N}}\sin\left[\frac{\pi}{4}+(n+1/2)k\frac{2\pi}{N}\right]\quad\alpha=1/2,\beta=0$$

$$\boldsymbol{W}_N^{\mathrm{III}}=\sqrt{\frac{2}{N}}\sin\left[\frac{\pi}{4}+n(k+1/2)\frac{2\pi}{N}\right]\quad\alpha=0,\beta=1/2$$

$$\boldsymbol{W}_N^{\mathrm{IV}}=\sqrt{\frac{2}{N}}\sin\left[\frac{\pi}{4}+(n+1/2)(k+1/2)\frac{2\pi}{N}\right]\quad\alpha=1/2,\beta=1/2$$

(3) 证明:由(1)式,$\boldsymbol{W}_N^{\mathrm{I}}$ 即是 DHT 的变换矩阵,在本章问题 8.1 中已证明 DHT 的变换矩阵是正交阵,并且很容易观察到 $\boldsymbol{W}_N^{\mathrm{I}}$ 是对称阵,因此有

$$[\boldsymbol{W}_N^{\mathrm{I}}]^{-1}=[\boldsymbol{W}_N^{\mathrm{I}}]^{-\mathrm{T}}=[\boldsymbol{W}_N^{\mathrm{I}}]$$

本小题的其他两个关系请读者自己证明。

8.8 和 4 种形式的 DWT 相对应,离散余弦变换和离散正弦变换也各有 4 种形式。教材式(8.3.2)定义的 DCT 称为 DCT-Ⅱ,而式(8.3.12)定义的 DST 称为 DST-Ⅰ。其中 DCT-Ⅲ 和 DST-Ⅲ 的变换矩阵分别是

$$C_N^{\text{Ⅲ}} = \sqrt{N/2}\, g_n \cos[n(k+1/2)\pi/N] \quad n,k=0,1,\cdots,N-1$$

$$S_N^{\text{Ⅲ}} = \sqrt{N/2}\, g_n \sin[n(k-1/2)\pi/N] \quad n,k=1,2,\cdots,N$$

式中

$$g_j = \begin{cases} 1/\sqrt{2} & j=0 \text{ 或 } j=N \\ 1 & j \neq 0 \text{ 或 } j \neq N \end{cases}$$

试证明这两个矩阵是正交阵。

证明: 现选择上面第二个式子进行证明,第一个式子请读者自己证明。已知 $S_N^{\text{Ⅲ}}$ 定义为

$$S_N^{\text{Ⅲ}} = \sqrt{\frac{2}{N}}\, g_n \sin[n(k-1/2)\pi/N] \quad n,k=1,2,\cdots,N$$

将变换矩阵 $S_N^{\text{Ⅲ}}$ 写成

$$S_N^{\text{Ⅲ}} = (S_{n,k})_{N \times N} = [s_1, s_1, \cdots, s_N]^{\text{T}}$$

的形式,式中 s_i, $i=1,2,\cdots,N-1$ 是 $S_N^{\text{Ⅲ}}$ 的行向量。分别取 s_m 和 s_k,其中

$$s_k = \sqrt{\frac{2}{N}}\, g_k \left[\sin\frac{1}{2N}k\pi, \sin\frac{3}{2N}k\pi, \cdots, \sin\frac{2N-1}{2N}k\pi \right]$$

欲证明 $S_N^{\text{Ⅲ}}$ 是正交阵,需证明 $<s_k, s_m> = \delta(k-m)$, $k,m=1,2,\cdots,N$。由于

$$<s_k, s_m> = \frac{2}{N} g_m g_k \sum_{n=1}^{N} \sin\frac{2n-1}{2N}m\pi \sin\frac{2n-1}{2N}k\pi$$

$$= \frac{1}{N} g_m g_k \sum_{n=1}^{N} \left[\cos\frac{2n-1}{2N}(m-k)\pi - \cos\frac{2n-1}{2N}(m+k)\pi \right] \tag{1}$$

现需要讨论 $m=k$ 和 $m \neq k$ 两种情况。

(1) 当 $m=k$ 时:

如果 $m=k=N$,则

$$<s_k, s_m> = \frac{2}{N} g_k^2 N = \frac{1}{N} \times \frac{1}{2} \times 2N = 1$$

如果 $m=k \neq N$,则

$$<s_k, s_m> = \frac{1}{N} \sum_{n=1}^{N} \left[1 - \cos\frac{2n-1}{2N}(m+k)\pi \right] \tag{2}$$

式中

$$\sum_{n=1}^{N} \cos\frac{2n-1}{2N}(m+k)\pi = \sum_{n=0}^{N-1} \cos\frac{2n+1}{2N}(m+k)\pi \tag{3}$$

为了得出(2)式和(3)式的结果,现给出如下的引理 1。

引理 1

$$\sum_{n=0}^{N-1}\cos\frac{2n+1}{2N}k\pi=0 \quad N,n,k\in Z$$

为证明该引理,需要考虑 k 和 N 分别为奇数和偶数的四种情况,现只考虑 k 为奇数、N 为偶数的情况,其他三种情况请读者证明。由于

$$\sum_{n=0}^{N-1}\cos\frac{2n+1}{2N}k\pi=\sum_{n=0}^{\frac{N}{2}-1}\cos\frac{2n+1}{2N}k\pi+\sum_{n=N/2}^{N-1}\cos\frac{2n+1}{2N}k\pi$$

$$=\sum_{n=0}^{\frac{N}{2}-1}\cos\frac{2n+1}{2N}k\pi+\sum_{n=0}^{\frac{N}{2}-1}\cos\frac{2(N-1-n)+1}{2N}k\pi$$

$$=\sum_{n=0}^{\frac{N}{2}-1}\cos\frac{2n+1}{2N}k\pi+\sum_{n=0}^{\frac{N}{2}-1}\cos\left[\frac{-(2n+1)}{2N}k\pi+k\pi\right]$$

$$=\sum_{n=0}^{\frac{N}{2}-1}\cos\frac{2n+1}{2N}k\pi-\sum_{n=0}^{\frac{N}{2}-1}\cos\frac{2n+1}{2N}k\pi=0$$

所以,引理 1 成立。

由该引理,本题的(2)式变为

$$<s_k,s_m>=\frac{1}{N}\sum_{n=1}^{N}\left[1-\cos\frac{2n-1}{2N}(m+k)\pi\right]=\frac{1}{N}\times N=1$$

(2) 当 $m\neq k$ 时:

由本题的引理 1 和(3)式,本题的(1)式变为

$$<s_k,s_m>=\frac{1}{N}\sum_{n=1}^{N}\left[\cos\frac{2n-1}{2N}(m-k)\pi-\cos\frac{2n-1}{2N}(m+k)\pi\right]=0$$

综合上述两种情况,即矩阵 $\boldsymbol{S}_N^{\text{III}}$ 的行向量满足

$$<s_k,s_m>=\begin{cases}1 & k=m \\ 0 & k\neq m\end{cases}$$

因此,$\boldsymbol{S}_N^{\text{III}}$ 是正交阵。

8.9　4 种形式的 DCT 和 DST 在 $\rho=-1\sim0\sim+1$ 的不同取值时,对一阶马尔可夫过程有着不同的近似性能。本书附录中有 3 篇论文,请阅读它们后,总结和比较它们的近似性能。

顺便指出,尽管 DCT 和 DST 有 4 种形式,但就近二十年的实践看,在语音和图像编码方面应用最多的还是 DCT-Ⅱ。

解：综合附录中的三篇论文,现把第Ⅰ至Ⅳ种 DCT 及 DST 对 K-L 变换的近似性能

概括地归纳如下,详细的内容请读者参看这三篇文献。

(1) 教材 8.3 节已指出,当 $\rho \to 1$ 时,DCT,DFT 及 DST 都是对一阶马尔可夫过程 K-L 变换的近似。其近似性能,DCT 优于 DFT,而 DFT 又优于 DST,此处 DCT 应为 DCT-II,DST 应为 DST-I。

(2) 当 $\rho \to 0$ 时,DST-I 退化为一阶马尔可夫过程,即该过程对 K-L 变换的近似程度最好。证明如下。

将 $\rho = 0$ 代入式(8.3.9)及式(8.3.10),有 $\lambda_j = 1$ 及 $\tan(N\omega) + \tan\omega = 0$,满足此方程的 N 个正根是(注:现将 i,j 下标由 $0 \sim N-1$ 改为 $1 \sim N$)

$$\omega_j = j\pi(N+1) \quad j = 1, 2, \cdots, N$$

将 λ_j, ω_j 代入式(8.3.8)得

$$[\boldsymbol{A}]_{ij} = \sqrt{\frac{2}{N+1}} \sin\left(\frac{ij\pi}{N+1}\right) = [\boldsymbol{S}_N^{\mathrm{I}}]_{ij} \quad i,j = 1, 2, \cdots, N$$

结果得证。

(3) 当 $\rho \to -1$ 时,DCT-II 退化为一阶马尔可夫过程,即该过程对 K-L 变换的近似程度为最好。证明如下。用 $-\rho$ 代替式(8.3.7a)中的 ρ,得 $\rho \to -1$ 时的新协方差阵

$$[\overline{\boldsymbol{R}}_x]_{ij} = [(-\rho)^{|i-j|}]_{ij} \quad i,j = 1, 2, \cdots, N$$

容易验证,$\overline{\boldsymbol{R}}_x$ 和式(8.3.7a)中的 $\boldsymbol{R}_x$(注:下标改为 $1 \sim N$)有以下关系:

$$\boldsymbol{R}_x = \overline{\boldsymbol{D}}_N \boldsymbol{R}_x \boldsymbol{D}_N$$

由式(8.3.14)得

$$\boldsymbol{S}_N^{\mathrm{II}} \overline{\boldsymbol{R}}_x [\boldsymbol{S}_N^{\mathrm{II}}]^{-1} = \boldsymbol{J}_N \boldsymbol{C}_N^{\mathrm{II}} \boldsymbol{D}_N \overline{\boldsymbol{R}}_x \boldsymbol{D}_N [\boldsymbol{C}_N^{\mathrm{II}}]^{-1} \boldsymbol{J}_N = \boldsymbol{J} \boldsymbol{C}_N^{\mathrm{II}} \boldsymbol{R}_x [\boldsymbol{C}_N^{\mathrm{II}}]^{-1} \boldsymbol{J}_N$$

因为 $\boldsymbol{C}_N^{\mathrm{II}} \boldsymbol{R}_x [\boldsymbol{C}_N^{\mathrm{II}}]^{-1}$ 近似为对角阵(DCT-II 的性质),所以 $\boldsymbol{S}_N^{\mathrm{II}} \overline{\boldsymbol{R}}_x [\boldsymbol{S}_N^{\mathrm{II}}]^{-1}$ 也近似为对角阵,即是对 $\rho \to -1$ 时 K-L 变换的最好近似。

(4) 附录中的三篇论文用"残余相关(residual correlation)"的概念比较了 DCT 和 DFT 对一阶马尔可夫过程 K-L 变换的近似性能,并指出:DCT-I,DCT-II,DST-I,DST-II 及 DFT 在 $\rho = -1 \sim 1$ 的范围内,当 N 趋于较大的值时,其残余相关都趋于零,即都是对 K-L 的好的近似。但是,不同的变换类型在 $[-1, +1]$ 的区间内有例外的点。当 $\rho = -1$ 时,DCT-II 的残余相关不收敛,即近似性能不好;当 $\rho = \pm 1$ 时,DST-I 的近似性能不好;当 $\rho \to 0$ 时,DST-I 性能最好;当 $\rho \to 1$ 时,DCT-II 性能最好。这和我们前面讨论的结果是一致的。DCT-I 不含例外的点,即当 $N \to \infty$ 时,DCT-I 在 $[-1, 1]$ 的区间内其残余相关一致收敛于零。在 ρ 取 $0 \sim 1$ 的中间值,如 $\rho = 0.45 \sim 0.85$ 时,DCT-I 要优于 DCT-II。上述结果告诉我们,如果我们对所研究的过程的相关系数毫无所知,取较大的 N 时,使用 DCT-I 近似 K-L 变换将比 DCT-II 或 DST-I 更为安全。

以上的讨论给我们在利用 DCT 或 DST 作图像编码或数据压缩时提供了一个选区不同类型变换的一个总的原则。

当然，就近二十年的实践看，在语音和图像编码方面应用最多的还是 DCT-Ⅱ。

*　**8.10**　利用本书所附图像数据 girl. bmp：

(1) 试利用文件 dct2，对该图像进行压缩。压缩时可尝试对 DCT 变换后的系数采用不同取舍方法，比较其压缩性能。

(2) 结合教材例 8.7.2 的量化方法，对每一个经 DCT 变换后的 8×8 矩阵先量化，再做 Huffman 编码，从而实现图像压缩。在一定压缩比的情况下，和(1)给出的图像质量相比较。

(3) 试用本书所附子程序 fast_lot. m 实现对该图像的变换与压缩，并和(1)给出的图像质量相比较。

解：(1) 图像压缩通常包括图像的正交变换、量化和编码三个步骤。其中正交变换多采用离散余弦变换，或小波变换。对变换后系数的取舍，通常是将图像分块(对离散余弦变换，多分成 8×8 的子块)，然后取每块左上角的元素，并将每块第 k 行和第 k 列后的系数置 0。下面的 MATLAB 程序将原图像分成了 8×8 的矩阵块，然后对每一个子矩阵分别作 DCT-Ⅱ 变换，并实现对变换后的每个子矩阵的第 k 行和第 k 列的数据置为 0。结果如图题 8.10.1 所示。

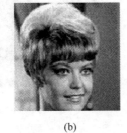

(a)　　　　(b)　　　　(c)　　　　(d)

图题　8.10.1

(a) 原图；(b) $k=2$；(c) $k=4$；(d) $k=6$

从图题 8.10.1 可以看出，随着 k 的增大，图像压缩比增大，但图像质量变差，逐渐出现了严重的马赛克现象。这是分块算法不可避免的缺陷。当 $k=4$ 时结果还可接受，但 $k=6$ 时结果就已经很差。

我们也可以采取其他的方法来实现图像的压缩，例如，可以设定一个阈值，当图像经 DCT 变换后的每一个系数小于该阈值时的系数都将其置为 0。阈值分别取 20、40 和 60 时的结果如图题 8.10.2 的(a)、(b)和(c)所示。从图中可以看到，随着阈值的增大，压缩比固然会增大，但图像渐渐模糊，高频信息损失严重。

分块置零法不可避免地使图像出现马赛克现象，而阈值压缩法则是舍去了较多高频

图题 8.10.2

(a)原图;(b)阈值为 20;(c)阈值为 40;(d)阈值为 60

成分,因此图像失去了一些细节。当压缩比较大时,两种方法属于有损压缩,都会使图像失真。

(2)图像量化的过程是:先将图像分成 8×8 的子块,对每一个子块做 DCT 变换,然后将每一个子块的每一个元素都与量化矩阵的对应元素相除后取整(这里取四舍五入),同时记录下 DCT 变换后 0 元素的个数,估算出压缩比。图像重建的过程类似量化的逆过程,即先将每一个子块的元素与量化矩阵对应的元素相乘后取整,然后再对每一个子块做 DCT 逆变换。量化前后的图像如图题 8.10.3 的(a)和(b)所示。

图题 8.10.3

(a)原图;(b)量化压缩后的图像

(3)重叠正交变换(LOT)是为了减轻离散余弦变换(DCT)的块效应而提出的。实现 LOT 时,一般是将 8×8 的子矩阵扩展为 16×8 的矩阵,然后进行 DCT。为了实现图像压缩,最简单的办法是将变换后矩阵的后 k 行和后 k 列的数据置 0,然后进行反变换。反变换后再将其变成 8×8 的矩阵。所得结果如图题 8.10.4 所示。

比较图题 8.10.1 和图题 8.10.4 可知,在相同的压缩比下,通过 LOT 变换得到的图像确实要比用普通 DCT 得到的图像的质量好,特别是减轻了马赛克现象。

求解本题的 MATLAB 程序分别是 ex_08_10_1,ex_08_10_2,ex_08_10_3 和 ex_08_10_4(注:Huffman 编码部分省略)。

(a)　　　　　　　(b)　　　　　　　(c)　　　　　　　(d)

图题　8.10.4

(a) 原图；(b) $k=2$；(c) $k=4$；(d) $k=6$

第9章

信号处理中的若干典型算法习题参考解答

9.1 试证明:

(1) 图题 9.1.1(a) 的两个系统等效,即信号延迟 M 个样本后作 M 倍抽取和先作 M 倍抽取再延迟 1 个样本是等效的。

(2) 图题 9.1.1(b) 的两个系统等效,即信号延迟 1 个样本后作 L 倍插值和先作 L 倍插值再延迟 L 个样本是等效的。

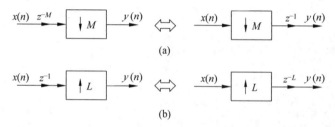

图题 9.1.1

证明:(1) 对图题 9.1.1(a) 的左图,设 $x'(n)=x(n-M)$,则 $X'(z)=z^{-M}X(z)$,由抽取前后的频域关系,有

$$Y(z)=\frac{1}{M}\sum_{k=0}^{M-1}X'(z^{1/M}W_M^k)$$

将 $X'(z)$ 的表达关系代入上式,有

$$Y(z)=\frac{1}{M}\sum_{k=0}^{M-1}(z^{1/M}W_M^k)^{-M}X(z^{1/M}W_M^k)=\frac{1}{M}\sum_{k=0}^{M-1}z^{-1}X(z^{1/M}W_M^k)$$

对图题 9.1.1(a) 的右图,令 $y'(n)=x(Mn)$,则 $y(n)=y'(n-1)$,$Y(z)=z^{-1}Y'(z)$,又因为 $Y'(z)=\dfrac{1}{M}\sum\limits_{k=0}^{M-1}X(z^{1/M}W_M^k)$,所以 $Y(z)=\dfrac{1}{M}\sum\limits_{k=0}^{M-1}z^{-1}X(z^{1/M}W_M^k)$,因此,图题 9.1.1(a) 的左图和右图是等效的。

(2) 对图题 9.1.1(b) 的左图,设 $x'(n)=x(n-1)$,则 $X'(z)=z^{-1}X(z)$。由插值前后的频域关系,有

$$Y(z)=\frac{1}{M}\sum_{k=0}^{M-1}X'(z^{1/M}W_M^k)$$

所以，$Y(z)=X'(z^L)=z^{-L}X(z^L)$。

对图题 9.1.1(b)的右图，令

$$y'(n)=\begin{cases}x(n/L) & n=0,\pm L,\pm 2L,\cdots \\ 0 & \text{其他}\end{cases}$$

则 $y(n)=y'(n-L)$，$Y(z)=z^{-L}Y'(z)$。

又因为 $Y'(z)=X(z^L)$，所以 $Y(z)=z^{-L}X(z^L)$，因此，图题 9.1.1(b)的左图和右图是等效的。

9.2 已知两个多抽样率系统如图题 9.2.1 所示。

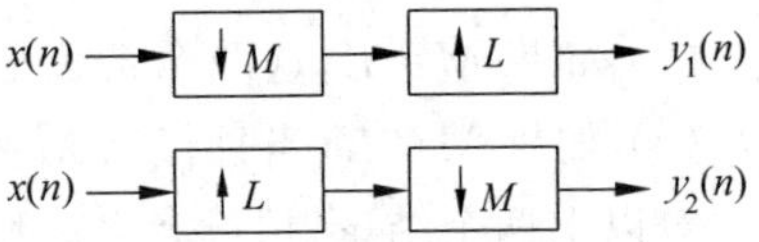

(1) 写出 $Y_1(z),Y_2(z),Y_1(\mathrm{e}^{\mathrm{j}\omega}),Y_2(\mathrm{e}^{\mathrm{j}\omega})$ 的表达式。

(2) 若 $L=M$，试分析这两个系统是否等效(即 $y_1(n)$ 是否等于 $y_2(n)$)，并说明理由。

(3) 若 $L\neq M$，试说明 $y_1(n)=y_2(n)$ 的充要条件是什么，并说明理由。

图题　9.2.1

解：(1) 令图题 9.2.1 两个子系统的中间结果分别是 $u(n)$ 和 $v(n)$，对上一个子系统，有

$$u(n)=x(Mn)$$

$$y_1(n)=\begin{cases}u(n/L) & n=0,\pm L,\pm 2L,\cdots \\ 0 & \text{其他}\end{cases}$$

$$U(z)=\frac{1}{M}\sum_{k=0}^{M-1}X(z^{\frac{1}{M}}W_M^k)$$

$$Y_1(z)=U(z^L)$$

所以

$$y_1(n)=\begin{cases}x\left(\dfrac{Mn}{L}\right) & n=0,\pm L,\pm 2L,\cdots \\ 0 & \text{其他}\end{cases}$$

$$Y_1(z)=\frac{1}{M}\sum_{k=0}^{M-1}X(z^{\frac{L}{M}}W_M^k)$$

对下一个子系统，有

$$v(n)=\begin{cases}x(n/L) & n=0,\pm L,\pm 2L,\cdots \\ 0 & \text{其他}\end{cases}$$

$$y_2(n)=v(Mn)$$

$$y_2(n) = \begin{cases} x\left(\dfrac{Mn}{L}\right) & n = 0, \pm L, \pm 2L, \cdots \\ 0 & \text{其他} \end{cases}$$

$$V(z) = X(z^L), \quad Y_2(z) = \frac{1}{M}\sum_{k=0}^{M-1} V(z^{\frac{1}{M}}W_M^k)$$

所以

$$Y_2(z) = \frac{1}{M}\sum_{k=0}^{M-1} X(z^{\frac{L}{M}}W_M^{Lk})$$

(2) 如果 $M = L$,这两个系统是不等效的。

(3) 如果 $M \neq L$,当且仅当 M 和 L 是互素的,两个系统才等效。

对以上两个结论,请读者自己给定相应的 M 和 L 来加以验证。

9.3 图题 9.3.1 是一个两通道滤波器组,H_0,G_0 是低通滤波器,H_1,G_1 是高通滤波器;H_0,H_1 实现输入信号的分解,G_0,G_1 实现输出信号的重建。

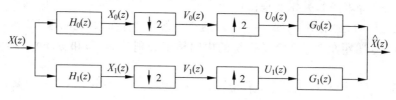

图题 9.3.1 两通道滤波器组

(1) 试写出图中各处信号的相互关系;

(2) 若 $\hat{X}(z) = cz^{-k}X(z)$,我们说该滤波器组实现了对输出信号的重建。试探讨为实现准确重建,四个滤波器应具有什么样的相互关系(注:关系可能不唯一)。

解:(1) 由图题 9.3.1,不难得到

$$X_0(z) = X(z)H_0(z), \quad X_1(z) = X(z)H_1(z)$$

由抽取前后的关系,有

$$V_0(z) = \frac{1}{2}\left[X_0(z^{\frac{1}{2}}) + X_0(-z^{\frac{1}{2}})\right] = \frac{1}{2}\left[X(z^{\frac{1}{2}})H_0(z^{\frac{1}{2}}) + X(-z^{\frac{1}{2}})H_0(-z^{\frac{1}{2}})\right]$$

$$V_1(z) = \frac{1}{2}\left[X_1(z^{\frac{1}{2}}) + X_1(-z^{\frac{1}{2}})\right] = \frac{1}{2}\left[X(z^{\frac{1}{2}})H_1(z^{\frac{1}{2}}) + X(-z^{\frac{1}{2}})H_1(-z^{\frac{1}{2}})\right]$$

即

$$\begin{bmatrix} V_0(z) \\ V_1(z) \end{bmatrix} = \frac{1}{2}\begin{bmatrix} H_0(z^{\frac{1}{2}}) & H_0(-z^{\frac{1}{2}}) \\ H_1(z^{\frac{1}{2}}) & H_1(-z^{\frac{1}{2}}) \end{bmatrix}\begin{bmatrix} X(z^{\frac{1}{2}}) \\ X(-z^{\frac{1}{2}}) \end{bmatrix} \tag{A}$$

对综合滤波器组,有

$$\hat{X}(z) = U_0(z)G_0(z) + U_1(z)G_1(z)$$

由插值前后的关系,有

$$U_0(z) = V_0(z^2), \quad U_1(z) = V_1(z^2)$$

所以

$$\hat{X}(z) = (G_0(z) \quad G_1(z)) \begin{bmatrix} V_0(z^2) \\ V_1(z^2) \end{bmatrix} \tag{B}$$

将本题的(A)式代入本题的(B)式,有

$$\hat{X}(z) = \frac{1}{2}(G_0(z) \quad G_1(z)) \begin{bmatrix} H_0(z) & H_0(-z) \\ H_1(z) & H_1(-z) \end{bmatrix} \begin{bmatrix} X(z) \\ X(-z) \end{bmatrix}$$

将上式展开,有

$$\hat{X}(z) = \frac{1}{2}\big[H_0(z)G_0(z) + H_1(z)G_1(z)\big]X(z) +$$

$$\frac{1}{2}\big[H_0(-z)G_0(z) + H_1(-z)G_1(z)\big]X(-z) \tag{C}$$

该式是一个两通道滤波器组的输入、输出关系。

(2) 在本题的(C)式中,$X(-z)$ 被称为是混叠分量(因为对应的频谱移位 π),应使其在 $\hat{X}(z)$ 中为零。为此,应令

$$H_0(-z)G_0(z) + H_1(-z)G_1(z) = 0$$

显然,如果选 $G_0(z) = H_1(-z)$,$G_1(z) = -H_0(-z)$,则上式为零。注意,$G_0(z)$ 和 $G_1(z)$ 的选取与 $H_0(z)$ 及 $H_1(z)$ 的选取无关,即不论给出什么样的 $H_0(z)$ 和 $H_1(z)$,只要按照上述方法选定 $G_0(z)$ 和 $G_1(z)$,都可去除混叠失真。去除了混叠失真后,本题的(C)式变为

$$\hat{X}(z) = \frac{1}{2}\big[H_0(z)G_0(z) + H_1(z)G_1(z)\big]X(z) \triangleq T(z)X(z)$$

式中 $T(z)$ 称为"失真转移函数",显然,只要保证 $T(z) = cz^{-k}$,即可实现准确重建。保证 $T(z) = cz^{-k}$,需要精心设计 $H_0(z)$ 和 $H_1(z)$。对应地,有"标准正交滤波器组","共轭正交滤波器组"和"双正交滤波器组"等,此处不再讨论。

9.4 对式(9.3.9)和式(9.3.13)的单边带调制,试证明用同频率、同相位的余弦信号去乘调制信号 $x(t)$,即 $x'(t) = x(t)\cos(\Omega_0 t)$,也可实现信号的解调。试画出 $|X'(j\Omega)|$ 的图形。

证明:式(9.3.14)和式(9.3.15)证明了用 $\cos(\Omega_0 t)$ 去乘以教材中图题 9.3.4(a)的双边带调制可以实现解调。对图题 9.3.4(c)的上单边带调制,用 $\cos(\Omega_0 t)$ 去乘以式(9.3.9),有

$$x'(t) = x(t)\cos(\Omega_0 t) = \big[a(t)\cos(\Omega_0 t) - \hat{a}(t)\sin(\Omega_0 t)\big]\cos(\Omega_0 t)$$

$$= \frac{1}{2}a(t) + \frac{1}{2}a(t)\cos(2\Omega_0 t) - \frac{1}{2}\hat{a}(t)\sin(2\Omega_0 t)$$

$$= \frac{1}{2}a(t) + \frac{1}{4}a(t)\left[\mathrm{e}^{\mathrm{j}2\Omega_0 t} + \mathrm{e}^{-\mathrm{j}2\Omega_0 t}\right] - \frac{1}{4\mathrm{j}}\hat{a}(t)\left[\mathrm{e}^{\mathrm{j}2\Omega_0 t} - \mathrm{e}^{-\mathrm{j}2\Omega_0 t}\right]$$

及

$$X'(\mathrm{j}\Omega) = \frac{1}{2}A(\mathrm{j}\Omega) + \frac{1}{4}\left[A(\mathrm{j}\Omega + \mathrm{j}2\Omega_0)\right] + \frac{1}{4}\left[A(\mathrm{j}\Omega - \mathrm{j}2\Omega_0)\right]$$

$$- \frac{1}{4\mathrm{j}}\left[\hat{A}(\mathrm{j}\Omega + \mathrm{j}2\Omega_0)\right] + \frac{1}{4\mathrm{j}}\left[\hat{A}(\mathrm{j}\Omega - \mathrm{j}2\Omega_0)\right]$$

因为

$$\hat{A}(\mathrm{j}\Omega) = \mathrm{j}A(\mathrm{j}\Omega)\,\mathrm{sgn}(-\Omega)$$

所以

$$X'(\mathrm{j}\Omega) = \begin{cases} \dfrac{1}{2}A(\mathrm{j}\Omega) & \\ \dfrac{1}{2}A(\mathrm{j}\Omega - \mathrm{j}2\Omega_0) & \Omega \geqslant 2\Omega_0 \\ \dfrac{1}{2}A(\mathrm{j}\Omega + \mathrm{j}2\Omega_0) & \Omega \leqslant 2\Omega_0 \end{cases} \qquad (\mathrm{A})$$

上述结果也可由频域卷积直接得到。设 $X(\mathrm{j}\Omega)$ 的幅频特性如图题 9.4.1(a) 所示。$\cos(\Omega_0 t)$ 的傅里叶变换是 $\pi\left[\delta(\Omega + \Omega_0) + \delta(\Omega - \Omega_0)\right]$，如图题 9.4.1(b) 所示。在时域的 $x(t)\cos(\Omega_0 t)$，对应频域是二者频谱的卷积，即图题 9.4.1(a) 和 (b) 的卷积，其结果如图题 9.4.1(c) 所示，它即是本题 (A) 式给出的 $X'(\mathrm{j}\Omega)$ 幅频特性。

对图题 9.4.1(c) 给出的频谱，显然，再用一低通滤波器和其相乘即可实现解调，也即取出低频信号 $a(t)$ 的频谱 $A(\mathrm{j}\Omega)$。

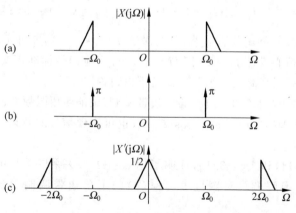

图题 9.4.1　上边带图中信号的解调

对教材中式(9.3.13)和图题 9.3.4(b)给出的下单边带调制,用上述方法同样可以实现解调。该工作请读者自己完成。

9.5　已知两个窄带信号的幅频响应分别如图题 9.5.1(a)和(b)所示,试确定对它们抽样时的最小抽样频率。

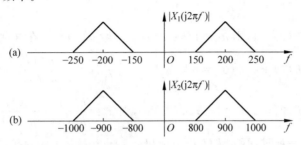

图题 9.5.1　两个窄带信号的频谱

解:对图题 9.5.1(a),由于 $f_B=100\text{Hz}$,$f_0=200\text{Hz}$,而 $f_0+(f_B/2)=250\text{Hz}$ 不是带宽 f_B 的整数倍,因此,我们可取抽样频率的上限,即

$$f_s=4f_B=400\text{Hz}$$

对图题 9.5.1(b),由于 $f_B=200\text{Hz}$,$f_0=900\text{Hz}$,而 $f_0+(f_B/2)=1000\text{Hz}$ 是带宽 f_B 的整数倍,因此,我们可取抽样频率的下限,即

$$f_s=2f_B=400\text{Hz}$$

9.6　已知系统 $H(z)$ 的单位抽样响应 $h(n)=\delta(n)-\frac{1}{2}\delta(n-2)$,试判断该系统有无逆系统。如有,求其逆系统的单位抽样响应。

解:很容易求出

$$H(z)=\sum_{n=-\infty}^{\infty}\left[\delta(n)-\frac{1}{2}\delta(n-2)\right]z^{-n}=1-\frac{1}{2}z^{-2}$$

该系统的两个零点是 $\pm\sqrt{0.5}$,都在单位圆内,因此,该系统有逆系统,其逆系统是

$$H_{\text{IV}}(z)=\frac{1}{H(z)}=\frac{1}{1-0.5z^{-2}}$$

利用部分分式法或长除法,可求出

$$H_{\text{IV}}(z)=1+0.5z^{-2}+0.5^2z^{-4}+0.5^3z^{-6}+0.5^4z^{-8}+\cdots$$

所以

$$h_{\text{IV}}(n)=\begin{cases}0.5^{n/2}u(n) & n\text{ 为偶数}\\0 & n\text{ 为奇数}\end{cases}$$

9.7　已知 $H(z)=1\Big/\left[1+\sum_{k=1}^{p}a_kz^{-k}\right]$ 是一个 p 阶的全极系统,若 $h(0),h(1),\cdots,$

$h(M-1)$ 及阶次 p 已知,如何确定系数 $a_1,a_2,\cdots,a_p$?

解:令 $1+\sum\limits_{k=1}^{p}a_k z^{-k}=A(z)$,则 $A(z)H(z)=1$,对应到时域,有 $a(n)*h(n)=\delta(n)$,

即 $\sum\limits_{k=0}^{p}a_k h(n-k)=\delta(n)$。因此,

当 $n=0$ 时,$a_0 h(0)=1$,则 $a_0=1/h(0)$(注:一般 $h(0)=1$,在这种情况下 $a_0=1$);

当 $n=1$ 时,$a_0 h(1)+a_1 h(0)=0$,则 $a_1=-\dfrac{a_0 h(1)}{h(0)}=-\dfrac{h(1)}{h^2(0)}$;

当 $n=2$ 时,$a_0 h(2)+a_1 h(1)+a_2 h(0)=0$,则 $a_2=\dfrac{h^2(1)}{h^3(0)}-\dfrac{h(2)}{h^2(0)}$;

以此类推,当 $n=k$ 时,有 $a_0 h(k)+a_1 h(k-1)+\cdots+a_k h(0)=0$,所以

$$a_k=\dfrac{-(a_0 h(k)+a_1 h(k-1)+\cdots+a_{k-1}h(1))}{h(0)}$$

由此可以求得 $a_1,a_2,\cdots,a_p$。

9.8 已知 $H(z)$ 为一稳定的 LSI 系统,输入信号 $u(n)$ 的功率谱在 $-\pi\sim\pi$ 内恒为 1,输出信号是 $x(n)$。已知 $x(n)$ 的功率谱 $P_x(\mathrm{e}^{\mathrm{j}\omega})=\dfrac{1.04+0.4\cos\omega}{1.25-\cos\omega}$,试求 $H(z)$。

解:信号通过线性系统后,输入 $u(n)$ 和输出 $x(n)$ 的功率谱有如下关系

$$P_x(\mathrm{e}^{\mathrm{j}\omega})=P_u(\mathrm{e}^{\mathrm{j}\omega})\,|H(\mathrm{e}^{\mathrm{j}\omega})|^2 \quad 或 \quad P_x(z)=P_u(z)H(z)H(z^{-1})$$

因为输入信号 $u(n)$ 的功率谱在 $-\pi\sim\pi$ 内恒为 1,所以

$$P_x(\mathrm{e}^{\mathrm{j}\omega})=|H(\mathrm{e}^{\mathrm{j}\omega})|^2 \quad 或 \quad P_x(z)=H(z)H(z^{-1})$$

因为

$$P_x(\mathrm{e}^{\mathrm{j}\omega})=\dfrac{1.04+0.4\cos\omega}{1.25-\cos\omega}=\dfrac{2.08+0.4\mathrm{e}^{\mathrm{j}\omega}+0.4\mathrm{e}^{-\mathrm{j}\omega}}{2.5-\mathrm{e}^{\mathrm{j}\omega}-\mathrm{e}^{-\mathrm{j}\omega}}$$

所以

$$P_x(z)=\dfrac{2.08+0.4z+0.4z^{-1}}{2.5-z-z^{-1}}$$

$P_x(z)$ 的极点是 $z_1=0.5,z_2=2$;零点是 $z_1=-0.2,z_2=-5$。

由 $P_x(z)=H(z)H(z^{-1})$ 求 $H(z)$ 的过程即是一个谱分解的过程。分解时一定要保证 $H(z)$ 是稳定的,即其极点在单位圆内;至于零点的分配,没有统一的规则。通常是将 $H(z)$ 构成最小相位系统。按照这一原则,最后得

$$H(z)=\dfrac{z+0.2}{z-0.5}$$

读者不难验证,$H(z^{-1})$ 的极零点和 $H(z)$ 的极零点是以单位圆为对称的。

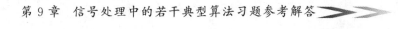

9.9 令 $x(n) = \cos(2\pi fn/f_s)$，$f/f_s = 1/12$，利用 MATLAB 的有关文件实现如下的抽样率转换，并给出每一种情况下的数字低通滤波器的频率特性及频率转换后的信号波形。

(1) 作 $L = 2$ 倍的插值；

(2) 作 $M = 3$ 倍的抽取；

(3) 作 $L/M = 2/3$ 倍的抽样率转换。

解：本题所得结果如图题 9.9.1 所示。

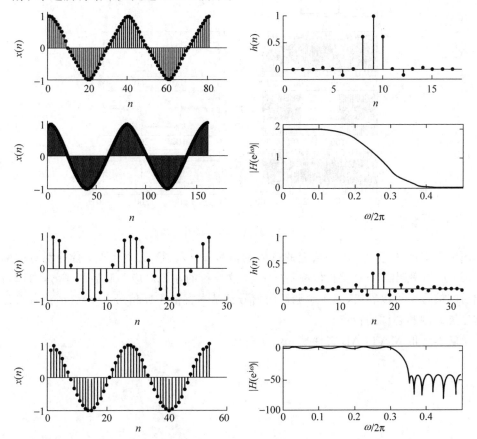

图题 9.9.1 信号的抽取和插值

图中左边由上至下分别是：(1) 原始信号 $x(n)$；(2) 作 $L = 2$ 倍插值后的信号；(3) 作 $M = 3$ 倍的抽取后的信号；(4) 作 $L/M = 2/3$ 倍的抽样率转换后的信号。

图中右边由上至下分别是：(1) 用于插值的低通滤波器的单位抽样响应；(2) 用于插值的低通滤波器的幅频特性；(3) 用于抽取和抽样率转换的低通滤波器的单位抽样响应；(4) 用于抽取和抽样率转换的低通滤波器的幅频特性。

求解本题的 MATLAB 程序是 ex_09_09_1.m。

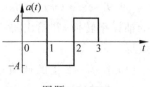

[*] **9.10** 已知信号 $a(t)$ 如图题 9.10.1 所示,试分别对其作幅度、频率和相位调制,画出调制后的波形;然后再实现调制信号的解调,并比较解调后信号和原信号的差别。

解:完成的调制与解调的结果如图题 9.10.2 所示。

图题 9.10.1

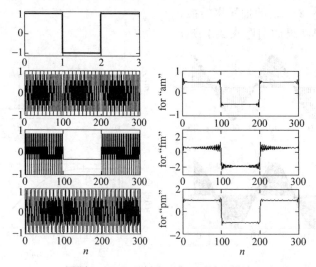

图题 9.10.2 调幅、调频、调相及解调

图中最上面一行的左图是给定的待调制信号 $a(t)$。第 2、3 及第 4 行分别对应幅度调制(am),频率调制(fm)及相位调制(pm)。这 3 行的左图对应调制后的信号,右图对应解调后的信号。可以看出,三个解调后的信号都基本类似于原信号 $a(t)$。请读者自己分析这三类调制和解调的特点。

求解本题的 MATLAB 文件是 ex_09_10_1.m。

第 10 章

数字信号处理中有限字长影响的统计分析习题参考解答

10.1 一个稳定的离散系统的直接实现和级联实现的形式分别是

$$H(z) = \frac{1}{1 - 1.844z^{-1} + 0.849\,643z^{-2}}$$

和

$$H(z) = \frac{1}{1 - 0.901z^{-1}} \times \frac{1}{1 - 0.943z^{-1}}$$

请研究其系数量化对系统稳定性的影响。对截尾和舍入两种量化形式,试分别用字长 $b = 1 \sim 8$ 对两种实现形式的系数进行量化,观察系统极点的位置。(提示:请使用教材13.1 节的 MATLAB 程序。)

通过研究将会发现,当字长 $b < 7$ 时,无论是截尾还是舍入,直接实现时都会有一个极点跑到单位圆上,从而造成系统的不稳定;$b > 7$ 时,两种量化处理后的直接实现形式都将是稳定的;$b = 7$ 的情况请读者自己说明。对级联情况,只要 $b > 3$,两个极点都始终在单位圆内,因而系统是稳定的。由此说明系统不同的实现形式对其性能的影响。

解: 首先讨论直接实现时的量化情况。

系统 $H(z)$ 有两个实极点,即 $z_1 = 0.9430$,$z_2 = 0.9010$。对直接实现,当分别用字长 $b = 1 \sim 8$ 对系数进行量化时,在截尾和舍入两种量化情况下,系统的极点都有很大的变化,如表题 10.1.1 所示。

表题 10.1.1　直接实现系数量化时对极点的影响

	截 尾 量 化	舍 入 量 化
$b = \infty$	$z_1 = 0.9430, z_2 = 0.9010$	$z_1 = 0.9430, z_2 = 0.9010$
$b = 1$	$z_{1,2} = 0.5 \pm j0.5$	$z_1 = 1.0, z_2 = 1.0$
$b = 2$	$z_{1,2} = 0.75 \pm j0.433$	$z_1 = 1.5, z_2 = 0.5$
$b = 3$	$z_1 = 1.0, z_2 = 0.75$	$z_{1,2} = 0.875 \pm j0.3307$
$b = 4$	$z_{1,2} = 0.875 \pm j0.2165$	$z_1 = 1.0, z_2 = 0.875$
$b = 5$	$z_{1,2} = 0.9063 \pm j0.1499$	$z_1 = 1.125, z_2 = 0.75$

	截 尾 量 化	舍 入 量 化
$b=6$	$z_1=1.0, z_2=0.8438$	$z_1=1.0, z_2=0.8438$
$b=7$	$z_1=1.0, z_2=0.8438$	$z_{1,2}=0.9219\pm j0.0413$
$b=8$	$z_1=0.9688, z_2=0.8750$	$z_{1,2}=0.9219\pm j0.0413$

分析表题 10.1.1 可以看出,在字长 $b<7$ 时,无论是截尾量化还是舍入量化,都出现了极点跑到单位圆上或单位圆外的现象。这也说明,在字长过小时,讨论这两种量化的性能是没有多大意义的。在 $b=7$ 时,舍入量化后的极点已保持在单位圆内,量化后的系统的幅频特性也和原系统的幅频特性没有明显区别,见图题 10.1.1。而在 $b=7$ 时,截尾量化后的极点还有一个在单位圆上,量化后的系统的幅频响应也和原系统的幅频特性有着明显的区别。当字长 $b=8$ 时,截尾量化和舍入量化后的极点都保持在单位圆内,量化后的系统的幅频特性都和原系统的幅频特性基本一样。

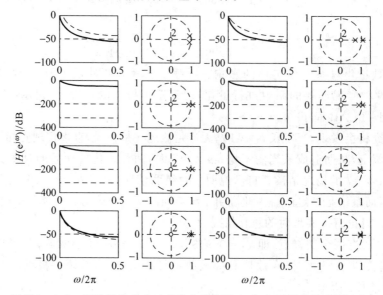

图题 10.1.1　两种量化方式对直接实现的影响(各个子图的说明见正文)

有关量化后极点的位置及对应的系统幅频响应如图题 10.1.1 所示。图中,自上至最后一行分别对应字长 $b=5,6,7$ 和 8。左边两列对应截尾量化,右边两列对应舍入量化。两列中,一列是幅频响应,一列是极零图。在幅频响应的一列中,图中粗线对应的是没有经过量化($b=\infty$)的系统的幅频响应,细线是量化后的幅频响应。该图所反映的量化性能和表题 10.1.1 的结果是一致的。

现在讨论级联实现时的量化情况。当分别用字长 $b=1\sim8$ 对系数进行量化时,在截尾和舍入两种量化情况下,系统的极点如表题 10.1.2 所示。

表题 **10.1.2**　级联实现系数量化时对极点的影响

	截 尾 量 化	舍 入 量 化
$b=\infty$	$z_1=0.9430, z_2=0.9010$	$z_1=0.9430, z_2=0.9010$
$b=1$	$z_1=0.5, z_2=0.5$	$z_1=1.0, z_2=1.0$
$b=2$	$z_1=0.75, z_2=0.75$	$z_1=1.0, z_2=1.0$
$b=3$	$z_1=0.875, z_2=0.875$	$z_1=1.0, z_2=0.875$
$b=4$	$z_1=0.9375, z_2=0.875$	$z_1=0.9375, z_2=0.875$
$b=5$	$z_1=0.9375, z_2=0.875$	$z_1=0.9375, z_2=0.9063$
$b=6$	$z_1=0.9375, z_2=0.8906$	$z_1=0.9375, z_2=0.9063$
$b=7$	$z_1=0.9375, z_2=0.8984$	$z_1=0.9543, z_2=0.8984$
$b=8$	$z_1=0.9414, z_2=0.8984$	$z_1=0.9414, z_2=0.9023$

分析表题 10.1.2 给出的结果可以看出：

（1）级联情况下，只要字长 $b>3$，无论是截尾量化还是舍入量化，量化后的系统都是稳定的。相比之下，直接实现时，$b>7$ 时系统才稳定。

（2）在不量化的情况下，系统有两个实极点，即 $z_1=0.9430, z_2=0.9010$。在直接实现时，量化后的系统多次出现复共轭极点的现象，而在级联的情况下，量化后系统的极点始终保持是实极点。

（3）在字长 $b \geqslant 5$ 时，舍入量化后的极点比截尾量化后的极点更接近实际值。

级联实现量化后极点的位置及对应的系统幅频响应如图题 10.1.2 所示。该图的结构如同图题 10.1.1，即自上至下分别对应字长 $b=5,6,7$ 和 8。左边两列对应截尾量化，右边两列对应舍入量化。由该图也可看出，在字长 $b \geqslant 5$ 时，量化后系统的幅频响应和原系统的幅频响应基本上是一致的。

求解该题的 MATLAB 程序是 ex_10_01_1.m 和 ex_10_01_2.m。

10.2　对上题所给的系统，试用并联的方法给以实现，再分别用字长 $b=1\sim8$，采用截尾和舍入两种量化形式对系数进行量化，观察量化后系统极点的位置和对幅频响应的影响，并和 10.1 题的结果进行比较。

解：对给定的系统进行并联实现时，其转移函数可表示为

$$H(z) = \frac{-21.4524}{1-0.901z^{-1}} + \frac{22.4524}{1-0.943z^{-1}}$$

一般，并联实现要优于级联实现，当然更优于直接实现。但是，对本题，由于 $H(z)$ 仅是一个简单的二阶系统，且用于级联和并联的两个子系统具有相同的分母形式，而且分子都是常数，因此，它们量化后极点的位置是一样的。反映到量化后的幅频响应上，级联和并联时的情况稍有差别。用于本题级联实现的 MATLAB 程序是 ex_10_02_1.m，程序的运行请读者自己完成，此处不再给出相关的图形。

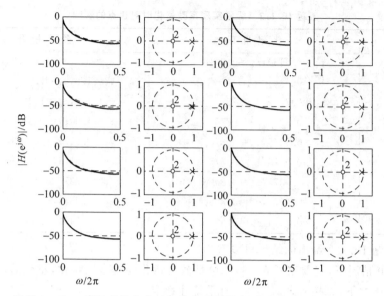

图题 10.1.2 两种量化方式对级联实现的影响（各个子图的说明见正文）

10.3 一个 LSI 系统的差分方程是

$$y(n) = \alpha y(n-1) + x(n) - \alpha^{-1} x(n-1)$$

显然,该系统是一个一阶的全通系统。分别令 $\alpha=0.9$, $\alpha=0.98$,再分别用 4bit 和 8bit 对系统的系数进行量化,观察该系统是否还是全通系统。

解:当 α 分别等于 0.9 和 0.98 时,字长分别取 4bit 和 8bit 量化时对该全通系统极零点的影响如表题 10.3.1 所示。

表题 10.3.1　字长分别取 4bit 和 8bit 量化时对该全通系统极零点的影响

	$\alpha=0.9$		$\alpha=0.98$	
	极　点	零　点	极　点	零　点
$b=\infty$	0.9	1.111 11	0.98	1.020 408
$b=4$	0.875	1.0	0.9375	1.0
$b=8$	0.8984	1.1094	0.9766	1.0156

由该表可以看出,在 $b=4$ 时,在 α 两种取值的情况下量化对极零点都有较大的影响。当 $b=8$ 时,从数值上看量化后和量化前已没有太大的区别。反映在系统的幅频响应上,在 $b=4$ 时,量化后的系统已较远地偏离全通系统。$b=8$ 时,量化后基本上保持为全通系统,如图题 10.3.1 所示。图中上一行对应 $b=4$,下一行对应 $b=5$;左边一列对应 $\alpha=0.9$,右边一列对应 $\alpha=0.98$;图中粗线对应量化后的系统的幅频响应,细线对应没有量化的幅频响应,所以它是全通的。

求解该题的 MATLAB 程序是 ex_10_03_1.m。

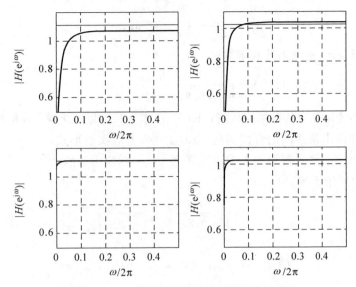

图题 10.3.1　量化对全通系统幅频响应的影响

10.4　给定系统

$$y(n) = 0.8y(n-1) + x(n)$$

假定输入 $x(n) = 0.15^n u(n)$。试求输入信号和系统的单位抽样响应分别在无限精度和 8bit 量化两种情况下,系统前 10 点的输出。(对输入信号量化时,可分别采用截尾和舍入两种方法。)

解:该系统的单位抽样响应 $h(n) = 0.8^n u(n)$,因此,系统的输出 $y(n) = x(n) *$ $h(n)$。可分别求出在无限精度、8bit 截尾量化和 8bit 舍入量化下系统前 10 点的输出分别为

$\{1.0000, 0.9500, 0.7825, 0.6294, 0.5040, 0.4033, 0.3226, 0.2581, 0.2065, 0.1652\}$

$\{1.0000, 0.9453, 0.7745, 0.6218, 0.4946, 0.3945, 0.3178, 0.2522, 0.1999, 0.1612\}$

$\{1.0000, 0.9492, 0.7829, 0.6295, 0.5043, 0.4035, 0.3220, 0.2591, 0.2067, 0.1637\}$

截尾量化和舍入量化所产生的误差序列为

$\{0, 0.0047, 0.0080, 0.0076, 0.0094, 0.0088, 0.0049, 0.0059, 0.0066, 0.0040\}$

$\{0, 0.0008, -0.0004, -0.0001, -0.0003, -0.0002, 0.0006, -0.0010, -0.0002, 0.0015\}$

由误差序列可以看出,舍入量化明显优于截尾量化。

求解该题的 MATLAB 程序是 ex_10_04_1.m。

10.5　对 10.4 题所给的系统和输入信号,研究输入量化噪声在系统输出端的功率。

解:由题意知,$q = 2^{-8}$,并有 $h(n) = 0.8^n u(n)$,由教材式(10.2.5),有

$$\sigma_v^2 = \frac{q^2}{12} \sum_{n=0}^{\infty} |h(n)|^2 = \frac{2^{-16}}{12} \sum_{n=0}^{\infty} 0.8^{2n}$$

$$= \frac{2^{-16}}{12} \times \frac{1}{1-0.64} = 3.5321 \times 10^{-6}$$

10.6 一个 LSI 系统的转移函数是

$$H(z) = \frac{1-0.5z^{-1}}{(1-0.8z^{-1})(1-0.9z^{-1})}$$

(1) 假定系统运算中的数据均采用 b bit 量化,求输入信号量化噪声在输出端的功率;

(2) 求出并画出该系统的直接实现、级联实现和并联实现形式;

(3) 分别求出三种实现形式下乘法运算舍入误差在输出端的功率。

解:(1) 由所给系统,可求出

$$H(z) = \frac{-3}{1-0.8z^{-1}} + \frac{4}{1-0.9z^{-1}} \tag{A}$$

及

$$h(n) = [-3(0.8)^n + 4(0.9)^n]u(n)$$

所以

$$\sigma_v^2 = \frac{q^2}{12} \sum_{n=0}^{\infty} |h(n)|^2 = \frac{2^{-2b}}{12} \sum_{n=0}^{\infty} [-3(0.8)^n + 4(0.9)^n]^2$$

$$= \frac{2^{-2b}}{12} \times \sum_{n=0}^{\infty} [9(0.8)^{2n} + 16(0.9)^{2n} - 24(0.72)^n]$$

$$= \frac{2^{-2b}}{12} \times \left(\frac{9}{1-0.64} + \frac{16}{1-0.81} - \frac{24}{1-0.72} \right) = 16.2437 \times 2^{-2b}$$

(2) 本题(A)式即是并联形式,令

$$H(z) = \frac{1-0.5z^{-1}}{1-0.8z^{-1}} \times \frac{1}{1-0.9z^{-1}} \tag{B}$$

即可得到本题的级联形式。含有乘法运算舍入误差序列的系统直接实现、级联实现和并联实现的信号流图如图题 10.6.1 所示。

(3) 先考虑直接实现。

在该系统中,$M=1$,$N=2$,由教材中式(10.5.9)

$$\sigma_v^2 = \frac{4q^2}{12} \frac{1}{j2\pi} \oint_c \frac{1}{(1-0.8z^{-1})(1-0.9z^{-1})(1-0.8z)(1-0.9z)} \frac{1}{z} dz$$

$$= \frac{4q^2}{12} \frac{1}{j2\pi} \oint_c \frac{1.389z}{(z-0.8)(z-0.9)(z-1.25)(z-1.11)} dz$$

注意,上式闭合积分的围道 c 是单位圆,因此,我们只求单位圆内极点的留数,因此

$$\sigma_v^2 = \frac{4q^2}{12} \left[\frac{1.389 \times 0.8}{(0.8-0.9)(0.8-1.25)(0.8-1.11)} + \right.$$

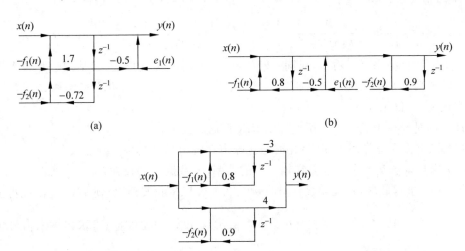

图题 10.6.1　含有乘法运算舍入误差的系统信号流图

(a) 直接实现;(b) 级联实现;(c) 并联实现

$$\left.\frac{1.389\times0.9}{(0.9-0.8)(0.9-1.25)(0.9-1.11)}\right]$$

$$=30.142q^2$$

对级联实现,可令

$$H_1(z)=\frac{1-0.5z^{-1}}{1-0.9z^{-1}},\quad H_2(z)=\frac{1}{1-0.8z^{-1}}$$

则 $H(z)=H_1(z)H_2(z)$。对 $H_1(z),M=1,N=1$,对 $H_2(z),M=0,N=1$,令

$$A(z)=(1-0.8z^{-1})(1-0.9z^{-1}),\quad D(z)=1-0.8z^{-1}$$

类似于教材中的例 10.5.1,有

$$\sigma_v^2=\frac{3q^2}{12}\frac{1}{\mathrm{j}2\pi}\oint_c\frac{1}{A(z)A(z^{-1})}\frac{1}{z}\mathrm{d}z+\frac{2q^2}{12}\frac{1}{\mathrm{j}2\pi}\oint_c\frac{1}{D(z)D(z^{-1})}\frac{1}{z}\mathrm{d}z$$

$$=\frac{3q^2}{12}\times90.4185+\frac{2q^2}{12}\times2.78=23.07q^2$$

对并联实现,由于

$$H(z)=\frac{4}{1-0.9z^{-1}}+\frac{-3}{1-0.8z^{-1}}$$

所以可以把上式前、后两项分别定义为 $H_1(z),H_2(z)$,它们对应的都是 $M=0,N=1$,再令

$$C(z)=1-0.9z^{-1},\quad D(z)=1-0.8z^{-1}$$

则

$$\sigma_v^2 = \frac{2q^2}{12} \frac{1}{j2\pi} \oint_c \frac{1}{C(z)C(z^{-1})} \frac{1}{z} dz + \frac{q^2}{12} \frac{1}{j2\pi} \oint_c \frac{1}{D(z)D(z^{-1})} \frac{1}{z} dz = 1.34q^2$$

由上述计算结果可以看出,对同一转移函数,不同的实现形式,其乘法运算舍入误差在输出端的功率是不同的。对直接实现,输出功率是 $30.142q^2$,级联实现是 $23.07q^2$,而并联实现最小,仅 $1.34q^2$。

10.7 对教材中例 7.3.1 所设计的 FIR 低通滤波器,

(1) 试求输入信号用 b bit 量化时量化噪声在输出端的功率;

(2) 求出乘法运算舍入误差在输出端的功率,设数据的字长为 b。

解:(1) 求解此题,首先要设计教材例 7.3.1 的 FIR 滤波器,得到 $h(n)$。由此再求出 $\sum_{n=0}^{M} |h(n)|^2$。取 $M = 99$,由教材中式 (10.2.5) 及设计的滤波器,可求出输入信号量化噪声在输出端的功率为

$$\sigma_v^2 = \frac{q^2}{12} \sum_{n=0}^{99} |h(n)|^2 = \frac{2^{-2b}}{12} \times 0.5424 = 0.0452 \times 2^{-2b}$$

(2) 由教材中式 (10.5.25),FIR 系统乘法运算舍入误差反映在输出端的功率是

$$\sigma_v^2 = \frac{M+1}{12} q^2 = (M+1) \frac{2^{-2b}}{12}$$

给定不同的长度 M,即可求出在该长度下的 σ_v^2。

第 12 章

平稳随机信号习题参考解答

12.1 一个离散随机信号 $Y(n)$ 可表示为 $Y(n) = a + bn$，式中 a, b 是相互独立的随机变量，其均值和方差分别是 μ_a, μ_b；σ_a^2, σ_b^2。

(1) 求 $Y(n)$ 的均值；

(2) 求 $Y(n)$ 的方差；

(3) 求 $Y(n)$ 的自相关函数 $r_Y(n_1, n_2)$。

解：(1) $Y(n)$ 的均值

$$\mu_Y = E\{Y(n)\} = E\{a + bn\} = \mu_a + \mu_b n$$

(2) $Y(n)$ 的方差

$$\sigma_Y^2 = E\{(Y(n) - E\{Y(n)\})^2\}$$
$$= E\{Y^2(n) - 2Y(n)E\{Y(n)\} + (E\{Y(n)\})^2\}$$
$$= E\{Y^2(n)\} - (E\{Y(n)\})^2$$

上面已求出 $E\{Y(n)\}$，所以很容易得到

$$(E\{Y(n)\})^2 = \mu_a^2 + 2\mu_a \mu_b n + \mu_b^2 n^2$$

而

$$E\{Y^2(n)\} = E\{a^2\} + E\{2abn\} + n^2 E\{b^2\}$$

可求出式中的

$$E\{a^2\} = \sigma_a^2 + \mu_a^2, \quad n^2 E\{b^2\} = n^2 \sigma_b^2 + n^2 \mu_b^2$$

由于 a, b 相互独立，所以 $E\{2abn\} = 2\mu_a \mu_b n$，于是，

$$E\{Y^2(n)\} = \sigma_a^2 + \mu_a^2 + 2\mu_a \mu_b n + n^2 \sigma_b^2 + n^2 \mu_b^2$$

这样，最后可求出 $Y(n)$ 的方差

$$\sigma_Y^2 = E\{Y^2(n)\} - (E\{Y(n)\})^2 = \sigma_a^2 + n^2 \sigma_b^2$$

(3) $Y(n)$ 的自相关函数

$$r_Y(n_1, n_2) = E\{(a + bn_1)(a + bn_2)\}$$
$$= E\{a^2 + abn_2 + abn_1 + b^2 n_1 n_2\}$$

上面已求出 $E\{a^2\} = \sigma_a^2 + \mu_a^2$，$E\{b^2\} = \sigma_b^2 + \mu_b^2$，所以

$$r_Y(n_1,n_2)=(\sigma_a^2+\mu_a^2)+(n_1+n_2)\mu_a\mu_b+n_1 n_2(\sigma_b^2+\mu_b^2)$$

12.2 一个离散随机信号可表示为 $X(n)=A\cos(\omega_1 n)+B\sin(\omega_2 n)$,式中 A,B 是互相独立的高斯随机变量,其概率密度分别是

$$p_A(a)=\frac{1}{\sqrt{2\pi\sigma_a^2}}\exp(-a^2/2\sigma_a^2),\quad p_B(b)=\frac{1}{\sqrt{2\pi\sigma_b^2}}\exp(-b^2/2\sigma_b^2)$$

(1) 求 $X(n)$ 的均值;

(2) 求 $X(n)$ 的方差;

(3) 求 $X(n)$ 的概率密度 $p(x,n)$。

解:由于 A 和 B 都是高斯型随机变量,由它们概率密度的表达式,可很容易地得出,它们的均值都为零,方差分别是 σ_a^2 和 σ_b^2。

(1) $X(n)$ 的均值

$$E\{X(n)\}=E\{A\cos(\omega_1 n)+B\sin(\omega_2 n)\}$$
$$=\cos(\omega_1 n)E\{A\}+\sin(\omega_2 n)E\{B\}=0$$

(2) $X(n)$ 的方差

$$\sigma_X^2=E\{[X(n)-E\{X(n)\}]^2\}=E\{X^2(n)\}-(E\{X(n)\})^2=E\{X^2(n)\}$$
$$=E\{(A\cos(\omega_1 n)+B\sin(\omega_2 n))^2\}$$
$$=\cos^2(\omega_1 n)E\{A^2\}+\sin^2(\omega_2 n)E\{B^2\}+2\cos(\omega_1 n)\sin(\omega_2 n)E\{AB\}$$
$$=\cos^2(\omega_1 n)\sigma_a^2+\sin^2(\omega_2 n)\sigma_b^2$$

(3) $X(n)$ 的概率密度

概率理论中的克拉默-列维(Cramer-Lévy)定理指出,两个相互独立的高斯随机变量的和的分布仍然呈高斯分布。因此,对于一个确定的时刻 n,$X(n)$ 也是高斯随机变量(注:随着 n 的变化,$X(n)$ 的集合构成随机信号),其概率密度是

$$p(X,n)=\frac{1}{\sqrt{2\pi\sigma_X^2(n)}}\exp\left[-\frac{x^2}{\sigma_X^2(n)}\right]$$

$$=\frac{1}{\sqrt{2\pi[\cos^2(\omega_1 n)\sigma_a^2+\sin^2(\omega_2 n)\sigma_b^2]}}\exp\left[-\frac{x^2(n)}{2[\cos^2(\omega_1 n)\sigma_a^2+\sin^2(\omega_2 n)\sigma_b^2]}\right]$$

12.3 设 $X(t)$ 是一个平稳随机信号,$r_X(\tau)$,$P_X(\Omega)$ 分别为 $X(t)$ 的自相关函数及功率谱密度,Φ 是在 $(-\pi,\pi)$ 内均匀分布的随机变量。令 $Y(t)=X(t)\cos(\Omega_0 t+\Phi)$,$\Omega_0$ 为常数,X 与 Φ 相互独立。

(1) 求 $Y(t)$ 的均值;

(2) 求 $Y(t)$ 的自相关函数;

(3) 试分析 $Y(t)$ 是否宽平稳;

（4）求 $Y(t)$ 的功率谱密度 $P_Y(\Omega)$。

解：（1）$Y(t)$ 的均值
$$E\{Y(t)\}=E\{X(t)\cos(\Omega_0 t+\Phi)\}=E\{X(t)\}E\{\cos(\Omega_0 t+\Phi)\}$$

由于
$$E\{\cos(\Omega_0 t+\Phi)\}=\int_{-\pi}^{\pi}\cos(\Omega_0 t+\varphi)\frac{1}{2\pi}\mathrm{d}\varphi=0$$

所以
$$E\{Y(t)\}=0$$

（2）$Y(t)$ 的自相关函数
$$\begin{aligned}
r_Y(t_1,t_2)&=E\{Y^*(t_1)Y(t_2)\}\\
&=E\{X^*(t_1)X(t_2)\cos(\Omega_0 t_1+\Phi)\cos(\Omega_0 t_2+\Phi)\}\\
&=E\{X^*(t_1)X(t_2)\}E\{\cos(\Omega_0 t_1+\Phi)\cos(\Omega_0 t_2+\Phi)\}\\
&=r_X(t_1,t_2)\frac{1}{2\pi}\int_{-\pi}^{\pi}\cos(\Omega_0 t_1+\varphi)\cos(\Omega_0 t_2+\varphi)\mathrm{d}\varphi\\
&=\frac{1}{2}r_X(t_1,t_2)\cos[\Omega_0(t_1-t_2)]
\end{aligned}$$

令 $t_1-t_2=\tau$，由于已知 $X(t)$ 是宽平稳的，所以 $Y(t)$ 的自相关函数可表示为
$$r_Y(t_1,t_2)=\frac{1}{2}r_X(\tau)\cos(\Omega_0\tau)$$

（3）要判断 $Y(t)$ 是否是宽平稳的，需要考察
① 其均值是否为常数（即不随时间变化）？
上面已求出 $E\{Y(t)\}=0$。
② 其方差是否为常数且有界？
可以求出
$$\begin{aligned}
\sigma_Y^2(t)&=E\{[Y(t)-E\{Y(t)\}]^2\}=E\{Y^2(t)\}-[E\{Y(t)\}]^2=E\{Y^2(t)\}\\
&=E\{X^2(t)\cos^2(\Omega_0 t+\Phi)\}=E\{X^2(t)\}E\{\cos^2(\Omega_0 t+\Phi)\}\\
&=\frac{1}{2}E\{X^2(t)\}=\frac{1}{2}[\sigma_X^2+\mu_X^2]
\end{aligned}$$

由于 $X(t)$ 是宽平稳的，其均值是常数，其方差也是常数并有界，所以 $Y(t)$ 的方差也是常数并有界。
③ 其自相关函数是否和时间的起点没有关系？

上面已求出，$Y(t)$ 的自相关函数 $r_Y(t_1,t_2)$ 可以写成 $\frac{1}{2}r_X(\tau)\cos(\Omega_0\tau)=r_Y(\tau)$ 的形式，即只和时间差有关，而和时间的起点无关。

综合上述 3 点的考察,$Y(t)$ 是宽平稳的。

(4) $Y(t)$ 的功率谱密度 $P_Y(\Omega)$

$$P_Y(\Omega) = \int_{-\infty}^{\infty} r_Y(\tau) e^{-j\Omega\tau} d\tau$$

$$= \int_{-\infty}^{\infty} r_X(\tau) \frac{\cos(\Omega_0\tau)}{2} e^{-j\Omega\tau} d\tau$$

$$= \frac{1}{4} \int_{-\infty}^{\infty} r_X(\tau) [e^{-j(\Omega-\Omega_0)\tau} + e^{-j(\Omega+\Omega_0)\tau}] d\tau$$

$$= \frac{1}{4} [P_X(\Omega-\Omega_0) + P_X(\Omega+\Omega_0)]$$

12.4 设 $u(n)$ 为一白噪声序列,方差为 σ_u^2,信号 $X(n)$ 和 $u(n)$ 相互独立,它们都是平稳过程,令 $Y(n)=X(n)u(n)$,试判断 $Y(n)$ 是否为白噪声。

解:$Y(n)$ 的自相关函数

$$r_Y(n_1,n_2) = E\{Y(n_1)Y(n_2)\} = E\{X(n_1)u(n_1)X(n_2)u(n_2)\}$$

由于 $X(n)$ 和 $u(n)$ 相互独立并且它们都是平稳过程,因此

$$r_Y(n_1,n_2) = E\{X(n_1)X(n_2)\}E\{u(n_1)u(n_2)\}$$

$$= r_X(m)r_u(m) = r_Y(m) = r_X(m)\sigma_u^2\delta(m)$$

由此可求出 $Y(n)$ 的功率谱

$$P_Y(e^{j\omega}) = \sum_{m=-\infty}^{\infty} r_Y(m)e^{j\omega m} = \sum_{m=-\infty}^{\infty} r_X(m)\sigma_u^2\delta(m)e^{j\omega m} = \sigma_u^2 r_X(0)$$

其中 ω 取值为 $-\pi \sim \pi$。由于 $Y(n)$ 的自相关函数只在 $m=0$ 时有值(与此相等效的是功率谱密度在整个频率范围内为一个常数),因此 $Y(n)$ 为白噪声。

12.5 已知 $v(n)$ 是方差为 σ_v^2、均值为零且不相关的高斯白噪声,又已知 $x(n)=v(n)+av(n-1)$,求 $x(n)$ 的均值及自相关函数。

解:(1) 因为 $v(n)$ 的均值为零,所以 $E\{x(n)\}=E\{v(n)+av(n-1)\}=0$。

(2) 由教材式(12.1.26),有

$$r_x(n_1,n_2) = E\{x(n_1)x(n_2)\}$$

$$= E\{[v(n_1)+av(n_1-1)][v(n_2)+av(n_2-1)]\}$$

$$= E\{v(n_1)v(n_2) + av(n_1)v(n_2-1) + av(n_1-1)v(n_2) +$$

$$a^2 v(n_1-1)v(n_2-1)\}$$

因为 $v(n)$ 是高斯的,且不相关的,因此它必然是独立的。其自相关函数

$$r_v(n_2-n_1) = r_v(m) = \sigma_v^2\delta(m), \quad m=n_2-n_1$$

于是

$$r_x(n_1,n_2) = \sigma_v^2\delta(m) + a\sigma_v^2\delta(m-1) + a\sigma_v^2\delta(m+1) + a^2\sigma_v^2\delta(m)$$

因为上式右边是 m 的函数,和 n_1、n_2 无关,又因为 $x(n)$ 的均值为常数(0),因此,$x(n)$ 也是宽平稳的,其自相关函数也是 m 的函数,即

$$r_x(m) = \sigma_v^2(1+a^2)\delta(m) + a\sigma_v^2[\delta(m-1) + \delta(m+1)]$$

12.6 设 $X(n)$、$Y(n)$ 是两个互不相关的平稳随机过程,其均值、方差及自协方差函数分别为 μ_X, μ_Y; σ_X^2, σ_Y^2; $\mathrm{cov}_X(m), \mathrm{cov}_Y(m)$。令 $Z(n) = X(n) + Y(n)$。

(1) 证明 $\mu_Z = \mu_X + \mu_Y$;

(2) 证明 $\sigma_Z^2 = \sigma_X^2 + \sigma_Y^2$;

(3) 证明 $\mathrm{cov}_Z(m) = \mathrm{cov}_X(m) + \mathrm{cov}_Y(m)$;

(4) 若 $X(n), Y(n)$ 的自相关函数分别为 $r_X(m), r_Y(m)$,功率谱密度分别为 $P_X(\mathrm{e}^{\mathrm{j}\omega}), P_Y(\mathrm{e}^{\mathrm{j}\omega})$,并令 $\mu_X = \mu_Y = 0$,试用 $r_X(m), r_Y(m)$ 表示 $r_Z(m)$,用 $P_X(\mathrm{e}^{\mathrm{j}\omega})$,$P_Y(\mathrm{e}^{\mathrm{j}\omega})$ 表示 $P_Z(\mathrm{e}^{\mathrm{j}\omega})$。

证明:(1) 由于

$$E\{Z(n)\} = E\{X(n) + Y(n)\} = E\{X(n)\} + E\{Y(n)\}$$

因此

$$\mu_Z = \mu_X + \mu_Y$$

(2) 由于

$$\sigma_Z^2 = E\{[Z(n) - E\{Z(n)\}]^2\} = E\{[X(n) + Y(n) - E\{X(n) + Y(n)\}]^2\}$$

$$= E\{[X(n) - \mu_X]^2 + [Y(n) - \mu_Y]^2 + 2[X(n) - \mu_X][Y(n) - \mu_Y]\}$$

$$= \sigma_X^2 + \sigma_Y^2 + \mu_X\mu_Y - \mu_X\mu_Y - \mu_X\mu_Y + \mu_X\mu_Y$$

因此

$$\sigma_Z^2 = \sigma_X^2 + \sigma_Y^2$$

(3) 由定义及给出的关系,有

$$\mathrm{cov}_Z(m) = E\{[Z(n) - \mu_Z]^*[Z(n+m) - \mu_Z]\}$$

$$= E\{[X(n) + Y(n) - \mu_X - \mu_Y]^*[X(n+m) + Y(n+m) - \mu_X - \mu_Y]\}$$

$$= E\{[X(n) - \mu_X]^*[X(n+m) - \mu_X] + [Y(n) - \mu_Y]^*[Y(n+m) - \mu_Y]\}$$

所以

$$\mathrm{cov}_Z(m) = \mathrm{cov}_X(m) + \mathrm{cov}_Y(m)$$

(4) 由定义及给出的关系,有

$$r_Z(m) = E\{Z^*(n)Z(n+m)\}$$

$$= E\{[X(n) + Y(n)]^*[X(n+m) + Y(n+m)]\}$$

$$= E\{X^*(n)X(n+m) + Y^*(n)Y(n+m) +$$

$$X^*(n)Y(n+m) + Y^*(n)X(n+m)\}$$

$$= E\{X^*(n)X(n+m)\} + E\{Y^*(n)Y(n+m)\}$$

所以

$$r_Z(m) = r_X(m) + r_Y(m)$$

$$P_Z(z) = \sum_{m=-\infty}^{\infty} \left[r_X(m) + r_Y(m) \right] z^{-m} = P_X(z) + P_Y(z)$$

$$P_Z(e^{j\omega}) = P_X(e^{j\omega}) + P_Y(e^{j\omega})$$

12.7 一个一阶的 R-C 电路如图题 12.7.1 所示。已知输入信号 $X(t)$ 是平稳随机信号，其自相关函数 $r_X(\tau) = \sigma^2 e^{-\beta|\tau|}$，求输出信号 $Y(t)$ 的自相关函数 $r_Y(\tau)$ 及功率谱 $P_Y(\Omega)$。

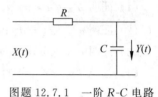

图题 12.7.1　一阶 R-C 电路

解：由电路的基本关系有

$$Y(s) = X(s) \frac{1/sC}{R+1/sC} = X(s) \frac{1}{sRC+1}$$

式中，$s = \sigma + j\Omega$。于是，可求出系统的转移函数

$$H(s) = \frac{1}{sRC+1}$$

令 $\sigma = 0$，又可得到系统的频率响应

$$H(j\Omega) = \frac{Y(j\Omega)}{X(j\Omega)} = \frac{1}{j\Omega RC+1}$$

系统的单位冲激响应为 $h(t) = \frac{1}{RC} e^{\frac{-t}{RC}} u(t)$。

由平稳信号通过线性系统的关系，有

$$r_Y(\tau) = r_X(\tau) * h(\tau) * h(-\tau)$$

式中

$$h(\tau) * h(-\tau) = \int_{-\infty}^{\infty} h(t) h(t+\tau) dt$$

$$= \int_{0}^{\infty} e^{-\frac{t}{RC}} e^{-\frac{t+\tau}{RC}} dt = \frac{1}{2RC} e^{-\frac{\tau}{RC}}$$

注意到 $h(\tau) * h(-\tau)$ 等效于 $h(\tau)$ 的自相关，因此 $h(\tau) * h(-\tau) = \frac{1}{2RC} e^{-\frac{|\tau|}{RC}}$，于是

$$r_X(\tau) * h(\tau) * h(-\tau) = \int_{-\infty}^{\infty} \sigma^2 e^{-\beta|\tau|} \left(\frac{1}{2RC} \right) e^{-\frac{|t-\tau|}{RC}} d\tau$$

$$= \sigma^2 \left(\frac{1}{2RC} \right) e^{-\frac{t}{RC}} \int_{-\infty}^{0} e^{\left(\beta+\frac{1}{RC}\right)\tau} d\tau +$$

$$\sigma^2 e^{-\frac{t}{RC}} \left(\frac{1}{2RC} \right) \int_{0}^{t} e^{-\left(\beta-\frac{1}{RC}\right)\tau} d\tau +$$

$$\sigma^2 e^{\frac{t}{RC}} \left(\frac{1}{2RC} \right) \int_t^\infty e^{-\left(\beta + \frac{1}{RC}\right)\tau} \, d\tau$$

$$= \frac{\sigma^2}{2RC} e^{-\frac{t}{RC}} \left[\frac{RC}{RC\beta + 1} + \frac{RC}{1 - RC\beta} \left(e^{\left(\frac{1}{RC} - \beta\right)t} - 1 \right) \right] +$$

$$\frac{RC\sigma^2}{2} e^{\frac{t}{RC}} \left(\frac{RC}{RC\beta + 1} e^{\left(-\beta - \frac{1}{RC}\right)t} \right)$$

$$= \frac{\sigma^2}{2} \left[\left(\frac{1}{RC\beta + 1} - \frac{1}{1 - RC\beta} \right) e^{-\frac{t}{RC}} + \right.$$

$$\left. \left(\frac{1}{RC\beta + 1} + \frac{1}{1 - RC\beta} \right) e^{-\beta t} \right]$$

令

$$\frac{1}{RC\beta + 1} = A, \qquad \frac{1}{1 - RC\beta} = B$$

则

$$r_Y(\tau) = r_X(\tau) * h(\tau) * h(-\tau) = \frac{\sigma^2}{2} \left((A - B) e^{-\frac{t}{RC}} + (A + B) e^{-\beta t} \right) \tag{A}$$

为求 $Y(t)$ 的功率谱 $P_Y(\Omega)$，有两个办法，一是求（A）式的傅里叶变换，二是按照平稳信号通过线性系统的关系，即

$$P_Y(\Omega) = |H(j\Omega)|^2 P_X(\Omega)$$

求出。现按后一种方法，先求出

$$P_X(\Omega) = \int_{-\infty}^\infty r_X(\tau) e^{-j\Omega t} \, dt = \int_{-\infty}^\infty \sigma^2 e^{-\beta |t|} \, e^{-j\Omega t} \, dt = \frac{2\sigma^2 \beta}{\beta^2 + \Omega^2}$$

然后求出

$$|H(j\Omega)|^2 = H(j\Omega) H^*(j\Omega) = \frac{1}{1 + j\Omega RC} \times \frac{1}{1 - j\Omega RC} = \frac{1}{1 + (\Omega RC)^2}$$

因此

$$P_Y(\Omega) = |H(j\Omega)|^2 P_X(\Omega) = \left[\frac{1}{1 + (\Omega RC)^2} \right] \frac{2\sigma^2 \beta}{\beta^2 + \Omega^2}$$

12.8　将随机信号 $X(n)$ 加到一个一阶的递归滤波器上，如图题 12.8.1 所示。若 $X(n)$ 为零均值、方差为 σ_X^2 的白噪声序列，求 $r_Y(m)$ 和 $P_Y(e^{j\omega})$。

解：根据图示，有

$$Y(z) = X(z) + aY(z)z^{-1}$$

所以

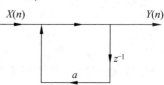

图题 12.8.1　一阶递归数字系统

$$H(z) = \frac{Y(z)}{X(z)} = \frac{1}{1 - az^{-1}}$$

$$h(n) = a^n u(n)$$

因为 $X(n)$ 为零均值、方差为 σ_X^2 的白噪声序列,即 $r_X(m) = \sigma_X^2 \delta(m)$,$P_X(e^{j\omega}) = \sigma_X^2$,所以输出信号 $Y(n)$ 的自相关函数为

$$r_Y(m) = r_X(m) * h(m) * h(-m) = \sigma_X^2 \delta(m) * a^m u(m) * a^{-m} u(-m)$$

$$= \sigma_X^2 \frac{a^{|m|}}{1 - a^2}, \quad m \text{ 取值 } -\infty \sim \infty$$

其功率谱密度为

$$P_Y(e^{j\omega}) = P_X(e^{j\omega}) |H(e^{j\omega})|^2 = P_X(e^{j\omega}) H(e^{j\omega}) H^*(e^{j\omega})$$

$$= \frac{\sigma_X^2}{1 - 2a\cos\omega + a^2}$$

12.9 设 $X(n)$ 为零均值、方差为 σ_X^2 的白噪声序列,先将其送入一个两点平均器,得 $Y(n) = [X(n) + X(n-1)]/2$,再将 $Y(n)$ 送入一个两点差分器,得 $Z(n) = [Y(n) - Y(n-1)]/2$,求 $Z(n)$ 的均值、方差、自相关函数及功率谱。

解: 因为 $X(n)$ 是一白噪声序列,所以 $r_X(m) = \sigma_X^2 \delta(m)$,$P_X(e^{j\omega}) = \sigma_X^2$。

对两点平均器,其转移函数是 $H_1(z) = \frac{1}{2} + \frac{1}{2} z^{-1}$,单位抽样响应为 $h_1(0) = \frac{1}{2}$,$h_1(1) = \frac{1}{2}$,其余为零。显然

$$\mu_Y = E\{Y(n)\} = E\{[X(n) + X(n-1)]/2\} = 0$$

$$\sigma_Y^2 = E\{[Y(n) - E\{Y(n)\}]^2\} = E\{Y^2(n)\}$$

$$= E\{[0.5X(n) + 0.5X(n-1)]^2\} = \sigma_X^2$$

$$r_Y(m) = r_X(m) * h_1(m) * h_1(-m) = \begin{cases} \sigma_X^2/2 & m = 0 \\ \sigma_X^2/4 & m = \pm 1 \end{cases}$$

m 为其他值时 $r_Y(m) = 0$。$Y(n)$ 的功率谱是

$$P_Y(e^{j\omega}) = P_X(e^{j\omega}) |H_1(e^{j\omega})|^2 = \sigma_X^2 \cos^2 \frac{\omega}{2}$$

对两点差分器,其转移函数是 $H_2(z) = \frac{1}{2} - \frac{1}{2} z^{-1}$,单位抽样响应为 $h_2(0) = \frac{1}{2}$,$h_2(1) = -\frac{1}{2}$,其余为零。显然

$$\mu_Z = E\{Z(n)\} = E\{[Y(n) - Y(n-1)]/2\} = 0$$

$$\sigma_Z^2 = E\{[Z(n) - E\{Z(n)\}]^2\} = E\{Z^2(n)\}$$
$$= E\{[0.5Y(n) - 0.5Y(n-1)]^2\} = \sigma_X^2$$

$$r_Z(m) = r_Y(m) * h_2(m) * h_2(-m) = \begin{cases} \dfrac{\sigma_X^2}{16} & m = 0 \\[2mm] -\dfrac{\sigma_X^2}{16} & m = \pm 2 \end{cases}$$

m 为其他值时 $r_Z(m) = 0$。$Z(n)$ 的功率谱是

$$P_Z(\mathrm{e}^{\mathrm{j}\omega}) = P_Y(\mathrm{e}^{\mathrm{j}\omega}) \mid H(\mathrm{e}^{\mathrm{j}\omega}) \mid^2 = \sigma_X^2 \cos^2\frac{\omega}{2}\sin^2\frac{\omega}{2} = \frac{1}{4}\sigma_X^2\sin^2\omega$$

本题也可将两个系统级联起来后再求解，即先求出

$$H(z) = H_1(z)H_2(z) = \left(\frac{1}{2} + \frac{1}{2}z^{-1}\right)\left(\frac{1}{2} - \frac{1}{2}z^{-1}\right) = \frac{1}{4} - \frac{1}{4}z^{-2}$$

然后再通过 $r_X(m) * h(m) * h(-m)$ 求出 $r_Z(m)$，最后求出 $P_Z(\mathrm{e}^{\mathrm{j}\omega})$。

12.10　图题 12.10.1 是一个自适应滤波器的示意图。图中 $X(n)$ 是输入信号，假定它是一个平稳的随机过程。$D(n)$ 是所希望得到的输出，假定它是已知的。通过调整滤波器 $h(n)$ 的系数可使滤波器的输出 $Y(n)$ 接近于 $D(n)$，调整的方法是使输出误差序列 $e(n) = D(n) - Y(n)$ 的均方误差为最小。由于在这一原则下不断调整 $h(n)$ 的系数，因此该滤波器称为自适应（adaptive）滤波器。可以导出，其均方误差（mse）为

$$\mathrm{mse} = E\{e^2(n)\} = E\{[D(n) - Y(n)]^2\} = r_{DD}(0) + r_{YY}(0) - 2r_{DY}(0)$$

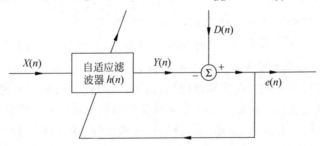

图题 12.10.1　自适应滤波器示意图

如果 $h(n)$ 是一长度为 L 的 FIR 滤波器，即 $h(n) = \{h(0), \cdots, h(L-1)\}$，令矩阵 $\boldsymbol{R}$ 是由 $X(n)$ 的前 L 个自相关函数 $r_X(0), r_X(1), \cdots, r_X(L-1)$ 所构成的 Toeplitz 自相关阵，令向量 $\boldsymbol{P} = [r_{XD}(0), r_{XD}(1), \cdots, r_{XD}(L-1)]^{\mathrm{T}}$，向量 $\boldsymbol{H} = [h(0), h(1), \cdots, h(L-1)]^{\mathrm{T}}$，则 $e(n)$ 的均方误差可表示为

$$\mathrm{mse} = r_{DD}(0) + \boldsymbol{H}^{\mathrm{T}}\boldsymbol{R}\boldsymbol{H} - 2\boldsymbol{P}^{\mathrm{T}}\boldsymbol{H}$$

(1) 求使 mse 为最小的滤波器系数向量 $\boldsymbol{H}_{\min}$；

(2) 求最小均方误差 $\mathrm{mse}_{\min}$。

解：(1) 为求使均方误差 mse 为最小的滤波器系数向量 $\boldsymbol{H}_{\min}$，令 $\dfrac{\partial \text{mse}}{\partial \boldsymbol{H}}=0$，有

$$2\boldsymbol{R}\boldsymbol{H}_{\min}-2\boldsymbol{P}=0$$

所以

$$\boldsymbol{H}_{\min}=\boldsymbol{R}^{-1}\boldsymbol{P}$$

(2) 将 $\boldsymbol{H}_{\min}=\boldsymbol{R}^{-1}\boldsymbol{P}$ 代入上述 mse 的表达式，可求出

$$\text{mse}_{\min}=r_{DD}(0)-\boldsymbol{P}^{\mathrm{T}}\boldsymbol{H}_{\min}$$

12.11 已知 $x(n)$ 是一方差为 σ_x^2、均值为零的白噪声序列，令其通过有 FIR 系统得到输出 $y(n)$，系统的差分方程是 $y(n)=x(n)+0.85x(n-1)$，求并画出 $y(n)$ 的功率谱。

解：由教材式(12.3.2)，有

$$P_y(\mathrm{e}^{\mathrm{j}\omega})=P_x(\mathrm{e}^{\mathrm{j}\omega})\,\big|H(\mathrm{e}^{\mathrm{j}\omega})\big|^2=\sigma_x^2\,\big|H(\mathrm{e}^{\mathrm{j}\omega})\big|^2$$

由差分方程可得 $H(z)=1-0.85z^{-1}$，进一步，

$$\big|H(\mathrm{e}^{\mathrm{j}\omega})\big|^2=H(\mathrm{e}^{\mathrm{j}\omega})H^*(\mathrm{e}^{\mathrm{j}\omega})=H(z)H(z^{-1})\big|_{z=\mathrm{e}^{\mathrm{j}\omega}}=1.7225-1.7\cos\omega$$

所以

$$P_y(\mathrm{e}^{\mathrm{j}\omega})=\sigma_x^2(1.7225-1.7\cos\omega)$$

实现本题的程序是

```
N = 256;x = randn(1,N);n = 0:N-1;
fn = 0:2 * pi/N:2 * pi - 2 * pi/N; fn = fn/pi/2;
px = abs(fft(x)).^2/N;
HH = 1.7225 - 1.7 * cos(2 * pi * n/N);py = [px]. * [HH];
```

$P_x(\mathrm{e}^{\mathrm{j}\omega})$、$\big|H(\mathrm{e}^{\mathrm{j}\omega})\big|^2$ 及 $P_y(\mathrm{e}^{\mathrm{j}\omega})$ 的波形如图题 12.11.1(a)、(b) 和 (c) 所示。程序中取 $\sigma_x^2=1$。虽然 $x(n)$ 是方差为 σ_x^2 的白噪声，理论上，$P_x(\mathrm{e}^{\mathrm{j}\omega})$ 应为一直线，但此处 $x(n)$ 是随机信号无穷多样本中的一次实现，且是有限长的，因此其功率谱不可能是直线，而且起伏剧烈。这也就是我们要用第 13、14 章共两章的篇幅来讨论功率谱估计的原因。

*12.12 利用 rand.m 和 randn.m，分别产生两个较长的白噪声序列，一个服从均匀分布，另一个服从高斯分布。

(1) 分别计算并画出其自相关函数的图形；

(2) 用直方图的方法检查它们是否接近于均匀分布和高斯分布(求直方图的程序由读者自己编写)。

解：求解本题的 MATLAB 程序是 ex_12_12_1.m。运行该程序所得结果如图题 12.12.1 所示。其中，(a)为服从均匀分布的白噪声序列(去除了均值)，(c)为自相关函数，(e)为对应的直方图；(b)为服从高斯分布的白噪声序列，(d)为自相关函数，(f)为对应的直方图。

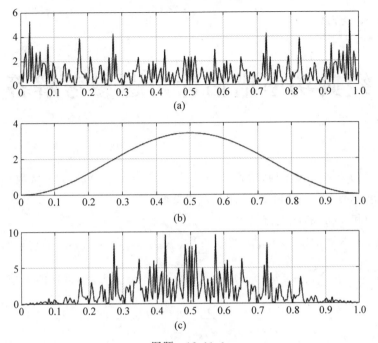

图题 12.11.1

(a) $P_x(\mathrm{e}^{\mathrm{j}\omega})$; (b) $|H(\mathrm{e}^{\mathrm{j}\omega})|^2$; (c) $P_y(\mathrm{e}^{\mathrm{j}\omega})$

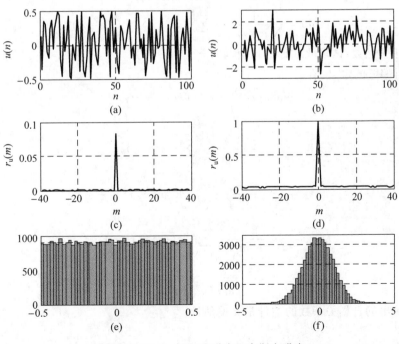

图题 12.12.1 均匀白噪声和高斯白噪声

第13章

经典功率谱估计习题参考解答

13.1 $v(n)$ 是一已知序列，所希望的信号 $d(n)=\lambda v(n)$，λ 是一常数。系统的输出是 $y(n)$，试求 λ，使得 $y(n)$ 和 $d(n)$ 的误差能量最小。

解：$y(n)$ 和 $d(n)$ 的误差能量为

$$\varepsilon(\lambda) = \sum_n [y(n)-\lambda v(n)]^2 = \sum_n [y^2(n)-2\lambda v(n)y(n)+\lambda^2 v^2(n)]$$

令 $\mathrm{d}\varepsilon(\lambda)/\mathrm{d}\lambda=0$，有 $\sum_n [-2v(n)y(n)+2\lambda v^2(n)]=0$。显然，最佳的 λ 是

$$\lambda = \frac{\sum_n v(n)y(n)}{\sum_n v^2(n)}$$

13.2 设 $x(n)$ 为一平稳随机信号，且是各态遍历的，现用式

$$\hat{r}(m) = \frac{1}{N-|m|} \sum_{n=0}^{N-1-|m|} x_N(n)x_N(n+m) \qquad \text{(A)}$$

估计其自相关函数，试求此估计的均值与方差。

解：由偏差的定义，有

$$\mathrm{bia}[\hat{r}(m)] = E\{\hat{r}(m)\} - r(m)$$

式中

$$E\{\hat{r}(m)\} = E\left\{ \frac{1}{N-|m|} \sum_{n=0}^{N-1-|m|} x_N(n)x_N(n+m)\right\}$$

$$= \frac{1}{N-|m|} \sum_{n=0}^{N-1-|m|} E\{x(n)x(n+m)\}$$

$$= \frac{1}{N-|m|} \sum_{n=0}^{N-1-|m|} r(m) = r(m)$$

所以

$$\mathrm{bia}[\hat{r}(m)] = 0$$

即本题所给出的自相关函数的估计是无偏估计。

由定义

$$\mathrm{var}[\hat{r}(m)]=E\{[\hat{r}(m)-E\{\hat{r}(m)\}]^2\}=E\{\hat{r}^2(m)\}-[E\{\hat{r}(m)\}]^2$$

式中

$$[E\{\hat{r}(m)\}]^2=r^2(m)$$

现在需要计算 $E\{\hat{r}^2(m)\}$。$E\{\hat{r}^2(m)\}$ 的计算是相当困难的,文献[Opp75]给出了 $\mathrm{var}[\hat{r}(m)]$ 的表达式,即

$$\mathrm{var}[\hat{r}(m)]\approx\frac{N}{[N-|m|]^2}\sum_{k=-\infty}^{\infty}[r_x^2(k)+r_x(k+m)r_x(k-m)]\qquad(\mathrm{B})$$

因此,$E\{\hat{r}^2(m)\}$ 不需再求。对(B)式的结果,我们也可仿照教材 13.1.1 节的方法继续推导,说明在数据长度 $N\to\infty$ 时,$\mathrm{var}[\hat{r}(m)]\to 0$,这也说明了本题(A)式给出的关于自相关函数的估计是渐近一致估计。

文献[Opp75]同时给出了按照

$$\hat{r}(m)=\frac{1}{N}\sum_{n=0}^{N-1-|m|}x_N(n)x_N(n+m)\qquad(\mathrm{C})$$

估计的自相关函数的方差是

$$\mathrm{var}[\hat{r}(m)]\approx\frac{1}{N}\sum_{k=-\infty}^{\infty}[r_x^2(k)+r_x(k+m)r_x(k-m)]\qquad(\mathrm{D})$$

比较(B)式和(D)式可以看出,(B)式求和号前面的系数在分母上有 $N-m$,因此,当 m 变大时,$N-m$ 变小,整个方差变大。所以,尽管(A)式给出的估计是无偏的,但是,在 m 变大时的方差性能不好。相比之下,(C)式的估计所具有的方差不随 m 变化,因此,得到了广泛的应用。

13.3　设一个随机过程的自相关函数 $r(m)=0.8^{|m|}$,$m=0,\pm1,\cdots$,现在取 $N=100$ 点数据来估计其自相关函数 $\hat{r}(m)$,在 m 为下列值时,求 $\hat{r}(m)$ 对 $r(m)$ 的估计偏差。

(1)$m=0$;(2)$m=10$;(3)$m=50$;(4)$m=80$。

解：由自相关函数估计的性质,有

$$\mathrm{bia}[\hat{r}(m)]=-\frac{|m|}{N}r(m)$$

当 $m=0$ 时,$\mathrm{bia}[\hat{r}(0)]=0$;

当 $m=10$ 时,$\mathrm{bia}[\hat{r}(10)]=-\frac{|10|}{n}r(10)=-\frac{10}{100}\times0.8^{10}=-0.010\,74$;

当 $m=50$ 时,$\mathrm{bia}[\hat{r}(50)]=-\frac{|50|}{N}r(50)=-\frac{50}{100}\times0.8^{50}=-7.1362\mathrm{e}-006$;

当 $m=80$ 时,$\mathrm{bia}[\hat{r}(80)]=-\frac{|80|}{N}r(80)=-\frac{80}{100}\times0.8^{80}=-1.4135\mathrm{e}-008$。

理论上讲,对固定的 N,随着延迟 m 的增大,偏差应该越来越大。但是,在本题中,随

着 m 的增大,偏差似乎在减小(指绝对值)。这是一种假象,因为 $r(m)$ 本身是随着 m 的增大而衰减的,这就掩盖了偏差随 m 的增大而变大的事实。更明确的应表示为

$$\text{bia}[\hat{r}(0)]=0\times r(0) \quad \text{bia}[\hat{r}(10)]=0.1\times r(10)$$

$$\text{bia}[\hat{r}(50)]=0.5\times r(50) \quad \text{bia}[\hat{r}(80)]=0.8\times r(80)$$

13.4 当我们用 $\hat{r}(m)=\dfrac{1}{N}\displaystyle\sum_{n=0}^{N-1-|m|}x(n)x(n+m)$ 来估计自相关函数时,一般 N 很大,而 $\hat{r}(m)$ 的单边长度 M 远小于 N。为了加快处理速度,可在全部数据输入完毕之前开始做相关计算,当最后一个数据到来时,相关函数的计算也就马上可以完成。试给出计算方法。

解:可按下述步骤来计算:

当 $x(0)$ 到来时,计算 $\quad \text{sum0}=x^2(0)$;

当 $x(1)$ 到来时,更新 $\quad \text{sum0}=\text{sum0}+x^2(1)$;

同时计算 $\quad \text{sum1}=x(0)x(1)$

当 $x(2)$ 到来时,更新 $\quad \text{sum0}=\text{sum0}+x^2(2)$; $\text{sum1}=\text{sum1}+x(1)x(2)$;

再计算 $\quad \text{sum2}=x(0)x(2)$

当 $x(3)$ 到来时,更新 $\quad \text{sum0}=\text{sum0}+x^2(3)$; $\text{sum1}=\text{sum1}+x(2)x(3)$;

$$\text{sum2}=\text{sum2}+x(1)x(3)$$

再计算 $\quad \text{sum3}=x(0)x(3)$

以此类推,当数据 $x(M)$ 到来时,分别更新 $\text{sum0}\sim\text{sum}M-1$,并求出 $\text{sum}M$。当数据 $x(M+1)$ 到来时,分别更新 $\text{sum0}\sim\text{sum}M$,这时已不需要再求出 $\text{sum}M+1$。直到所有的数据都输入完毕,最后一次完成 $\text{sum0}\sim\text{sum}M$ 的更新。这样,$r(0)=\text{sum0}$,$r(1)=\text{sum1}$,$\cdots$,$r(M)=\text{sum}M$。

上述计算实际是利用了抽样间隔的时间来完成自相关函数的运算。由于每一步包含了更新运算,将求出相关函数的总的乘法运算分散到了各个抽样间隔内,所以,每一步的乘法运算得以大大减少,基本上做到了自相关函数的实时计算。

13.5 对 N 点数据 $x_N(n)$,$n=0,1,\cdots,N-1$,试证明

$$\sum_{m=-(N-1)}^{N-1}\hat{r}(m)e^{-j\omega m}=\frac{1}{N}\left|\sum_{n=0}^{N-1}x(n)e^{-j\omega m}\right|^2 \tag{A}$$

并对照教材图 13.1.2,说明当用 DFT 来实现上式时如何将它改成离散频率形式。

证明:教材的 13.1.2 节已证明(见教材中式(13.1.15))

$$\sum_{m=-(N-1)}^{N-1}\hat{r}(m)e^{-j\omega m}=\frac{1}{N}|X_{2N}(e^{j\omega})|^2$$

式中,$X_{2N}(e^{j\omega})=\displaystyle\sum_{n=0}^{2N-1}x_{2N}(n)e^{-j\omega m}$,$x_{2N}(n)$ 是将 N 点序列补 N 个零所得到的 $2N$ 点的

序列。注意到

$$X_{2N}(e^{j\omega}) = \sum_{n=0}^{2N-1} x_{2N}(n) e^{-j\omega n} = \sum_{n=0}^{N-1} x_N(n) e^{-j\omega n} = X_N(e^{j\omega}) \tag{B}$$

因此本题(A)式成立。

特别需要说明的是,本题(B)式成立的一个重要原因是 $X_{2N}(e^{j\omega})$ 和 $X_N(e^{j\omega})$ 都是连续谱(DTFT)。如果是离散谱,则(B)式的离散化不能简单成立。因此,当对本题(A)式离散化后用 DFT 实现时,可采用如下两个方案:

(1)
$$\sum_{m=-(N-1)}^{N-1} \hat{r}(m) e^{-j\omega m} \Rightarrow \sum_{m=0}^{2N-1} \hat{r}_0(m) e^{-j\frac{2\pi}{2N}mk} = P_{2N}(k)$$

式中,$\hat{r}_0(m)$ 是将 $\hat{r}(m)$ 在 $m = -(N-1) \sim -1$ 的部分左移 $2N$ 点,并在 $m=N$ 处补一个为零的点而形成的新序列,如教材的图 13.1.2 所示。并且

$$P_{2N}(k) = \frac{1}{N} |X_{2N}(k)|^2 = \frac{1}{N} \left| \sum_{n=0}^{2N-1} x_{2N}(n) e^{-j\frac{2\pi}{2N}nk} \right|^2$$

(2)
$$\sum_{m=-(N-1)}^{N-1} \hat{r}(m) e^{-j\omega m} = \sum_{m=0}^{N-1} \hat{r}(m) e^{-j\frac{2\pi}{N}mk} + \sum_{m=-(N-1)}^{0} \hat{r}(m) e^{-j\frac{2\pi}{N}mk} - \hat{r}(0) = P_N(k)$$

通过进一步推导,有

$$P_N(k) = 2\mathrm{Re} \left[\sum_{m=0}^{N-1} \hat{r}(m) e^{-j\frac{2\pi}{N}mk} \right] - \hat{r}(0)$$

并且

$$P_N(k) = \frac{1}{N} |X_N(k)|^2 = \frac{1}{N} \left| \sum_{n=0}^{N-1} x_N(n) e^{-j\frac{2\pi}{N}nk} \right|^2$$

由以上讨论,一方面帮助我们知道如何用 DFT 来实现本题的(A)式,另一方面也有助于搞清楚补零后对频谱计算时的影响。

13.6 一段记录包含 N 点抽样,其抽样率 $f_s = 1000\mathrm{Hz}$。用平均法改进周期图估计时将数据分成了互不交叠的 K 段,每段数据长度 $M = N/K$。假定在频谱中有两个相距为 $0.04\pi(\mathrm{rad})$ 的谱峰,为要分辨它们,M 应取多大?

解:对长度为 M 的数据,若使用矩形窗,其主瓣的第一个过零点是 $2\pi/M$,主瓣宽是 $4\pi/M$。为保证分开相距宽度为 $\mathrm{BW} = 0.04\pi$ 的两个谱峰,要求 $4\pi/M \leqslant \mathrm{BW} = 0.04\pi$,即要求 $M \geqslant 100$。

*13.7 对本书所附的数据文件 test,估计其自相关函数,令 $M = 32$,分别输出其实部和虚部。

解:求解该题的 MATLAB 程序是 ex_13_07_1.m,求出的结果如图题 13.7.1 所示。其中图(a)是自相关函数的实部,图(b)是自相关函数的虚部。由该图可以看出,复序列

(或过程)的自相关函数也是复函数,其实部是偶对称的,而虚部是奇对称的。

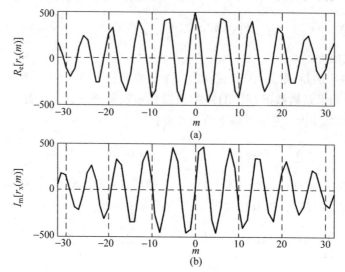

图题 13.7.1　复序列自相关函数的实部和虚部

(a) 实部;(b) 虚部

*13.8　利用 rand. m 产生 256 点白噪声序列,应用 Welch 法估计其功率谱,每段长为 64 点,重叠 32 点,输出平均后的功率谱曲线及对 256 点一次求周期图的功率谱曲线。

解:求解该题的 MATLAB 程序是 ex_13_08_1. m,运行该程序,结果如图题 13.8.1 所示。图(a)是按每段 64 点,每一段重叠 32 点,使用汉明窗求出的平均功率谱。该功率谱曲线是由 7 段的功率谱曲线做平均得到的。而图(b)是没有平均,按长度为 256 点,一次求出的周期图功率谱。

白噪声的功率谱曲线理论上应该是一条直线,即在所有的频率范围内有着同样的频谱分量。但是,由本题的结果可以看出,它们的功率谱曲线不是直线,而是起伏的。这是因为我们由单个样本及有限长数据"估计"出的谱不会等于真实谱。

另外,比较图(a)和(b)可以看出,经过平均后的图(a)起伏不如没有经过平均的图(b)厉害,也即平均减小了估计的方差。

希望读者能由该题的结果基本搞清楚经典谱估计的基本方法和基本性能。

*13.9　对本书所附的数据文件 test,用 Welch 方法做谱估计,每段 32 点,叠合 16 点,用三角窗。输出平均后的谱曲线并和教材中的图题 13.5.1(d)相比较,观察窗函数对谱估计的影响。

解:求解该题的 MATLAB 程序是 ex_13_09_1. m。对所附数据 test,使用三角窗所估计出的功率谱如图题 13.9.1(a)所示,使用汉明窗估计出的功率谱如图(b)所示(即教材的图 13.5.1(d))。我们知道,三角窗比汉明窗有着较大的边瓣,反映在本题的谱估计

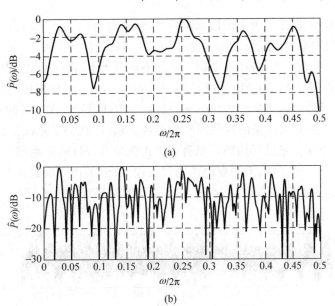

图题 13.8.1　估计出的白噪声功率谱曲线

（a）有平均；（b）没有平均

上，是图（a）在 $-0.1 \sim 0.1$ 的频率范围内有着较大的假的峰值，而图（b）在该频率范围内基本上没有出现这一现象。

由于本题的功率谱是基于 Welch 的平均法，所以窗函数在其他方面的差异没有体现出来。

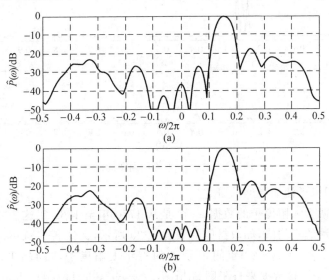

图题 13.9.1　基于 welch 平均的功率谱估计

（a）三角窗；（b）汉明窗

13.10 产生50次方差为1的白噪声信号,然后对每一次产生的白噪声都加上3个正弦信号,其圆周频率分别是0.25π、0.265π及0.28π,这样共得到50个记录。再对每一个记录求其周期图,并平均,若用周期图求出功率谱分辨率,观察平均对其的影响。

解:实现该问题的MATLAB程序是ex_13_10_01.m,运行该程序给出图题13.10.1。图(a)是50次记录的时域波形叠加在一起的显示。图(b)是50次记录的周期图叠加在一起的显示。图(c)是50次记录的周期图平均后的显示。图(d)是单次记录的周期图。由图(d)可以看出,单次记录的周期图没能将3个正弦分开,图(b)说明将50次记录的周期图相加后可以分开3个正弦,但功率谱曲线起伏较大,但平均以后起伏基本消除,曲线变得平滑。另外,读者运行该程序会发现,每次运行的结果都不会相同(尤其是图(d)),这正是随机信号的特点。

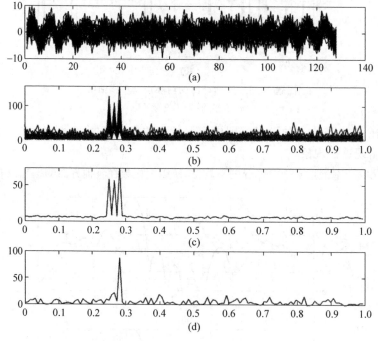

图题13.10.1 平均周期图的研究

13.11 太阳黑子活动周期的研究。

本书给出了两个太阳黑子的数据,一个是从1770年至1869年这100年间记录到的每年太阳黑子活动的平均值,如教材中的表题1.20所示,文件名是sunspot.dat;另一个是从1700年至2021年这322年间记录到的每年太阳黑子活动的平均值,文件名是sunspots_New.mat。该数据来自于网站http://www.sidc.be/silso/home(SILSO data/image,Royal Observatory of Belgium,Brussels)。试利用周期图对这两个数据作功率谱估计,大致估计黑子的活动周期。

　　解:求解该题的 MATLAB 程序是 ex_13_11_sunspots。图题 13.11.1 是对数据 sunspot.dat 的处理结果。图(a)是从 1770 年至 1869 年的时域波形,可大致看出它是周期的,但周期和周期之间变化较大;图(b)是其自相关函数的前 30 点。1.7 节已指出,若信号在时域是周期的,其自相关函数也是周期的,并且和信号的时域周期相同。从图(b)可以看出,其周期为 10 年。图(c)是对该数据作周期图得到的功率谱估计,峰值出现在横坐标为 0.086 处。现在需要对横坐标的意义进行解释。

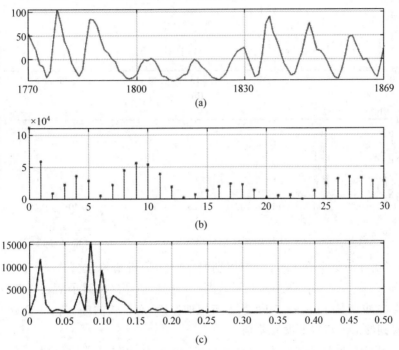

图题 13.11.1　用周期图法估计出的 sunspots.dat 的功率谱

　　原始数据 sunspots.dat 的长度是 100 点,间隔是 1 年,相当于 $T_s = 1$ 年及 $f_s = 1/$年。图中横坐标为归一化频率,即 0.5 对应 $f_s/2 = 0.5/$年,因此,在横坐标为 0.086 处的谱峰对应为 0.086/年=1/11.6 年。我们可由此得出黑子活动的周期约为 11 年。

　　图题 13.11.2 是对数据 sunspots_New.mat 的处理结果。图(a)332 年的年平均太阳黑子的时域波形,图(b)是其自相关函数的前 30 点,可以看出,其周期为 10 年。图(c)是对该数据作周期图得到的功率谱估计,峰值出现在横坐标为 0.0898 处。由于该数据的间隔也是 1 年,所以该谱峰对应为 0.0898/年=1/11.14 年,周期也约为 11 年。

　　在对上述两组数据作周期图时,数据的长度都扩展成了 2 的整次幂,前者是 256,后者是 512,目的是有利于 FFT。如果不扩展,即前者的长度是 100,后者是 322,那么,作周

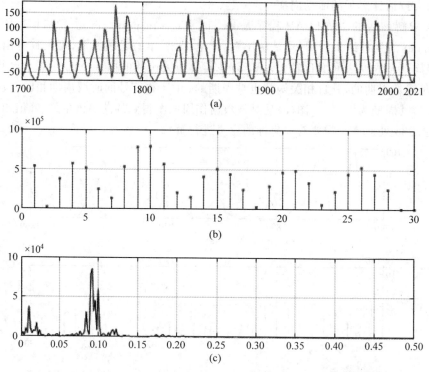

图题 13.11.2　用周期图法估计出的 sunspots_New.mat 的功率谱

期图后,前者谱峰的位置在 0.1,对应周期是 10 年,后者谱峰位置在 0.09,对应周期是 11.1 年。显然,利用 sunspots.dat 在对数据补零前后估计出的黑子活动周期有了较大的差别(1 年),这可能是 sunspots.dat 数据较短的原因,而较长的 sunspots_New.mat 在两种情况下得到的结果基本上没有差别。

现采用 Welch 平均法来估计 sunspots_New.mat 的功率谱,每段长为 100,用汉明窗,没有重叠,所得功率谱如图题 13.11.3 所示。显然,谱曲线变得平滑,谱峰的位置在 0.093 处,对应的周期为 10.75 年,和上述结果也基本一致。

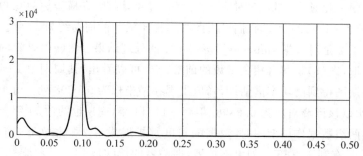

图题 13.11.3　用 Welch 平均法估计出的 sunspots_New.ma 的功率谱

13.12　对教材的图 1.1.1 的语音信号"我正在学习数字信号处理"作短时傅里叶变换,观察其频率内容随时间变化的情况。

解:该语音信号的时域波形及语谱图如图题 13.12.1 所示。

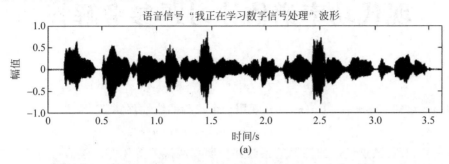

(a)

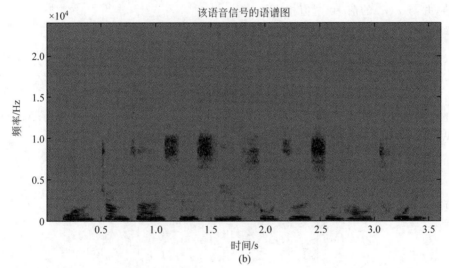

(b)

图题 13.12.1　语音信号"我正在学习数字信号处理"的时域波形及语谱图

语谱图是利用短时傅里叶变换求出并绘制的语音信号的频谱图。语谱图的横坐标是时间,纵坐标是频率,坐标点值为语音信号的能量。由于是采用二维平面表达三维信息,所以能量值的大小是通过颜色来表示的,颜色越深,表示该点的语音能量越强。该语谱图的结果和教材中图 3.2.9 的频谱图大体一致,只是多了一个时间轴。增加时间轴的原因是语音信号是非平稳的,其频谱内容随时间在变化。由该语谱图可以看出,其基频在 $200 \sim 300\mathrm{Hz}$,二次谐波为 $500 \sim 1000\mathrm{Hz}$,并可以看出其频谱随时间在变化。

求解该题的 MATLAB 程序是 ex_13_12_01。

第 14 章

现代功率谱估计习题参考解答

14.1 已知 $x(n)=\sqrt{2}\sin(\pi n/6)$，现用一个二阶的线性预测器

$$\hat{x}(n)=-a_1 x(n-1)-a_2 x(n-2)$$

对其进一步预测，试求线性预测器的系数并证明预测误差等于零。然后计算 $\hat{x}(n)$ 的前 10 个值，并与 $x(n)$ 的前 10 个值相比较。

解：

$$r_x(m)=E\{x(n)x(n+m)\}=\frac{1}{N}\sum_{n=0}^{N-1}\sqrt{2}\sin(\pi n/6)\times\sqrt{2}\sin((n+m)/6)$$

由例 1.7.2 有，$r_x(0)=1,r_x(1)=\sqrt{3}/2,r_x(2)=1/2$。

由于 p 阶的线性预测器等效于一个 p 阶的 AR 模型，因此，此题可由 AR 模型的 Yule-Walker 方程来求解。由教材式(14.2.3)的第一个方程，有

$$r_x(1)=-a_1 r_x(0)-a_2 r_x(1)$$

$$r_x(2)=-a_1 r_x(1)-a_2 r_x(0)$$

写成矩阵形式，并代入 $r_x(0)=1,r_x(1)=\sqrt{3}/2,r_x(2)=1/2$，有

$$\begin{bmatrix} 1 & \sqrt{3}/2 \\ \sqrt{3}/2 & 1 \end{bmatrix}\begin{bmatrix} a_1 \\ a_2 \end{bmatrix}=-\begin{bmatrix} \sqrt{3}/2 \\ 1/2 \end{bmatrix}$$

解得 $a_1=-\sqrt{3},a_2=1$，这时，所要求的线性预测器变成

$$\hat{x}(n)=\sqrt{3}x(n-1)-x(n-2)$$

再由教材式(14.2.3)的第二个方程，有

$$r_x(0)=-a_1 r_x(1)-a_2 r_x(2)+\sigma^2$$

代入求出的数值，得

$$\sigma^2=1+[-\sqrt{3}\times\sqrt{3}/2+1\times 1/2]=0$$

σ^2 也是线性预测器的最小预测误差 $\rho_{\min}$。

因此，正如教材 14.4.1 节的结论 3 所指出的，正弦信号是完全可以预测的，即预测误差等于零。

下面两句 MATLAB 程序可求出 $x(n)$ 和 $\hat{x}(n)$ 的前 10 个数值：

```
x = sin(pi * (0:9)/6)
xpred = filter([0 sqrt(3) −1],1,x)
x = 0,0.5000,0.8660,1.0000,0.8660,0.5000,0.0000,−0.5000,−0.8660,−1.0000
xpred = 0,0, 0.8660,1.0000,0.8660,0.5000,−0.0000,−0.5000,−0.8660 −1.0000
```

可以看出,在阶次 $p=2$ 后,预测值完全等于原来的值。

现对上述程序中"xpred＝filter([0 sqrt(3) −1],1,x)"一句进行说明。

由教材式(14.1.7)知,本例的 AR 模型(或线性预测器)转移函数的分母多项式是

$$A(z) = 1 - \sqrt{3}\, z^{-1} + z^{-2}$$

由教材的图题 14.2.1(c)可知,由 $x(n)$ 预测 $\hat{x}(n)$ 的转移函数是 $1-A(z)=0+\sqrt{3}\,z^{-1}-z^{-2}$,这是一个 FIR 系统。这也就是"xpred＝filter([0 sqrt(3) −1],1,x)"一句赋值的原因。

对于本题,由于 $x(n)$ 是一独立、零均值的高斯过程,所以其自相关矩阵为对角阵,且对角线上的元素都是 σ_x^2。

14.2 试证明:若要保证一个 p 阶的 AR 模型在白噪声的激励下的输出 $x(n)$ 是一个平稳的随机过程,那么该 AR 模型的极点必须都位于单位圆内。

证明:一个 p 阶 AR 模型的输入输出关系是

$$x(n) = -\sum_{k=1}^{p} a_k x(n-k) + u(n) \quad 及 \quad X(z) = U(z)H(z)$$

式中,$u(n)$ 是平稳白噪声序列,$U(z)$ 是其 Z 变换,$H(z) = 1 \Big/ \left(1 + \sum_{k=1}^{p} a_k z^{-k}\right)$ 是 p 阶 AR 模型的转移函数。如果 $H(z)$ 有一个极点在单位圆外,那么,$H(z)$ 将是不稳定的,表现在 $h(n)$ 上是随着 n 的增大而呈指数增长,即 $h(n)$ 中包含 $e^{\alpha t}$ 的项,$\alpha > 1$。这样,由于 $x(n) = u(n) * h(n)$,那么 $x(n)$ 也必定是随 n 增大的。这样,$x(n)$ 的均值必然是随时间变化的。自然,其方差也是随时间变化的,并且当 $n \to \infty$ 时,其方差将趋于无穷。由于 $x(n)$ 是时变的,所以其自相关函数将和分析的起点有关,而不是仅和两个时间点的差有关。综上所述,由教材 10.2.1 节关于平稳随机信号的定义,这时的 $x(n)$ 必然不是宽平稳的。因此,若要保证 $x(n)$ 是宽平稳的,$H(z)$ 的所有极点必须都在单位圆内。

14.3 一个 AR(2)过程如下:

$$x(n) = -a_1 x(n-1) - a_2 x(n-2) + u(n)$$

试求该模型稳定的条件。

解:该 AR(2)过程的转移函数是

$$H(z) = \frac{1}{1 + a_1 z^{-1} + a_2 z^{-2}} = \frac{1}{A(z)}$$

为保证该模型稳定,则 $A(z)$ 的根都应在单位圆内。由于

$$A(z) = 1 + a_1 z^{-1} + a_2 z^{-2} = (1 - p_1 z^{-1})(1 - p_2 z^{-1})$$

因此,要求 $|p_1| < 1, |p_2| < 1$。其中

$$a_1 = -(p_1 + p_2) \tag{A}$$

$$a_2 = p_1 p_2 \tag{B}$$

下面我们分三步来讨论 a_1 和 a_2 的取值范围。

(1) 由于 p_1 和 p_2 的取值都在 $-1 \sim 1$ 之间,由本题(A)式,a_1 的取值应在 $-2 \sim 2$ 之间,由本题(B)式,a_2 的取值应在 $-1 \sim 1$ 之间。这样,a_1 和 a_2 的取值范围是在 $-2 \sim 2$ 及 $-1 \sim 1$ 所形成的矩形区域,如图题 14.3.1 所示。

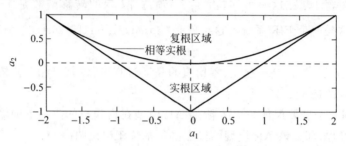

图题 14.3.1 a_1 和 a_2 的取值范围

(2) 又由于 $(1+p_1)(1+p_2) > 0$,即 $p_1 p_2 + p_1 + p_2 > -1$,因此,由(A)、(B)两式,有

$$a_2 - a_1 > -1 \tag{C}$$

同理,由于 $(1-p_1)(1-p_2) > 0$,即 $p_1 p_2 - p_1 - p_2 > -1$,再由(A)、(B)两式,有

$$a_2 + a_1 > -1 \tag{D}$$

(C)式和(D)式构成了 $a_1 \sim a_2$ 平面上的一个三角形区域,它当然位于上述的矩形区域内。这样,a_1 和 a_2 的取值范围还应该限制在该三角形区域内,如教材中图 12.2.1 所示。显然,a_2 的取值应在 $0 \sim 1$ 之间。

(3) 现在进一步讨论 $A(z)$ 两个根的取值情况。由于 $1 + a_1 z^{-1} + a_2 z^{-2} = 0$ 的 $\Delta = a_1^2 - 4a_2$,所以,

① 若 $\Delta = 0$,这时 $A(z)$ 有两个相等的实根。由于方程 $a_1^2 - 4a_2 = 0$ 是 $a_1 \sim a_2$ 平面上的一条抛物线,所以,这时 a_1 和 a_2 的取值范围在这条抛物线上;

② 若 $\Delta > 0$,这时 $A(z)$ 有两个不相等的实根,这时,

$$0 < a_2 < \frac{a_1^2}{4}$$

a_1 和 a_2 的取值范围在这条抛物线的下方;

③ 若 $\Delta < 0$,这时 $A(z)$ 有一对共轭复根,这时,

$$\frac{a_1^2}{4} < a_2 < 1$$

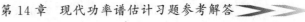

a_1 和 a_2 的取值范围在这条抛物线的上方；如图题 14.2.1 所示。

14.4 将教材中式(14.5.3)代入式(14.5.4)，再将 $e^b(n)$ 代入式(14.5.5)，通过令式(14.5.5)的 ρ^b 为最小，证明式(14.5.6)及式(14.5.7)。

证明：将教材中式(14.5.3)代入式(14.5.4)，有

$$e^b(n) = x(n-p) + \sum_{k=1}^{p} a^b x(n-p+k) \tag{A}$$

再将其代入教材中式(14.5.5)，有

$$\rho^b = E\{|e^b(n)|^2\} = E\left\{\left|x(n-p) + \sum_{k=1}^{p} a^b(k)x(n-p+k)\right|^2\right\}$$

根据正交原理，为求得使 ρ 最小的 $a^b(k), k=1,\cdots,p$，应使得 $x(n),\cdots,x(n-p+1)$ 和预测误差序列 $e(n)$ 正交，即

$$E\{x(n-p+m)e^b(n)\} = 0, \quad m=1,2,\cdots,p$$

由本题(A)式，有

$$E\left\{x(n-p+m)\left[x(n-p) + \sum_{k=1}^{p} a^b(k)x(n-p+k)\right]\right\} = 0$$

即

$$E\{x(n-p+m)x(n-p)\} + \sum_{k=1}^{p} a^b(k)E\{x(n-p+m)x(n-p+k)\} = 0$$

于是得

$$r_x(m) + \sum_{k=1}^{p} a^b(k)r_x(m-k) = 0$$

或

$$r_x(m) = -\sum_{k=1}^{p} a^b(k)r_x(m-k), \quad m=1,2,\cdots,p$$

由正交原理，为求最小预测误差，应使 $x(n-p)$ 和 $e^b(n-p)$(即 $e^b(n)$)正交，即

$$\rho_{min}^b = E\{x(n-p)e^b(n-p)\}$$

$$= E\left\{x(n-p)\left[x(n-p) + \sum_{k=1}^{p} a^b(k)x(n-p+k)\right]\right\}$$

因此，后向最小预测误差

$$\rho_{min}^b = r_x(0) + \sum_{k=1}^{p} a^b(k)r_x(k)$$

上面的导出实际上是利用背向线性预测求出线性预测的正则方程。

14.5 通过令教材中式(14.3.13)的 ρ 为最小，导出教材中式(14.2.3)的 Yule-Walker 方

程。提示：将 $P_{AR}(e^{j\omega}) = \rho_{min}/|A(e^{j\omega})|^2 = \rho_{min}/[A(e^{j\omega})A^*(e^{j\omega})]$ 代入式(14.3.13)，而

$$A(e^{j\omega}) = 1 + \sum_{k=1}^{p} a_k e^{-j\omega k}$$

证明：教材中式(14.3.13)为

$$\rho = \frac{\rho_{min}}{2\pi} \int_{-\pi}^{\pi} \frac{P_x(e^{j\omega})}{P_{AR}(e^{j\omega})} d\omega$$

将 $P_{AR}(e^{j\omega}) = \rho_{min}/|A(e^{j\omega})|^2 = \rho_{min}/[A(e^{j\omega})A^*(e^{j\omega})]$ 代入上式，有

$$\rho = \frac{1}{2\pi} \int_{-\pi}^{\pi} P_x(e^{j\omega}) A(e^{j\omega}) A^*(e^{j\omega}) d\omega$$

$$= \frac{1}{2\pi} \int_{-\pi}^{\pi} P_x(e^{j\omega}) \left(1 + \sum_{k=1}^{P} a_k e^{-j\omega l}\right) \left(1 + \sum_{l=1}^{P} a_l e^{j\omega l}\right) d\omega$$

为求使 ρ 最小的模型系数，令 $\partial\rho/\partial a_m = 0, m=1,2,\cdots,p$，有

$$\frac{\partial\rho}{\partial a_m} = \frac{1}{2\pi} \int_{-\pi}^{\pi} P_x(e^{j\omega}) e^{-j\omega m} \left[1 + \sum_{l=1}^{P} a_l e^{j\omega k}\right] d\omega +$$

$$\frac{1}{2\pi} \int_{-\pi}^{\pi} P_x(e^{j\omega}) e^{j\omega m} \left[1 + \sum_{k=1}^{P} a_k e^{-j\omega l}\right] d\omega = 0$$

上述积分对应的是功率谱的反变换，积分出的结果是自相关函数，于是有

$$\frac{\partial\rho}{\partial a_m} = r_x(-m) + \sum_{l=1}^{P} a_l r_x(l-m) + r_x(m) + \sum_{k=1}^{P} a_k r_x(m-k) = 0$$

设所研究的过程是实过程，因此有 $r_x(-m) = r(m), r_x(k-m) = r_x(m-k)$。由于上式中两个求和号中是单独求和，互相没有关系，所以可将 l 换成 k，于是有

$$2\left[r_x(m) + \sum_{k=1}^{P} a_k r_x(m-k)\right] = 0$$

即

$$r_x(m) = -\sum_{k=1}^{P} a_k r_x(m-k) \tag{B}$$

式(B)和教材中式(14.2.3)的第一个方程是一样的。而式(14.2.3)即是 AR 模型的正则方程，即按式(B)求出的 $a_1, a_2, \cdots, a_p$ 是最优的，保证预测误差是最小的。因此，按(B)式和教材中式(14.2.3)得出的最小预测误差都应该是

$$\rho_{min} = r_x(0) + \sum_{k=1}^{P} a_k r_x(k)$$

14.6 试证明：教材 14.4 节给出的自相关矩阵 R_{p+1} 是非负定的。（提示：用一非零向量 $a = [a(0), a(1), \cdots, a(p)]^T$ 与 R_{p+1} 相乘构成二次型 $a^T R_{p+1} a$，证明此二次型非负。）并回答矩阵 R_{p+1} 何时是奇异的？何时是正定的？

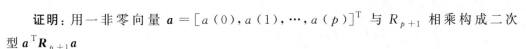

证明：用一非零向量 $\boldsymbol{a} = [a(0), a(1), \cdots, a(p)]^{\mathrm{T}}$ 与 R_{p+1} 相乘构成二次型 $\boldsymbol{a}^{\mathrm{T}} \boldsymbol{R}_{p+1} \boldsymbol{a}$

$$\boldsymbol{a}^{\mathrm{T}} \boldsymbol{R}_{p+1} \boldsymbol{a} = \sum_{m=0}^{p} \sum_{n=0}^{p} a_m a_n^* r_x(m-n) = E\left\{ \left| \sum_{n=0}^{M} a_n^* X(n) \right|^2 \right\} \geqslant 0$$

因此 $\boldsymbol{R}_{p+1}$ 是非负定的。

教材 14.4.1 节的结论 2 已证明，如果构成自相关矩阵 $\boldsymbol{R}_{p+1}$ 的 $x(n)$ 由 p 个复正弦所组成，即 $x(n) = \sum_{k=1}^{p} A_k \mathrm{e}^{\mathrm{j}\omega_k n}$，那么，$\boldsymbol{R}_{p+1}$ 一定是奇异的。

为保证 $\boldsymbol{R}_{p+1}$ 非奇异，有两个办法：

(1) $x(n)$ 包含的复正弦的个数大于 p；

(2) 若 $x(n)$ 包含的复正弦的个数不大于 p，那么可将 $x(n)$ 加上少许白噪声。

14.7　试证明：若 14.4 节给出的自相关矩阵 $\boldsymbol{R}_{p+1}$ 是正定的，则由 Yule-Walker 方程解出的 $a(1), a(2), \cdots, a(p)$ 构成的 p 阶 AR 模型是稳定的，且是唯一的。提示：可参看文献[Kay88]。

解：因为 $\boldsymbol{R}_{p+1}$ 是正定的，根据线性方程组的克莱姆法则，由教材中式 (14.2.4) 求出的 $a(1), a(2), \cdots, a(p)$ 及 σ^2 当然是唯一的。

由 $\boldsymbol{R}_{p+1}$ 是正定的条件，欲证明由 Yule-Walker 方程解出的 $a(1), a(2), \cdots, a(p)$ 构成的 p 阶 AR 模型是稳定的，即要证明

$$H(z) = \frac{\rho}{1 + \sum_{k=1}^{p} a_k z^{-k}} = \frac{\rho}{A(z)}$$

的极点都在单位圆内，即 $H(z)$ 是最小相位的。等效的是证明 $A(z)$ 的根都在单位圆内。

由于一个 p 阶的 AR 模型等效于一个 p 阶的最佳线性预测器，也即预测误差功率 ρ 应达到最小值。若 $H(z)$ 是不稳定的，假定它有一个极点在单位圆外，那么我们可以证明，如果将该极点映射到单位圆内，那么预测误差将会进一步减小。因此，有根处在单位圆外的 $A(z)$ 将不是最优的线性预测器。从而说明，作为最优的线性预测器，$A(z)$ 的根都必须在单位圆内。这样，该 AR 模型的极点必须都位于单位圆内，从而保证 $H(z)$ 是稳定的。下面是具体的证明步骤。

由定义及线性预测器输入输出的关系，有

$$\rho = E\{e^2(n)\} = \frac{1}{2\pi} \int_{-\pi}^{\pi} P_x(\mathrm{e}^{\mathrm{j}\omega}) |A(\mathrm{e}^{\mathrm{j}\omega})|^2 \mathrm{d}\omega \tag{A}$$

假定 $A(z)$ 有一个根，如 z_i，在单位圆外，那么 $A(z)$ 可表示为

$$A(z) = A'(z)(1 - z_i z^{-1}) \tag{B}$$

式中，$|z_i| > 1$，及

$$A'(z) = \prod_{\substack{k=1 \\ k \neq i}}^{p} (1 - z_k z^{-1}) \quad |z_k| < 1, \quad k = 1 \sim p, \quad k \neq i$$

将 z_i 写成 $z_i = r_i e^{j\omega_i}$ 的形式($r_i > 1$),然后将本题的式(B)代入本题的式(A),经化简,有

$$\rho = \frac{1}{2\pi} \int_{-\pi}^{\pi} P_x(e^{j\omega}) |A'(e^{j\omega})|^2 |1 - z_i e^{j\omega_i}|^2 d\omega$$

$$= \frac{1}{2\pi} \int_{-\pi}^{\pi} P_x(e^{j\omega}) |A'(e^{j\omega})|^2 [1 - 2r_i \cos(\omega - \omega_i) + r_i^2] d\omega$$

为了求出使 ρ 最小的系数,需要求 $\frac{\partial \rho}{\partial z_k} = 0, k = 1, \cdots, p$。其中对 z_i 的求导实际上是对 r_i 的求导,结果是

$$\frac{\partial \rho}{\partial r_i} = \frac{1}{2\pi} \int_{-\pi}^{\pi} P_x(e^{j\omega}) |A'(e^{j\omega})|^2 [2\cos(\omega - \omega_i) - 2r_i] d\omega$$

由于 $r_i > 1$,而 $|\cos(\omega - \omega_i)| \leq 1$,因此 $\frac{\partial \rho}{\partial r_i} \neq 0$。

上述结果表明,如果 $A(z)$ 有一个根在单位圆外,那么,预测误差功率 ρ 无法得到最小,因此 $A(z)$ 不是最优的。可以设想,如果将 z_i 映射到单位圆内,即由 $r_i e^{j\omega_i}$ 变为 $r_i^{-1} e^{j\omega_i}$,那么 $[\cos(\omega - \omega_i) - r_i]$ 就会很容易等于零。因此,最优的系数 $a(1), a(2), \cdots, a(p)$ 可求。

综上所述,最优线性预测器的根一定要位于单位圆内。也就是说,该线性预测器对应的 AR 模型一定是最小相位系统。

14.8 给定一个 ARMA(1,1)过程的转移函数

$$H(z) = \frac{1 + b(1)z^{-1}}{1 + a(1)z^{-1}}$$

现用一个无穷阶的 AR(∞)模型来近似,其转移函数

$$H_{AR}(z) = \frac{1}{1 + c(1)z^{-1} + c(2)z^{-2} + \cdots}$$

试证明

$$c(k) = \begin{cases} 1 & k = 0 \\ [a(1) - b(1)][-b(1)]^{k-1} & k \geq 1 \end{cases}$$

证明:由给定的等效关系,有

$$\frac{1 + b(1)z^{-1}}{1 + a(1)z^{-1}} = \frac{1}{1 + c(1)z^{-1} + c(2)z^{-2} + \cdots}$$

将上式交叉相乘,有

$$[1+b(1)z^{-1}][1+c(1)z^{-1}+c(2)z^{-2}+\cdots]=1+a(1)z^{-1}$$

由两边等次幂的项相等,有

$$c(1)+b(1)=a(1)$$
$$c(2)+b(1)c(1)=0$$
$$c(3)+b(1)c(2)=0$$
$$\vdots$$
$$c(k)+b(1)c(k-1)=0$$

依次求解,可得 $c(k)=[a(1)-b(1)][-b(1)]^{k-1}$, $k\geqslant 1$。对 AR 模型,不包含 $c(0)$ 这一项,因此 $c(0)=0$。

14.9　现用一个无穷阶的 MA(∞)模型

$$H_{MA}(z)=d(0)+d(1)z^{-1}+d(2)z^{-2}+\cdots$$

来近似 14.8 题中的 ARMA(1,1)模型,试证明

$$d(k)=\begin{cases}1 & k=0\\ [b(1)-a(1)][-a(1)]^{k-1} & k\geqslant 1\end{cases}$$

证明：类似于 14.8 题,由等效关系有

$$[1+a(1)z^{-1}][d(0)+d(1)z^{-1}+d(2)z^{-2}+\cdots]=1+b(1)z^{-1}$$

及

$$d(0)=1$$
$$d(1)+a(1)=b(1)$$
$$d(2)+a(1)d(1)=0$$
$$d(3)+a(1)d(2)=0$$
$$\vdots$$
$$d(k)+a(1)d(k-1)=0$$

依次求解,可得 $d(k)=[b(1)-a(1)][-a(1)]^{k-1}$, $k\geqslant 1$。

14.10　一个平稳随机信号的前四个自相关函数是

$$r_x(0)=1, \quad r_x(1)=-0.5, \quad r_x(2)=0.625, \quad r_x(3)=-0.6875$$

且

$$r_x(m)=r_x(-m)$$

试利用这些自相关函数分别建立一阶、二阶及三阶 AR 模型,给出模型的系数及对应的均方误差。(提示：求解 Yule-Walker 方程。)

解：对一阶 AR 模型,有

$$\begin{bmatrix} 1 & -0.5 \\ -0.5 & 1 \end{bmatrix}\begin{bmatrix} 1 \\ a_1(1) \end{bmatrix}=\begin{bmatrix} \rho_1 \\ 0 \end{bmatrix}$$

解出 $a_1 = a_1(1) = 0.5, \rho_1 = 0.75$，于是 $H(z) = 0.75/[1 + 0.5z^{-1}]$；

对二阶 AR 模型，有

$$\begin{bmatrix} 1 & -0.5 & 0.625 \\ -0.5 & 1 & -0.5 \\ 0.625 & -0.5 & 1 \end{bmatrix} \begin{bmatrix} 1 \\ a_2(1) \\ a_2(2) \end{bmatrix} = \begin{bmatrix} \rho_2 \\ 0 \\ 0 \end{bmatrix}$$

解出 $a_2(1) = 0.25, a_2(2) = -0.5, \rho_2 = \dfrac{9}{16}$，于是 $H(z) = 0.5625/[1 + 0.25z^{-1} - 0.5z^{-2}]$。

对三阶 AR 模型，我们当然可以按照上述方法解，不过由于矩阵变成 4×4，直接求解有一定困难，现在用 Levinson-Durbin 递推算法求解。由教材中式(13.2.15)，先求出反射系数

$$k_3 = -[a_2(1)r_x(2) + a_2(2)r_x(1) + r_x(3)]/\rho_2 = 0.5 = a_3(3)$$

再求出

$$a_3(1) = a_2(1) + k_3 a_2(2) = 0$$
$$a_3(2) = a_2(2) + k_3 a_2(1) = -0.375$$
$$\rho_3 = \rho_2[1 - k_3^2] = 0.421\,875$$

于是

$$H(z) = \frac{0.421\,875}{1 - 0.375z^{-2} + 0.5z^{-3}}$$

14.11 一个 ARMA(1,1) 过程的差分方程是

$$x(n) = ax(n-1) + u(n) - bu(n-1)$$

(1) 试给出模型的转移函数及单位抽样响应；

(2) 试给出模型的正则方程；

(3) 求 $r_x(0), r_x(1)$，推出 $r(m)$ 的一般表达式。

解：(1) 由题意很容易求得

$$H(z) = \frac{1 - bz^{-1}}{1 - az^{-1}}$$

$$h(n) = a^n u(n) - ba^{n-1} u(n-1)$$

(2) 由教材中式(14.8.1)关于 ARMA 模型的正则方程，有

$$r_x(m) = \begin{cases} -a(1)r_x(m-1) + \sigma^2 \sum_{k=0}^{1-m} h(k)b(m+k) & k=0,1 \\ -a(1)r_x(m-1) & m > 1 \end{cases} \quad (A)$$

(3) 由本题的式(A)，有

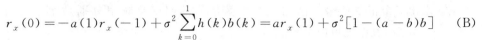

$$r_x(0) = -a(1)r_x(-1) + \sigma^2 \sum_{k=0}^{1} h(k)b(k) = ar_x(1) + \sigma^2[1 - (a-b)b] \qquad \text{(B)}$$

同理可求出

$$r_x(1) = -a(1)r_x(0) + \sigma^2 h(0)b(1) = ar_x(0) - b\sigma^2 \qquad \text{(C)}$$

将本题的(B)式和(C)式联立求解,有

$$r_x(0) = \frac{\sigma^2[1 - 2ab + b^2]}{1 - a^2}$$

$$r_x(1) = \frac{[a + ab^2 - a^2b - b]\sigma^2}{1 - a^2}$$

由本题(A)式的第 2 个式子,有

$$r_x(m) = -a(1)r_x(m-1) = ar_x(m-1) \quad m > 1$$

所以

$$r_x(m) = a^{m-1} \frac{[a + ab^2 - a^2b - b]\sigma^2}{1 - a^2} \quad m \geqslant 2$$

*14.12　掌握在计算机上产生一组试验数据的方法:先产生一段零均值的白噪声数据 $u(n)$,令功率为 σ^2,让 $u(n)$ 通过一个转移函数为

$$H(z) = 1 - 0.1z^{-1} + 0.09z^{-2} + 0.648z^{-3}$$

的三阶 FIR 系统,得到 $y(n)$ 的功率谱 $P_y(e^{j\omega}) = \sigma^2 |H(e^{j\omega})|^2$,在 $y(n)$ 上加上三个实正弦信号,归一化频率分别是 $f_1' = 0.1, f_2' = 0.25, f_3' = 0.26$。调整 σ^2 和正弦信号的幅度,使在 f_1', f_2', f_3' 处的信噪比大致分别为 10dB,50dB,50dB。这样可得到已知功率谱的试验信号 $x(n)$。

(1) 令所得的实验数据长度 $N = 256$,描绘该波形;

(2) 描绘出该试验信号的真实功率谱 $P_x(e^{j\omega})$。

解:本题可按如下步骤完成:

① 利用 rand 产生一组白噪声数据。题目中要求的白噪声数据长度是 $N = 256$,为了保证产生的数据较好地近似白噪声,数据的长度需要取得长一些,此处取 $20N = 4096$。将得到的白噪声数据先减去均值,再乘以 $\sqrt{\sigma^2}$,即可得到满足要求的白噪声数据 $u(n)$。程序中取 $\sigma^2 = 0.12$。

② 将白噪声 $u(n)$ 通过系统 $H(z) = 1 - 0.1z^{-1} + 0.09z^{-2} + 0.648z^{-3}$,得到输出 $v(n)$;则 $v(n)$ 的真实功率谱可以求出,即

$$P_v = \sigma^2 |H(e^{j\omega})|^2$$

注意,在计算 $u(n)$ 和 $h(n)$ 的卷积时,为了避免前后的"过渡过程",可令 $u(n)$ 取得长一些,然后将滤波后的数据在中间段取 $N = 256$ 的长度。

③ 求出三个正弦信号。已知三个正弦信号的归一化频率分别是 $f'_1 = 0.1, f'_2 = 0.25, f'_3 = 0.26$，其幅度可由下式求出

$$\mathrm{SNR}_i = 10\log_{10}(A_i^2/2\sigma^2), \quad i = 1,2,3$$

求出 $A_1 = 1.5492, A_2 = A_3 = 154.92$。因此，三个正弦信号可求。

注意，此处正弦信号的信噪比是相对 $u(n)$ 求出的。严格地说，应该相对 $v(n)$ 在三个频率处的值求出。这样做是为了求解简单。

④ 求出所要的信号 $x(n)$

$$x(n) = v(n) + \sum_{i=1}^{3} A_i \sin(2\pi f'_i n)$$

⑤ 求出 $x(n)$ 真实的功率谱。正弦信号 $A\sin(2\pi f'n)$ 的功率谱是在 $\pm f'$ 处的 δ 函数，强度是 $\pi A^2/2$。因此，$x(n)$ 真实的功率谱是

$$P_x(\mathrm{e}^{\mathrm{j}\omega}) = \sigma^2 \mid H(\mathrm{e}^{\mathrm{j}\omega}) \mid^2 + \sum_{i=1}^{3} \frac{\pi A_i^2}{2}[\delta(f+f') + \delta(f-f')]$$

将 ω 分成 $m = 4096$ 个点,对应的归一化频率是 1,因此,$f'_1 = 0.1, f'_2 = 0.25, f'_3 = 0.26$ 对应的位置分别是 409,1024 和 1065。这样,不难得到 $x(n)$ 的真实功率谱,如图题 14.12.1 所示。

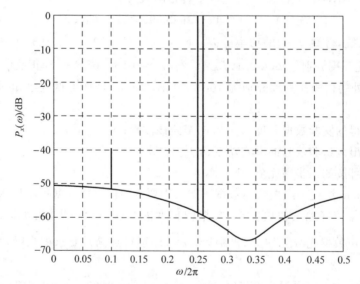

图题 14.12.1　$x(n)$ 的真实功率谱

因为我们知道 $x(n)$ 的获得过程,所以,其真实的功率谱可以知道并绘出。但是,一旦我们将 $x(n)$ 存储起来,由于它的长度总是有限的,如 $N = 256$,因此,当由这有限长的数据再求 $x(n)$ 的功率谱时,就产生了"估计"的问题。

求解本题的部分 MATLAB 程序是 ex_14_12_1.m。

*14.13 利用 14.12 题的实验数据：

(1) 用自相关法求解 AR 模型系数以估计其功率谱，模型阶次 $p=8$，$p=11$，$p=14$，自己可调整；

(2) 用 Burg 方法重复(1)；

(3) 试用 ARMA 模型来估计其功率谱，阶次 (p,q) 由自己试验决定；

(4) 试用 Pisarenro 谐波分解法估计该试验数据的正弦频率及幅度。

解：(1)、(2) 用自相关法和 Burg 算法求解 AR 模型系数后估计出的功率谱如图题 14.13.1 所示。其中，图(a)、(c)和(e)对应自相关法，它们对应的阶次分别是 8、11 和 30；图(b)、(d)和(f)对应 Burg 算法，它们对应的阶次分别是 5、7 和 9。

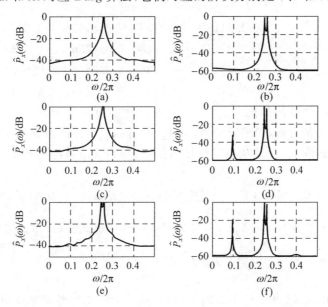

图题 14.13.1 用自相关法和 Burg 算法估计出的功率谱

比较图题 14.13.1 的 6 个子图可以看出，无论是在谱的分辨率方面还是在模型的阶次选择方面，Burg 算法都比自相关算法有着明显的优点。在阶次为 8 和 11 时，自相关算法不但不能将 $f'=0.25$ 和 $f'=0.26$ 处这两个靠的很近的谱峰分开，而且也不能将 $f'=0.1$ 处的单独的一个频谱估计出来。直到阶次增加到 30，才稍微将 $f'=0.25$ 和 $f'=0.26$ 处的两个谱峰分开，在 $f'=0.1$ 处的谱峰也仅刚刚显现。相比之下，Burg 算法在阶次等于 5 的时候就可以将 $f'=0.25$ 和 $f'=0.26$ 处的两个谱峰明显分开，到阶次等于 7 时已可以将在 $f'=0.1$ 处的谱峰明显显现出来。对本题给定的数据，使用 Burg 算法时，阶次大于 7 已无太大意义。

求解本题的部分 MATLAB 程序是 ex_14_13_1.m。

(3) 由于目前 MATLAB 中还没有有关 ARMA 模型的 m 文件,因此,该小题此处不再讨论。

(4) 下面讨论如何用 Pisarenko 谐波分解法来求出实验数据中所包含的正弦信号的参数。该方法主要用于混有白噪声的正弦信号的频率估计及功率谱分析。具体步骤为:

① 求数据 $x(n)$ 的自相关函数,由 $r_x(0),r_x(1),r_x(2),\cdots,r_x(p)$ 形成自相关阵 $\boldsymbol{R}_p$

$$\boldsymbol{R}_p = \begin{bmatrix} r_x(0) & r_x(1) & r_x(2) & r_x(3) \\ r_x(1) & r_x(0) & r_x(1) & r_x(2) \\ r_x(2) & r_x(1) & r_x(0) & r_x(1) \\ r_x(3) & r_x(2) & r_x(1) & r_x(0) \end{bmatrix}$$

$$= 10^4 \times \begin{bmatrix} 2.3448 & -0.0736 & -2.3162 & 0.2175 \\ -0.0736 & 2.3448 & -0.0736 & -2.3162 \\ -2.3162 & -0.0736 & 2.3448 & -0.0736 \\ 0.2175 & -2.3162 & -0.0736 & 2.3448 \end{bmatrix}$$

并假定正弦信号的个数 $M=p$。

② 对 $\boldsymbol{R}_p$ 作特征分解,得到特征值 $\lambda_1,\lambda_2,\cdots,\lambda_{p+1}$ 和特征向量 $\boldsymbol{V}_1,\boldsymbol{V}_2,\cdots,\boldsymbol{V}_{p+1}$,选择其中最小的特征值 λ_{p+1} 及相应的特征向量 $\boldsymbol{V}_{p+1}$。求出最小的特征值及对应的特征向量

$$\lambda_{p+1}=10^4 \times 0.0226, \quad \boldsymbol{V}_{p+1}=[-0.4846, -0.5150, -0.5150, -0.4846]$$

③ 将 V_{p+1} 代入 $V(z)=\sum_{k=0}^{M-1} v_{M+1}(k)z^{-k}=0$,求多项式的根,得到信号 $x(n)$ 的 M 个频率 $\omega_1,\omega_2,\cdots,\omega_M$ 及归一化频率 $f'_1,f'_2,\cdots,f'_M$。求出

$$f'_1=0.5000, \quad f'_2=0.2550, \quad f'_3=0.7450$$

我们知道,在 14.12 题中产生数据 $x(n)$ 时的三个正弦信号的频率分别是 $f'_1=0.1$,$f'_2=0.25,f'_3=0.26$。此处,求出的 f'_2 比较接近,由于 $f'_3=0.7450$ 等效于 0.2550 和 0.26 也比较接近,但求出的 $f'_1=0.5000$ 和实际值差别较大。

④ 根据

$$\begin{bmatrix} \exp(j\omega_1) & \exp(j\omega_2) & \cdots & \exp(j\omega_M) \\ \exp(j2\omega_1) & \exp(j2\omega_2) & \cdots & \exp(j2\omega_M) \\ \vdots & \vdots & \ddots & \vdots \\ \exp(jM\omega_1) & \exp(jM\omega_2) & \cdots & \exp(jM\omega_M) \end{bmatrix} \begin{bmatrix} A_1 \\ A_2 \\ \vdots \\ A_M \end{bmatrix} = \begin{bmatrix} r_x(1) \\ r_x(2) \\ \vdots \\ r_x(M) \end{bmatrix}$$

求出正弦信号的幅值 $A_1,A_2,\cdots,A_M$。求出

$$A_1=7, \quad A_2=1160, \quad A_3=1160$$

三个正弦信号的实际幅度是 $A_1 = 1.5492, A_2 = A_3 = 154.92$。显然,求出的幅度和实际的幅度误差较大。现在讨论产生上述频率和幅度误差的原因。

首先,Pisarenko 谐波分解方法适用于混有白噪声的正弦信号的频率与幅值的估计,如教材中式(13.10.1)所示。但是在本题中的信号模型不是正弦信号和白噪声的叠加,而是正弦信号和白噪声通过线性系统后的输出信号的叠加。我们知道,白噪声的频谱是在 $-\pi \sim \pi$ 内的一条直线,通过线性系统后,其输出信号频谱的形状完全由系统的幅频响应,即 $|H(e^{j\omega})|$ 所决定,它可以称之为"有色噪声"。因此,本题的信号模型是正弦信号和有色噪声的叠加,这是本题中误差产生的主要原因。

其次,本题中的自相关函数不是真实的自相关函数,而是估计值。

再次,Pisarenko 谐波分解法对噪声比较敏感,即信噪比低时,参数估计的性能变坏。本题中在 $f_1' = 0.1$ 处的正弦信号的信噪比只有 10dB,因此,对该正弦信号估计的误差很大。

在上述三个原因中,第一个原因是主要的。

14.14　请自行构造一数据,并利用 AR 模型对其进行功率谱估计。对于数据的要求是:

(1) 由方差为 1 的高斯白噪声 $v(n)$ 激励一个 AR 模型,得到输出 $y(n)$。该模型为
$y(n) = 1.35y(n-1) - 1.46y(n-2) + 0.78y(n-3) - 0.38y(n-4) + v(n)$。

(2) 产生两个幅度各为 1.5,圆周频率分别为 0.24π 和 0.255π 的正弦信号,然后将它们和 $y(n)$ 相加,得到试验信号 $x(n)$。

解:数据由如下 MATLAB 语句产生。

```
load v v;
a = [1 − 1.35 1.46 − 0.78 0.38];
y = filter(1,a,v);
n = 0:256 − 1;
x = 1.5 * sin(0.24 * pi * n) + 1.5 * sin(0.255 * pi * n) + y;
```

此处先产生白噪声 $v(n)$ 并存储,在本程序开头时调用。如果将"load v v;"一句换成"v = randn(1,N)",程序同样可以运行,但由于每一次产生的 v 都不相同,因此程序最后的结果都不一样,比较起来很困难。所以,本程序保持每次使用的 $v(n)$ 一样。

本题采用 Yule-Walker 法估计 $x(n)$ 的功率谱,语句是

```
xpsd = pyulear(x,30,4096);
```

在阶次 $p = 30$ 时,估计出的功率谱如图题 14.14.1 所示。

可以看出,在 $p = 30$ 时,两条靠得很近(相差 0.015π)的谱线可以分开,第二根谱线在 0.25π 处很准确,但第一根谱线在 0.22π 处与真实值 0.24π 有 0.02π 的误差。实现本题的 MATLAB 程序是 ex_14_14。

读者可用其他方法(如周期图法或 Burg 法)改变"xpsd＝pyulear(x,30,4096)"这句,

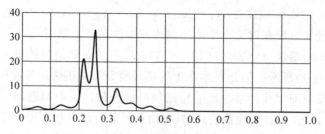

图题 14.14.1 试验信号 $x(n)$ 的功率谱

以对比不同方法的估计性能。

14.15 对习题 13.11 给出的太阳黑子数据 sunspots_New.mat,试利用基于 AR 模型的现代功率谱估计方法估计黑子活动的周期。

解:图题 14.15.1 是用改进的协方差方法估计出的功率谱,阶次是 15。可以看出,谱曲线非常平滑,谱峰位置在 0.093 75,对应的周期是 10.64 年。改变阶次为 7~51,估计出的黑子活动周期基本上在 10.5~11.1 年的范围内。读者也可用 Burg 算法,不过,二者给出的结果基本上相同。实现本题的 MATLAB 程序是 ex_14_15_sunspots_New。

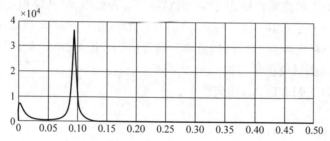

图题 14.15.1 改进的协方差方法估计出 sunspots_New.mat 的功率谱

第 15 章
维纳滤波器习题参考解答

15.1 已知信号 $x(n)$ 的自相关函数的前 3 个值分别是 $r_x(0)=1$，$r_x(1)=0.5$，$r_x(2)=0.2$，并已知 $x(n)$ 和期望信号 $d(n)$ 的互相关向量 $r_{dx}=[0.5 \quad 0.25 \quad 0.05]^T$。求一个 FIR 维纳滤波器 h_{opt}，使得输入信号 $x(n)$ 经过该滤波器所得到的输出和期望信号有最小的均方误差。

解：根据 Wiener-Hopf 方程，有 $h_{opt}=R_x^{-1}r_{dx}$，已知

$$R_x=\begin{bmatrix} 1 & 0.5 & 0.2 \\ 0.5 & 1 & 0.5 \\ 0.2 & 0.5 & 1 \end{bmatrix}, \quad r_{dx}=[0.5 \quad 0.25 \quad 0.05]^T$$

因此，

$$h_{opt}=R_x^{-1}r_{dx}=\begin{bmatrix} 1 & 0.5 & 0.2 \\ 0.5 & 1 & 0.5 \\ 0.2 & 0.5 & 1 \end{bmatrix}^{-1}\begin{bmatrix} 0.5 \\ 0.25 \\ 0.05 \end{bmatrix}=\begin{bmatrix} 0.4955 \\ 0.0357 \\ -0.067 \end{bmatrix}$$

即

$$h_{opt}(n)=\{0.4955,0.0357,-0.067\}$$

15.2 类似于习题 15.1，已知 $r_x(0)=1.1$，$r_x(1)=0.6$，$r_x(2)=0.2$，并已知 $x(n)$ 和期望信号 $d(n)$ 的互相关向量 $r_{dx}=[0.5 \quad -0.3 \quad -0.1]^T$，期望信号 $d(n)$ 的方差 $\sigma_d^2=1$。试设计一个三阶维纳滤波器，并求出它产生的均方误差 ε_{min}。

解：

$$h_{opt}=R_x^{-1}r_{dx}=\begin{bmatrix} 1.1 & 0.6 & 0.2 \\ 0.6 & 1.1 & 0.6 \\ 0.2 & 0.6 & 1.1 \end{bmatrix}^{-1}\begin{bmatrix} 0.5 \\ -0.3 \\ -0.1 \end{bmatrix}$$

$$=[0.8967 \quad -0.8873 \quad 0.2300]^T$$

$$\varepsilon_{min}=\sigma_d^2-r_{dx}^T R^{-1}r_{dx}$$

$$=1-[0.5 \quad -0.3 \quad -0.1]\begin{bmatrix} 1.1 & 0.6 & 0.2 \\ 0.6 & 1.1 & 0.6 \\ 0.2 & 0.6 & 1.1 \end{bmatrix}^{-1}\begin{bmatrix} 0.5 \\ -0.3 \\ -0.1 \end{bmatrix}=0.3085$$

15.3 已知一个平稳随机信号 $x(n)=s(n)+w(n)$，$w(n)$ 为功率 $\sigma_w^2=1$ 的白噪声序列，$s(n)$ 是一个一阶 AR 模型 $G(z)$ 的输出，其输入输出关系是

$$s(n)=-0.5s(n-1)+u(n)$$

$u(n)$ 也是功率 $\sigma_u^2=1$ 的白噪声，$s(n)$ 与 $w(n)$ 不相关。请分别设计一个非因果维纳滤波器，一个长度等于 3 的因果维纳滤波器，一个因果 IIR 维纳滤波器，使得信号 $x(n)$ 在通过各个该滤波器后可以得到对于 $s(n)$ 的最优估计。求出不同形式维纳滤波器的均方误差 $\varepsilon_{\min}$。

解：(1) 非因果维纳滤波器：由所给关系，可以很容易去除 AR 模型 $G(z)$ 的转移函数

$$G_{AR}(z)=\frac{1}{1+0.5z^{-1}}$$

因为 $s(n)$ 与 $w(n)$ 不相关，且本题所希望的输出 $d(n)$ 就是 $s(n)$，所以

$$P_{dx}(z)=P_s(z)=\sigma_u^2\mid G_{AR}(z)\mid^2=\frac{1}{1+0.5z^{-1}}\frac{1}{1+0.5z}$$

由 $x(n)=s(n)+w(n)$，有 $P_x(z)=P_s(z)+P_w(z)$，即

$$P_x(z)=\frac{1}{1+0.5z^{-1}}\frac{1}{1+0.5z}+1=\frac{2.25+0.5z+0.5z^{-1}}{(1+0.5z^{-1})(1+0.5z)}$$

重写教材式(15.5.2)，即

$$H_{\text{opt\_un}}(z)=\frac{P_{dx}(z)}{P_x(z)}=\frac{P_{dx}(z)}{P_s(z)+P_w(z)}$$

现在已知 $P_{dx}(z)=P_s(z)$，$P_x(z)=P_s(z)+P_w(z)$，所以，待求的非因果维纳滤波器是

$$H_{\text{opt\_un}}(z)=\frac{P_s(z)}{P_x(z)}=\frac{1}{2.25+0.5z+0.5z^{-1}}$$

由教材式(15.5.4)知，均方误差

$$\varepsilon_{\min\_un}=\oint_C[P_d(z)-H_{\text{opt\_un}}(z)P_{dx}(z^{-1})]z^{-1}\mathrm{d}z$$

在本题中，由于 $P_d(z)=P_s(z)=P_{dx}(z^{-1})$，所以

$$[P_d(z)-H_{\text{opt\_un}}(z)P_{dx}(z^{-1})]z^{-1}=P_d(z)[1-H_{\text{opt\_un}}(z)]z^{-1}$$

$$=\frac{z^{-1}}{2.25+0.5z^{-1}+0.5z}$$

$$=\frac{1}{\left(z+\dfrac{9-\sqrt{65}}{4}\right)\left(z+\dfrac{9+\sqrt{65}}{4}\right)}$$

该积分项中只有一个极点 $\left(z=-\dfrac{9-\sqrt{65}}{4}\right)$ 在围道线内,所以

$$\varepsilon_{\min}=\left.\frac{1}{z+\dfrac{9+\sqrt{65}}{4}}\right|_{z=-\frac{9-\sqrt{65}}{4}}=0.2481$$

(2) 3 阶因果 FIR 滤波器的设计:由

$$P_s(z)=\sigma_u^2\mid G_{\mathrm{AR}}(z)\mid^2=\frac{1}{1+0.5z^{-1}}\frac{1}{1+0.5z}$$

可求出 $s(n)$ 的自相关函数 $r_s(m)=(-0.5)^{|m|}$,又由于 $s(n)$ 与 $w(n)$ 不相关,所以

$$r_x(m)=r_s(m)+r_w(m)=r_s(m)+\sigma_w^2\delta(m)$$

这样可求出

$$r_x(0)=2,\quad r_x(1)=-0.5,\quad r_x(2)=0.25$$

由教材式(15.3.1),有

$$h_{\mathrm{opt}}(0)r_x(0)+h_{\mathrm{opt}}(1)r_x(1)+h_{\mathrm{opt}}(2)r_x(2)=r_{dx}(0)=r_s(0)$$
$$h_{\mathrm{opt}}(0)r_x(1)+h_{\mathrm{opt}}(1)r_x(0)+h_{\mathrm{opt}}(2)r_x(1)=r_{dx}(1)=r_s(1)$$
$$h_{\mathrm{opt}}(0)r_x(2)+h_{\mathrm{opt}}(1)r_x(1)+h_{\mathrm{opt}}(2)r_x(0)=r_{dx}(2)=r_s(2)$$

解得

$$h_{\mathrm{opt}}(0)=0.4643,\quad h_{\mathrm{opt}}(1)=-0.1250,\quad h_{\mathrm{opt}}(2)=0.0357$$

$$\varepsilon_{\min}=r_d(0)-\sum_{k=0}^{\infty}h_{\mathrm{opt}}(k)r_{dx}(k)=r_s(0)-h_{\mathrm{opt}}(0)r_s(0)-h_{\mathrm{opt}}(1)r_s(1)-h_{\mathrm{opt}}(2)r_s(2)$$

$$=1-0.4643\times1-(-0.1250)\times(-0.5)-0.0357\times0.25=0.4642$$

(3) IIR 因果维纳滤波器的设计:在上面已求出

$$G_{\mathrm{AR}}(z)=\frac{1}{1+0.5z^{-1}},\quad P_x(z)=\frac{2.25+0.5z+0.5z^{-1}}{(1+0.5z^{-1})(1+0.5z)}$$

记能将 $x(n)$ 白化的滤波器为 $G(z)$,则该白化滤波器的输入输出关系是

$$P_x(z)=\sigma_v^2 G(z)G(z^{-1})$$

可以求出

$$\sigma_v^2=\frac{9+\sqrt{65}}{8}$$

$$G(z)=\frac{1+\dfrac{9-\sqrt{65}}{4}z^{-1}}{1+0.5z^{-1}}$$

由 $P_{dx}(z)=P_s(z)$,可得到

$$H_{\text{opt}}(z) = \frac{1}{\sigma_v^2 G(z)} \left[\frac{P_{dx}(z)}{G(z^{-1})} \right]_+ = \frac{0.53}{1 + 0.234 z^{-1}}$$

及

$$h_{\text{opt}}(n) = 0.53(-0.234)^n$$

并求出该维纳滤波器的均方误差

$$\varepsilon_{\min} = r_d(0) - \sum_{k=0}^{\infty} h_{\text{opt}}(k) r_{dx}(k) = 0.3983$$

由该题可以看出,对同一个信号模型 $x(n)$,采用非因果维纳滤波器,均方误差是 0.2481,采用因果维纳滤波器,均方误差是 0.4642,而使用 IIR 维纳滤波器的均方误差是 0.3983。

15.4 在图题 15.4.1 中,平稳随机信号 $d(n)$ 通过一个给定的可逆线性系统 $H(z)$ 得到的输出为 $s(n)$,$s(n)$ 加上外界白噪声 $w(n)$ 后得到 $x(n)$,即 $x(n)=s(n)+w(n)$,已知 $w(n)$ 与 $s(n)$ 不相关。如果 $w(n)$ 不存在,滤波器 $H(z^{-1})$ 可以从 $x(n)$ 中精确地恢复出 $d(n)$。在 $w(n)$ 存在的情况下,请设计一个非因果维纳滤波器 $F(z)$ 从 $x(n)$ 中得到对于 $d(n)$ 的最优估计。

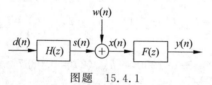

图题 15.4.1

解:令 $e(n)=y(n)-d(n)$,根据正交原理,有

$$r_{ex}(m) = E\{e(n)x(n-m)\} = E\{(y(n)-d(n))x(n-m)\}$$
$$= r_{yx}(m) - r_{dx}(m) = 0$$

所以

$$r_{yx}(m) = r_{dx}(m)$$

又因为待求滤波器 $F(z)$ 应满足如下关系

$$P_x(z)F(z) = P_{yx}(z)$$

而 $P_{yx}(z) = P_{dx}(z)$,所以

$$P_x(z)F(z) = P_{dx}(z) \tag{1}$$

又因为

$$P_x(z) = P_w(z) + P_s(z) = P_w(z) + P_d(z)H(z)H(z^{-1}) \tag{2}$$

$$P_{dx}(z) = P_{ds}(z) = P_d(z)H(z^{-1}) \tag{3}$$

将式(2)、式(3)代入式(1),可最后得到待求的非因果维纳滤波器为

$$F(z) = \frac{P_d(z)H(z^{-1})}{P_w(z) + P_d(z)H(z)H(z^{-1})}$$

15.5 一个平稳随机过程 $s(n)$ 的均值为零,已知其自相关函数在 $0 \leqslant m \leqslant 4$ 时, $r_s(m) = [10, -4, 5, -2, 2]^T$。当 $|m| \geqslant 5$ 时,$r_s(m) = 0$。又已知 $x(n) = s(n-1) + w(n)$,式中 $w(n)$ 是一个方差为 1 的白噪声。试设计一个一阶维纳滤波器,从 $x(n)$ 中得到对于 $s(n)$ 的最优估计 $y(n)$。并求出对应的最小均方误差 $\varepsilon_{\min}$。

解:首先,由所给 $s(n)$ 和 $x(n)$ 的关系,有

$$r_{sx}(m) = E\{s(n)x(n+m)\} = r_s(m-1)$$

及

$$r_x(m) = E\{x(n)x(n+m)\} = r_s(m) + r_w(m)$$

进一步可求出

$$r_x(m) = [11, -4, 5, -2, 2] \quad 0 \leqslant m \leqslant 4$$

$$r_{sx}(0) = r_s(-1) = -4, \quad r_{sx}(1) = r_{ss}(0) = 10$$

有了上面的参数,我们可用两种方法求出所需要的维纳滤波器。

方法 1:直接代入教材式(15.3.3),并注意到本题的 $s(n)$ 就是希望信号 $d(n)$,有

$$\boldsymbol{h}_{\text{opt}} = \boldsymbol{R}_x^{-1}\boldsymbol{r}_{sx} = \begin{bmatrix} 11 & -4 \\ -4 & 11 \end{bmatrix}^{-1} \begin{bmatrix} -4 \\ 10 \end{bmatrix} = [-0.0381 \quad 0.8952]^T$$

$$\varepsilon_{\min} = r_s(0) - \boldsymbol{r}_{sx}^T \boldsymbol{R}_x^{-1} \boldsymbol{r}_{sx} = 10 - [-4 \quad 10] \begin{bmatrix} 11 & -4 \\ -4 & 11 \end{bmatrix}^{-1} \begin{bmatrix} -4 \\ 10 \end{bmatrix} = 0.8952$$

方法 2:设所求的一阶线性滤波器的滤波器系数为 a_0, a_1,于是最小均方误差

$$\begin{aligned} \varepsilon_{\min} &= E[(s(n) - y(n))^2] \\ &= E[(s(n) - a_0 x(n) - a_1 x(n-1))^2] \\ &= r_s(0) + r_x(0)(a_0^2 + a_1^2) - 2a_0 r_{sx}(0) - 2a_1 r_{sx}(-1) + 2a_0 a_1 r_x(1) \\ &= 10 + 11(a_0^2 + a_1^2) + 8a_0 - 20a_1 - 8a_0 a_1 \end{aligned}$$

令

$$\frac{\partial \varepsilon_{\min}}{\partial a_0} = 22a_0 + 8 - 8a_1 = 0$$

$$\frac{\partial \varepsilon_{\min}}{\partial a_1} = 22a_1 - 20 - 8a_0 = 0$$

解得

$$a_0 = -0.0381, \quad a_1 = 0.8952$$

代入上面的最小均方误差 $\varepsilon_{\min}$ 的等式,可得

$$\varepsilon_{\min} = 0.8952$$

显然,两个方法给出的结果是一样的。

15.6 对如图题15.6.1所示的系统,已知$x(n)$是一独立、零均值的高斯过程,其方差是σ_x^2,$d(n)$是$x(n)$通过一个FIR系统的输出,该系统的单位抽样响应是$\{0.8, 0.5, 0.2\}$,试求最佳的$H(z)$,使其输出$y(n)$和$d(n)$的均方误差为最小。

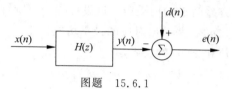

图题 15.6.1

解:这实际上是利用维纳滤波作系统辨识。重写教材的式(15.3.2),即

$$\boldsymbol{R}_x \boldsymbol{h}_{opt} = \boldsymbol{r}_{dx}$$

对于本题,由于$x(n)$是一独立、零均值的高斯过程,所以其自相关矩阵为对角阵,且对角线上的元素都是σ_x^2。为求$\boldsymbol{r}_{dx}$,需要先求出$d(n)$。依题意,有

$$d(n) = 0.8x(n) + 0.5x(n-1) + 0.2x(n-2)$$

求出

$$
\begin{aligned}
r_{dx}(m) &= E\{d(n)x(n+m)\} \\
&= E\{[0.8x(n) + 0.5x(n-1) + 0.2x(n-2)]x(n+m)\} \\
&= 0.8r_x(m) + 0.5r_x(m+1) + 0.2r_x(m+2)
\end{aligned}
$$

因此

$$\boldsymbol{h}_{opt} = \boldsymbol{R}_x^{-1}\boldsymbol{r}_{dx} = \frac{1}{\sigma_x^2}\begin{bmatrix} 1 & 0 \\ 0 & 1 \end{bmatrix}\begin{bmatrix} 0.8 \\ 0.5 \end{bmatrix} = \frac{1}{\sigma_x^2}\begin{bmatrix} 0.8 \\ 0.5 \end{bmatrix}$$

由式(15.3.4)知,最小均分误差

$$\varepsilon_{min} = r_d(0) - \boldsymbol{r}_{dx}^{\mathrm{T}}\boldsymbol{R}_x^{-1}\boldsymbol{r}_{dx} = r_d(0) - \frac{1}{\sigma_x^2}\begin{bmatrix} 0.8 & 0.5 \end{bmatrix}\begin{bmatrix} 1 & 0 \\ 0 & 1 \end{bmatrix}\begin{bmatrix} 0.8 \\ 0.5 \end{bmatrix}$$

$$= r_d(0) - 0.89/\sigma_x^2$$

由于

$$r_d(0) = E\{d(n)d(n)\} = E\{[0.8x(n) + 0.5x(n-1) + 0.2x(n-2)]^2\}$$

$$= 0.64 + 0.25 + 0.04 = 0.93$$

所以

$$\varepsilon_{min} = 0.93 - 0.89/\sigma_x^2$$

如果取$\sigma_x^2 = 1$,则$\varepsilon_{min} = 0.04$。

*15.7** 本书所附的数据文件 speech_with_noise.wav 是一段含有噪声的语音信号,该文件最开始的0.2s不含语音信号,可以用来估计背景噪声。请根据维纳滤波器的原理,自己编程尽可能地去除噪声。提示:

（1）语音需要加窗函数分帧处理；每一帧的长度为 $10 \sim 20\text{ms}$，且每一帧内的语音信号可视为一个平稳随机信号。

（2）可以使用维纳滤波器的频域形式（见教材式(15.5.2)），即

$$H_{\text{opt\_un}}(z) = \frac{P_{dx}(z)}{P_x(z)} = \frac{P_s(z)}{P_s(z) + P_w(z)} = \frac{P_x(z) - P_w(z)}{P_s(z) + P_w(z)}$$

式中，假定 $x(n) = s(n) + w(n)$，$d(n) = s(n)$，且 $s(n)$（真实语音）和噪声不相关。$P_w(\text{e}^{\text{j}w})$ 是噪声的频谱，实际中可以使用一开始的 0.2s 不含语音信号的背景噪声得到对于噪声频谱的估计。$P_x(\text{e}^{\text{j}w})$ 是含有噪声的每一帧语音信号的频谱。因为每一帧信号都是 Block 数据，所以这里可以用非因果的维纳滤波器实现。

（3）实际经验表明，如果仅用某一帧的输入语音信号来计算本帧信号对应的频域滤波器增益，得到的效果并不十分理想。较好的方法是，将上一帧的频域滤波器乘以一个泄漏系数 α，然后再加上利用本帧的输入信号所求出的维纳滤波器乘以 $(1-\alpha)$，以此作为本帧使用的滤波器。实践表明 $\alpha = 0.95$ 时效果比较理想。

解：求解本题的 MATLAB 文件 ex_15_07_1.m。滤波前后的语音信号及其图谱分别如图题 15.7.1 和图题 15.7.2 所示。

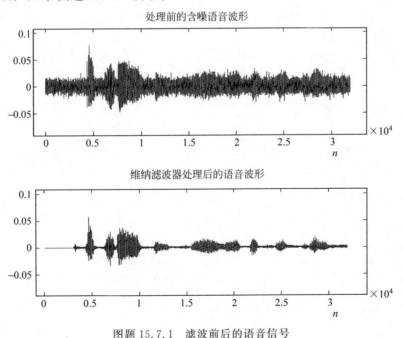

图题 15.7.1　滤波前后的语音信号

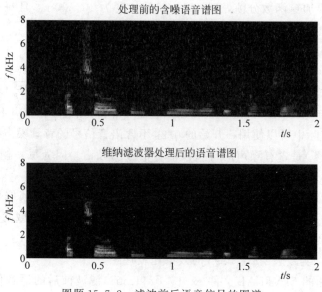

图题 15.7.2　滤波前后语音信号的图谱

第 16 章

自适应滤波器习题参考解答

16.1 令 $\bar{\boldsymbol{h}}(n)$ 为 LMS 算法在迭代次数为 n 时的滤波器系数向量的均值,即

$$\bar{\boldsymbol{h}}(n) = E[\hat{\boldsymbol{h}}(n)]$$

试证明

$$\bar{\boldsymbol{h}}(n) = (\boldsymbol{I} - \mu\boldsymbol{R})^n[\bar{\boldsymbol{h}}(0) - \bar{\boldsymbol{h}}(\infty)] + \bar{\boldsymbol{h}}(\infty)$$

在上面的式子中,μ 是步长,$\boldsymbol{R}$ 是输入信号的自相关矩阵,$\bar{\boldsymbol{h}}(0)$ 和 $\bar{\boldsymbol{h}}(\infty)$ 分别是滤波器系数向量均值的初始值和最终值。

证明:因为

$$E[\varepsilon(n+1)] = (\boldsymbol{I} - \mu\boldsymbol{R})E[\varepsilon(n)], \quad \text{其中 } \varepsilon(n) = \boldsymbol{h}_{\text{opt}} - \hat{\boldsymbol{h}}(n) \tag{A}$$

$$\bar{\boldsymbol{h}}(n) = E[\hat{\boldsymbol{h}}(n)]$$

$$\boldsymbol{h}_{\text{opt}} = \bar{\boldsymbol{h}}(\infty)$$

因此(A)式可以写为

$$\bar{\boldsymbol{h}}(n+1) - \bar{\boldsymbol{h}}(\infty) = (\boldsymbol{I} - \mu\boldsymbol{R})(\bar{\boldsymbol{h}}(n) - \bar{\boldsymbol{h}}(\infty)) \tag{B}$$

(B)式是 $\bar{\boldsymbol{h}}(n) - \bar{\boldsymbol{h}}(\infty)$ 的一阶差分方程,解此方程,得

$$\bar{\boldsymbol{h}}(n) - \bar{\boldsymbol{h}}(\infty) = (\boldsymbol{I} - \mu\boldsymbol{R})^n[\bar{\boldsymbol{h}}(0) - \bar{\boldsymbol{h}}(\infty)]$$

也即

$$\bar{\boldsymbol{h}}(n) = (\boldsymbol{I} - \mu\boldsymbol{R})^n[\bar{\boldsymbol{h}}(0) - \bar{\boldsymbol{h}}(\infty)] + \bar{\boldsymbol{h}}(\infty) \tag{C}$$

结论得证。

16.2 在最陡下降法中滤波器系数向量的更新公式是(见教材式(16.2.9))

$$\boldsymbol{h}(n+1) = \boldsymbol{h}(n) - \frac{1}{2}\mu(n)\boldsymbol{g}(n)$$

其中,$\mu(n)$ 是时变步长,$\boldsymbol{g}(n)$ 是梯度向量,其定义见教材式(16.2.10),即

$$\boldsymbol{g}(n) = 2[\boldsymbol{R}_x\boldsymbol{h}(n) - \boldsymbol{r}_{dx}]$$

式中,$\boldsymbol{R}_x$ 是输入信号向量 $\boldsymbol{X}(n)$ 的相关矩阵,$\boldsymbol{r}_{dx}$ 是 $x(n)$ 和希望响应 $d(n)$ 的互相关向量。

(1) 在 $n+1$ 时刻的均方误差定义为 $\varepsilon(n+1)=E\big[|e(n+1)|^2\big]$，其中

$$e(n+1)=d(n+1)-\boldsymbol{h}^{\mathrm{T}}(n+1)\boldsymbol{X}(n+1)$$

试确定使 $\varepsilon(n+1)$ 为最小的步长 $\mu_{\mathrm{opt}}(n)$。

(2) 在上面导出的 $\mu_{\mathrm{opt}}(n)$ 的表达式中将会含有 $\boldsymbol{R}_x$ 和 $\boldsymbol{g}(n)$，试用对它们的瞬态估计来进一步表达 $\mu_{\mathrm{opt}}(n)$，然后再利用所得到的结果表示上述对 $\boldsymbol{h}(n+1)$ 的更新公式。最后将所得到的更新公式与归一化 LMS 算法得到的结果进行比较(即教材式(16.3.32)及式(16.3.33))。

解：(1) 由

$$\varepsilon(n+1)=E\big[|e(n+1)|^2\big]$$

及

$$e(n+1)=d(n+1)-\boldsymbol{h}^{\mathrm{T}}(n+1)\boldsymbol{X}(n+1)$$

有

$$\varepsilon(n+1)=E\big[|d(n+1)-\boldsymbol{h}^{\mathrm{T}}(n+1)X(n+1)|^2\big]$$

$$=\sigma_d^2-\Big[\boldsymbol{h}(n)-\frac{1}{2}\mu(n)\boldsymbol{g}(n)\Big]^{\mathrm{T}}\boldsymbol{r}_{dx}-\boldsymbol{r}_{dx}^{\mathrm{T}}\Big[\boldsymbol{h}(n)-\frac{1}{2}\mu(n)\boldsymbol{g}(n)\Big]+$$

$$\Big[\boldsymbol{h}(n)-\frac{1}{2}\mu(n)\boldsymbol{g}(n)\Big]^{\mathrm{T}}\boldsymbol{R}_x\Big[\boldsymbol{h}(n)-\frac{1}{2}\mu(n)\boldsymbol{g}(n)\Big]$$

令 $\varepsilon(n+1)$ 对 $\mu(n)$ 求导，有

$$\frac{\partial\varepsilon(n+1)}{\partial\mu(n)}=\frac{1}{2}\boldsymbol{g}^{\mathrm{T}}(n)\boldsymbol{r}_{dx}^{\mathrm{T}}\boldsymbol{g}(n)-$$

$$\frac{1}{2}\big[\boldsymbol{g}^{\mathrm{T}}(n)\boldsymbol{R}_x\boldsymbol{h}(n)+\boldsymbol{h}^{\mathrm{T}}(n)\boldsymbol{R}_x\boldsymbol{g}(n)\big]+\mu(n)\boldsymbol{g}^{\mathrm{T}}(n)\boldsymbol{R}_x\boldsymbol{g}(n)$$

令上式为 0，可以得到使 $\varepsilon(n+1)$ 为最小的步长 $\mu_{\mathrm{opt}}(n)$，即

$$\mu_{\mathrm{opt}}(n)=\frac{\boldsymbol{g}^{\mathrm{T}}(n)\boldsymbol{R}_x\boldsymbol{h}(n)+\boldsymbol{h}^{\mathrm{T}}(n)\boldsymbol{R}_x\boldsymbol{g}(n)-\boldsymbol{g}^{\mathrm{T}}(n)\boldsymbol{r}_{dx}-\boldsymbol{r}_{dx}^{\mathrm{T}}\boldsymbol{g}(n)}{2\boldsymbol{g}^{\mathrm{T}}(n)\boldsymbol{R}_x\boldsymbol{g}(n)}$$

(2) 考虑到 $\boldsymbol{g}(n)=2\big[\boldsymbol{R}_x\boldsymbol{h}(n)-\boldsymbol{r}_{dx}\big]$，所以上式可以简化为

$$\mu_{\mathrm{opt}}(n)=\frac{\boldsymbol{g}^{\mathrm{T}}(n)\boldsymbol{g}(n)}{\boldsymbol{g}^{\mathrm{T}}(n)\boldsymbol{R}_x\boldsymbol{g}(n)}$$

$\boldsymbol{R}_x$ 和 $\boldsymbol{g}(n)$ 的瞬时估计可表为

$$\boldsymbol{R}_x=\boldsymbol{X}(n)\boldsymbol{X}^{\mathrm{T}}(n)$$

$$\boldsymbol{g}(n)=2\big[\boldsymbol{X}(n)\boldsymbol{X}^{\mathrm{T}}(n)\boldsymbol{h}(n)-\boldsymbol{X}(n)d(n)\big]=-2\boldsymbol{X}(n)e(n)$$

因此，有

$$\mu_{\mathrm{opt}}(n)=\frac{\boldsymbol{X}^{\mathrm{T}}(n)\boldsymbol{X}(n)|e(n)|^2}{(\boldsymbol{X}^{\mathrm{T}}(n)\boldsymbol{X}(n))^2|e(n)|^2}=\frac{1}{\boldsymbol{X}^{\mathrm{T}}(n)\boldsymbol{X}(n)}=\frac{1}{\|\boldsymbol{X}(n)\|^2}$$

由此结果我们可得到

$$\boldsymbol{h}(n+1)=\boldsymbol{h}(n)+\frac{1}{\parallel \boldsymbol{X}(n)\parallel^2}\boldsymbol{X}(n)e(n)$$

请读者将上述结果和归一化 LMS 算法（教材式(16.3.32)及式(16.3.33)）相比较，发现它们的差别仅在于一个常数项。

16.3　给定输入向量 $\boldsymbol{X}(n)=[x(n),x(n-1),\cdots,x(n-M+1)]^{\mathrm{T}}$，期望响应 $d(n)$ 及一个常数 α，下面试图用两个公式表示归一化 LMS 算法的滤波器系数的更新。

第一个是

$$\hat{h}_k(n+1)=\hat{h}_k(n)+\frac{\alpha}{\mid x(n-k)\mid^2}x(n-k)e(n)\quad k=0,1,\cdots,M-1$$

第二个是

$$\hat{h}_k(n+1)=\hat{h}_k(n)+\frac{\alpha}{\parallel x(n)\parallel^2}x(n-k)e(n)\quad k=0,1,\cdots,M-1$$

上面两式中

$$e(n)=d(n)-\sum_{k=0}^{M-1}\hat{h}_k(n)x(n-k)$$

考虑教材第 16 章给出的归一化 LMS 算法的定义，试证明上述哪个公式是正确的。

证明：由定义，有

$$\boldsymbol{X}(n)=[x(n),x(n-1),\cdots,x(n-M+1)]^{\mathrm{T}}$$
$$\hat{\boldsymbol{h}}(n)=[h_0(n),h_1(n),\cdots,h_{M-1}(n)]^{\mathrm{T}}$$
$$\hat{\boldsymbol{h}}(n+1)=[h_0(n+1),h_1(n+1),\cdots,h_{M-1}(n+1)]^{\mathrm{T}}$$

将它们代入教材式(16.3.32)，可得

$$\hat{\boldsymbol{h}}(n+1)-\hat{\boldsymbol{h}}(n)=\frac{\alpha}{\sum_{k=0}^{M-1}x^2(n-k)}e(n)\boldsymbol{X}(n)=\frac{\alpha}{\parallel x(n)\parallel^2}e(n)\boldsymbol{X}(n)$$

将该结果和上面两式相对比，可知第二个公式是正确的。注意，第二个公式中出现了 $x(n-k)$，而教材式(16.3.32)中出现的是 $x(n)(\boldsymbol{X}(n))$，其差别来自于它们左边的表示形式。对第二个公式，左边是 $\hat{h}_k(n+1)$，而教材式(16.3.32)的左边是 $\boldsymbol{h}(n+1)$。

16.4　考虑相关矩阵 $\boldsymbol{R}(n)=\boldsymbol{X}(n)\boldsymbol{X}^{\mathrm{T}}(n)+\delta\boldsymbol{I}$，其中 $\boldsymbol{X}(n)$ 是输入向量，δ 是一个小的正常数。利用矩阵逆引理计算 $\boldsymbol{P}(n)=\boldsymbol{R}^{-1}(n)$。

解：令 $\boldsymbol{A}=\boldsymbol{B}^{-1}+\boldsymbol{C}\boldsymbol{D}^{-1}\boldsymbol{C}^{\mathrm{T}}$，式中 $\boldsymbol{A}=\boldsymbol{R}(n)$，$\boldsymbol{B}^{-1}=\delta\boldsymbol{I}$，$\boldsymbol{C}=\boldsymbol{X}(n)$，$\boldsymbol{D}=\boldsymbol{I}$，根据矩阵逆引理，有

$$\boldsymbol{A}^{-1}=\boldsymbol{B}-\boldsymbol{B}\boldsymbol{C}[\boldsymbol{D}+\boldsymbol{C}^{\mathrm{T}}\boldsymbol{B}\boldsymbol{C}]^{-1}\boldsymbol{C}^{\mathrm{T}}\boldsymbol{B}$$

及

$$\boldsymbol{R}^{-1}(n) = \frac{1}{\delta}\boldsymbol{I} - \frac{1}{\delta^2}\boldsymbol{X}(n)\left(1 + \frac{1}{\delta}\boldsymbol{X}^{\mathrm{T}}(n)\boldsymbol{X}(n)\right)^{-1}\boldsymbol{X}^{\mathrm{T}}(n)$$

$$= \frac{1}{\delta}\left(\frac{\boldsymbol{X}(n)\boldsymbol{X}^{\mathrm{T}}(n)}{\delta + \boldsymbol{X}^{\mathrm{T}}(n)\boldsymbol{X}(n)}\right) = \frac{1}{\delta}\left(\frac{\delta\boldsymbol{I}}{\delta + \boldsymbol{X}^{\mathrm{T}}(n)\boldsymbol{X}(n)}\right)$$

即

$$\boldsymbol{R}^{-1}(n) = \frac{1}{\delta + \boldsymbol{X}^{\mathrm{T}}(n)\boldsymbol{X}(n)}\boldsymbol{I}$$

*16.5 图题 16.5.1 表示的是数字信号的传输过程。设输入 $x(n)$ 是一个由 +1 或 −1 组成的随机序列,参考信号 $d(n)$ 为 $x(n)$ 的 10 点延时。图中信道可等效为系数为 $\{0.3, 0.9, 0.3\}$ 的 FIR 滤波器。信道的输出受到加性高斯噪声 $w(n)$ 的干扰,$w(n)$ 方差是 σ_w^2。试设计长度为 11 的 FIR 自适应滤波器,以尽可能地恢复输入的随机序列。

(1) 实现 LMS 算法。固定噪声方差 $\sigma_w^2 = 0.01$,步长为 0.1,画出一次实验的均方误差收敛曲线,迭代次数为 500,给出滤波器系数;进行 20 次独立实验,分析平均收敛曲线。

(2) 保持(1)条件不变,实现 RLS 算法。画出一次实验和 20 次独立实验的收敛曲线。

(3) 比较不同噪声方差下,RLS 和 LMS 算法的性能。

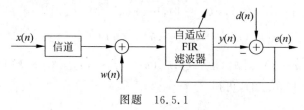

图题 16.5.1

解:(1) LMS 算法一次实验的均方误差收敛曲线如图题 16.5.2 所示,此时滤波器系数为

$$\boldsymbol{h} = [0.0020, -0.0069, 0.0042, 0.0104, 0.0028,$$
$$0.0044, 0.0150, 0.0001, 0.0147, 0.0179, 3.3001]$$

LMS 算法 20 次独立实验的平均均方误差收敛曲线如图题 16.5.3 所示。在迭代约 300 次后趋于稳定。

(2) RLS 算法一次实验的均方误差收敛曲线如图题 16.5.4 所示,此时滤波器的系数为

$$\boldsymbol{h} = [0.0060, -0.0129, 0.0226, -0.0013, 0.0048,$$
$$-0.0125, 0.0203, 0.0099, 0.0001, 0.0093, 3.3346]$$

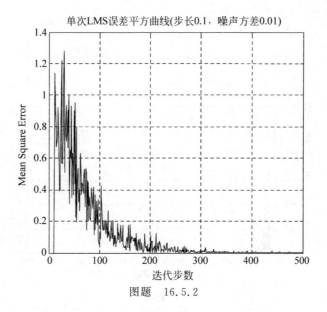

图题　16.5.2

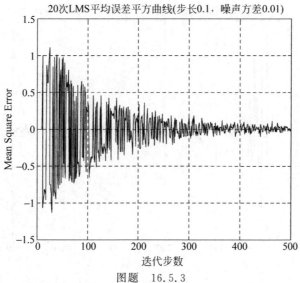

图题　16.5.3

RLS 算法 20 次独立实验的平均均方误差收敛曲线如图题 16.5.5 所示。在迭代约 80 次后趋于稳定,比 LMS 算法收敛速度快。

（3）图题 16.5.6 和图题 16.5.7 分别为噪声方差为 0.01 和 0.05 时 LMS 和 RLS 算法的输出。由图题 16.5.6 可知,当噪声能量较小时,RLS 比 LMS 算法收敛速度快。 LMS 和 RLS 算法最后都能较好地恢复＋1 和－1 序列。由图题 16.5.7 可以看出,当噪

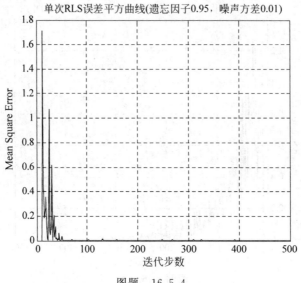

图题 16.5.4

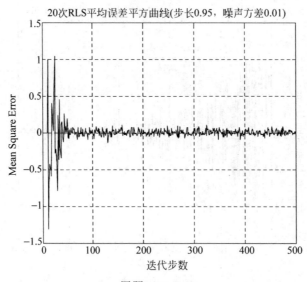

图题 16.5.5

声能量较大时,LMS 算法出现了明显的失真,其输出在真值附近振荡。图题 16.5.8 显示了不同噪声方差下 RLS 算法和 LMS 算法的均方误差。由该图可以看出,RLS 算法的 MSE 明显低于 LMS 算法(注:图中纵坐标范围不同)。

求解本题的 MATLAB 程序是 ex_16_05_1.m。

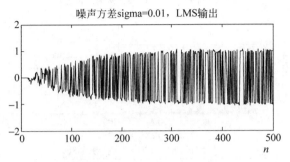

图题　16.5.6

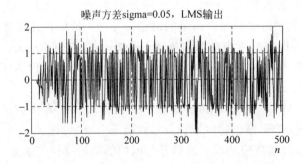

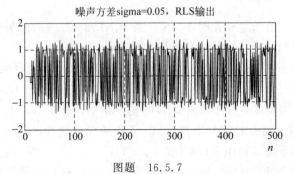

图题　16.5.7

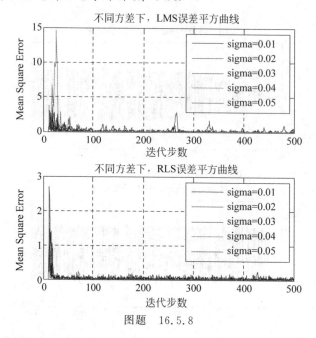

图题 16.5.8

*16.6 本书所附资源中给出了 5 组语音信号。它们分别是：①原始语音信号（raw_speech）；②麦克风采集到的受白噪声污染的语音信号——高信噪比信号 HighSNR_signal；③麦克风采集到的受白噪声污染的语音信号——低信噪比信号 LowSNR_signal；④经过波束形成方法得到的对应的参考噪声——HighSNR_reference；⑤经过波束形成方法得到的对应的参考噪声——LowSNR_reference。使用 MATLAB 函数 audioread 读取数据。设计长度为 20 的 FIR 自适应滤波器。

（1）分别实现 LMS 算法和 NLMS 算法。比较两种算法在不同的输入（HighSNR_signal、LowSNR_signal）下输出的时域和频域性能。

（2）通过分析经过自适应滤波后的信号与原始信号的互相关函数，比较 LMS 算法和 NMLS 算法的性能。

解：图题 16.6.1 是低信噪比时 LMS 算法和 NLMS 算法的时域输出；图题 16.6.2 为低信噪比时这两种算法的频域输出，即输出信号的图谱。

图题 16.6.3 和图题 16.6.4 是高信噪比时这两种算法对应的时域输出和图谱。

比较上面四幅图可以看出，在低信噪比下，LMS 和 NLMS 都不能很好地恢复信号，但 NLMS 对噪声的抑制能力强于 LMS，LMS 输出信噪比低于 NLMS，且 LMS 收敛速度慢。由频域输出可知，随着时间的增加 LMS 算法呈现发散性，噪声能量增大。因此，一般工程中，低信噪比下应该使用 NLMS 算法。

高信噪比下，LMS 和 NLMS 算法的输出都好于低信噪比的情况，且二者差异不大。由此可知，NLMS 引入归一化后，能降低自适应算法对输入信噪比的影响。

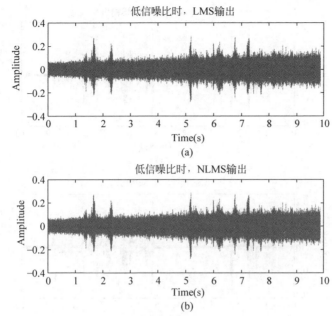

图题 16.6.1　低信噪比时两种算法的时域输出

（a）LMS 算法；（b）NLMS 算法

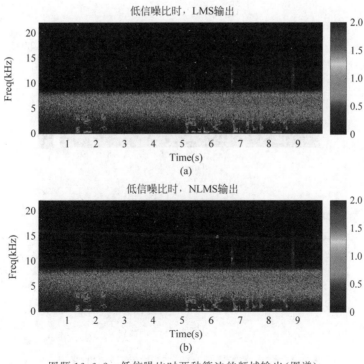

图题 16.6.2　低信噪比时两种算法的频域输出（图谱）

（a）LMS 算法；（b）NLMS 算法

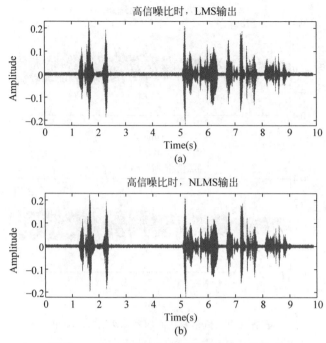

图题 16.6.3　高信噪比时两种算法的时域输出

(a) LMS 算法；(b) NLMS 算法

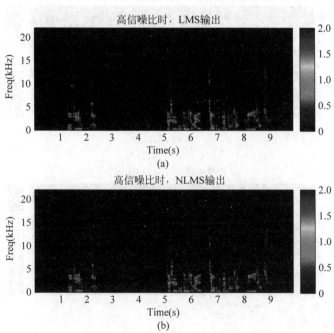

图题 16.6.4　高信噪比时两种算法的频域输出(图谱)

(a) LMS 算法；(b) NLMS 算法

图题 16.6.5(a)、(b)分别是低信噪比下 LMS 算法、NLMS 算法的输出与原始信号的互相关函数。由图题可知,NLMS 与原始信号的相关性优于 LMS 算法。图题 16.6.6(a)、(b)分别是高信噪比下 LMS、NLMS 算法输出与原始信号的样本互相关函数,二者差异不大。所以 NLMS 适合低信噪比的情况,且计算量比 LMS 大。

求解本题的 MATLAB 程序是 ex_16_06_1.m。

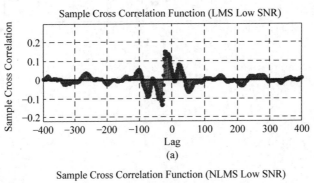

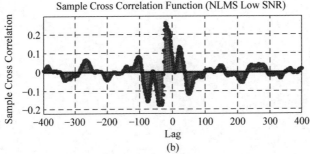

图题　16.6.5

（a）低信噪比下 LMS 算法的输出与原始信号的互相关函数；（b）低信噪比下 NLMS 算法的输出与原始信号的互相关函数

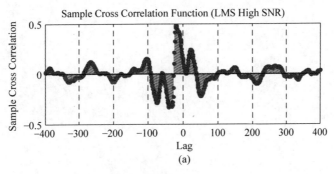

图题　16.6.6

（a）高信噪比下 LMS 算法的输出与原始信号的互相关函数；（b）高信噪比下 NLMS 算法的输出与原始信号的互相关函数

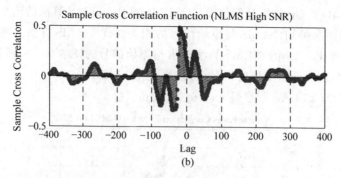

(b)

图题 16.6.6 （续）

附录

关于本书所附资源的说明

为了帮助读者学习数字信号处理及完成书中的作业,本书提供了如下资源。

一、作者在使用《数字信号处理——理论、算法与实现》(第四版)一书为研究生讲授数字信号处理课程时所做的电子课件。这次的课件基本上都是重新制作,全书 16 章约 1650 页 PPT;对本科生用的《数字信号处理》,全书 9 章约 1000 页 PPT。

二、MATLAB 程序

给出了书中习题求解时所需要的 MATLAB 程序。这些程序一般都很短,容易看懂,它们可以帮助读者理解习题求解的方法。

这些程序的名称由 ex_加上所在的章及习题的序号构成,如 ex_01_01_1,指的是第 1 章的第 1 个习题的第一个程序。

需要指出的是,附上这些程序的目的是帮助读者理解书中的理论问题并学会如何将这些理论用于实际,因此,作者没有考虑这些程序的优化问题。

三、数据及文献

包括"我正在学习数字信号处理"、sunspot、sunspots_New. mat、Test 等一维数据,GIRL、lena、NoiseLena 等图像数据及第 15、16 两章部分例题、习题所需要的数据。

本书第 3、8 章有文献阅读的习题,以下资源中提供了所需的文献。

这些资源全部放在清华大学出版社云平台"文泉云盘"上。请扫描下方二维码获取。

资源

参 考 文 献

［Bra86a］   Bracewell R N. The Hartley Transform. New York：Oxford University Press，1986.

［Ham88］   Hamming R W. Digital Filters. 3rd ed. Englewood Cliffs，NJ：Prentice Hall，1988.

［Hgs12］   胡广书. 数字信号处理——理论、算法与实现[M]. 3 版. 北京：清华大学出版社，2012.

［Kay88］   Kay S M. Modern Spectral Estimation：Theory and Application. Englewood Cliffs，NJ：Prentice Hall，1988.

［Opp75］   Oppenheim A V. Digital Signal Processing. Englewood Cliffs，NJ ：Prentice Hall，1975.

［Wzd85］   Zhong De Wang. The Discrete W Transform. Appl. Math. Comput. 1985，16：19-48.